机械设计制造及其自动化专业 本科系列教材

GONGCHENG
CAILIAO JI CHENGXING JISHU

工程材料及成型技术

主　编　李云霞　宋　科
副主编　李静文　翟又文
　　　　钱开国　戴丽玲

重庆大学出版社

内容提要

本书为校企合作教材,系统介绍了工程材料与成型技术知识。第一篇为理论基础,涵盖材料分类与性能、晶体结构、结晶原理及相图、钢的热处理等核心理论,解析材料内部特性与变化规律。第二篇为常用工程材料,介绍了钢、铸铁、有色金属、非金属及新型材料的分类、性能与应用,结合汽车零件、机床主轴等实例说明选材原则。第三篇为工程材料成型技术,详述了铸造、压力加工、焊接等传统工艺,以及快速成型等新技术,分析工艺选择原则与典型零件案例,兼顾理论与实践应用。

本书适合作为高等院校机械类专业本科生的教材使用,同样适合高等职业本科学校的机械、机电类专业,也可供相关领域的技术人员作为参考资料。

图书在版编目(CIP)数据

工程材料及成型技术 / 李云霞,宋科主编. -- 重庆:
重庆大学出版社,2025.5. -- (机械设计制造及其自动
化专业本科系列教材). -- ISBN 978-7-5689-5380-1

Ⅰ. TB3

中国国家版本馆 CIP 数据核字第 202500RT42 号

工程材料及成型技术
GONGCHENG CAILIAO JI CHENGXING JISHU

主　编　李云霞　宋　科

策划编辑:杨粮菊

责任编辑:张红梅　　版式设计:杨粮菊

责任校对:谢　芳　　责任印制:张　策

*

重庆大学出版社出版发行

社址:重庆市沙坪坝区大学城西路 21 号

邮编:401331

电话:(023)88617190　88617185(中小学)

传真:(023)88617186　88617166

网址:http://www.cqup.com.cn

邮箱:fxk@ cqup.com.cn(营销中心)

全国新华书店经销

重庆正光印务股份有限公司印刷

*

开本:787mm×1092mm　1/16　印张:16　字数:357 千

2025 年 5 月第 1 版　　2025 年 5 月第 1 次印刷

ISBN 978-7-5689-5380-1　定价:45.00 元

PREFACE 前　言

本书聚焦于机械工程材料与成型技术,主要目标在于培育应用型高等院校机械工程相关专业的学生,着重于学生的能力培养,使他们能够掌握合理选用工程材料、精准选择热处理技术以及妥善规划工艺流程的能力。

全书内容分为三篇,分别为理论基础、常用工程材料和工程材料成型技术。各篇内容紧密衔接,从基础理论到实际应用,循序渐进,旨在提升学生综合实践能力,助力其在未来工程领域游刃有余。书中不仅涵盖金属、非金属及复合材料的特性分析,还深入探讨了各类成型工艺的原理与操作要点,辅以典型实例解析,确保理论与实践相结合,培养学生解决实际问题的能力。通过系统学习,学生将能灵活应对工程挑战,提升创新思维,为职业生涯奠定坚实基础。

本书为校企合作教材,邀请了云南云内动力机械有限公司副总经理、高级工程师李静文作为副主编参与编写,书中的一些内容是她多年从事机械制造领域工作的宝贵经验,她还为本书提供了选材、热处理等企业案例,增强了教材的实用性和针对性,突显本书的应用型特色。同时,我们还邀请了多位在机械工程材料及成型技术领域具有丰富教学和科研经验的教师参与编写,确保了本书内容的准确性和前沿性。

在编写过程中,我们注重理论与实践的结合,力求通过生动的案例和详细的解析,帮助学生深入理解机械工程材料和成型技术的本质和规律;同时,也注重培养学生的创新思维和实践能力,鼓励学生积极探索新的材料和技术,为未来的机械工程领域注入新的活力和动力。

本书由昆明学院李云霞、宋科、翟又文、钱开国、戴丽玲,云南云内动力机械有限公司李静文共同编写,历经多次修订,力求精益求精。李云霞负责全书框架设计及统稿工作,宋科和李静文负责各章节内容的审核与修订。全书具体编写分工如下:李云霞编写绪论、第5—7章、第10—12章,宋科编写第1—4章,李静文编写第9章、第14章并提供其他章节中的企业案例,翟又文编写第13章,戴丽玲、钱开国编写第8章。

本书得到了智能制造工程专业冲B建设经费及"上联产业、中达专业、下接课业"——应用型高校计算机类专业群"校产城协同"人才培养模式项目(JG2023039)支持。此项目旨在实现产教融合,助力学生无缝对接行业需求,提升就业竞争力。通过校企合作,课程内容与实际项目紧密结合,学生在校即可参与真实项目,积累宝贵经验。

编　者

2025 年 3 月

CONTENTS 目录

第2篇 常用工程材料

第3篇 工程材料成型技术

绪　论

1）课程的性质及内容

工程材料与成型技术是工程学科中一门至关重要的基础课程。它不仅涵盖了材料的分类、性质及应用，还包括材料的成型加工技术。随着科技的不断进步、新材料的层出不穷以及成型技术的持续创新，这门课程的重要性愈发凸显。本课程旨在为学生提供一个全面的工程材料与成型技术知识体系，通过研究机器零件的常用材料及其成型方法，使学生掌握从材料选择、热处理到材料成型的完整过程，培养学生在材料选择、设计和制造过程中的创新能力与实践能力。这门课程体现了学科交叉的综合性技术，为从事工程领域的工作奠定了必要的专业基础。

工程材料与成型技术是机械制造生产过程的重要组成部分。机械制造的生产过程通常先通过铸造、压力加工或焊接等成型方法将材料加工成零件的毛坯（或半成品），然后再通过切削加工制成尺寸精确的零件。为了改善毛坯和工件的性能，制造过程中常常需要穿插进行热处理，最终将零件装配成机器。工程材料及成型方法的选择直接影响零件的质量、成本和生产效率。因此，为了合理选择毛坯的种类和制造方法，必须掌握各种材料的性能、特点、应用，以及各种成型方法的工艺实质、成型特点和选用原则等。

本课程的主要学习内容有：

①工程材料。材料的性能、组织结构、化学成分以及它们之间的关系和改变材料性能的方法；常用工程材料的分类、性能特点、应用及选材方法等。

②材料成型工艺基础。其主要包括液态成型（铸造）、塑性成型（压力加工）和连接成型（焊接）等各种成型技术的理论基础，材料成型过程中影响材料质量和制品性能的因素及缺陷形成原因，以及非金属材料和复合材料的性能特点和成型工艺简介。

2）工程材料的发展历程及发展趋势

工程材料的历史可以追溯到人类文明的早期阶段，并随着技术和社会的发展而不断演变。人类最早的工具和武器是由石头制成的，这一时期被称为旧石器时代。大约一万年前，人们开始对石头进行加工，制作出精致的器皿和工具，标志着新石器时代的到来。约 5 000 年前，人类在改进石器和寻找石料的过程中发现了铜和铜矿石，并在烧制陶器的过程中发明了冶铜术。随后，人们发现将锡矿石加入红铜中可以制成更坚韧耐磨的青铜，从而进入了青铜器时代。

公元前 14 世纪至公元前 13 世纪，人类开始广泛使用并铸造铁器，青铜器逐渐被铁器替代，标志着人类进入了铁器时代。19 世纪左右，人类发明了转炉和平炉炼钢技术，世界钢产量迅速增长，标志着人类进入了钢铁时代。此后，新的钢种、铝、镁、钛等金属和合金相继出现并得到广泛应用。20 世纪初，物理和化学科学理论在材料技术中的应用促进了人工合成材料的发展，如塑料、合成纤维和合成橡胶等高分子材料，加上已有的金属材料和陶瓷材料，构成了现代材料。

20 世纪 50 年代，金属陶瓷的出现标志着复合材料时代的到来，人类可以根据需要设计具有独特性能的复合材料。20 世纪后半叶，新材料的研制日新月异，出现了"高分子时代""半导体时代""先进陶瓷时代"和"复合材料时代"等提法，材料产业进入了高速发展的新阶段。随着科学技术的发展，尤其是材料测试分析技术的进步，材料的内部结构和性能之间的关系不断被揭示，人类正在探索按指定性能设计新材料的途径。

工程材料的历史是一个不断发展和创新的过程，从使用天然材料到现代高科技材料，工程材料在人类社会的进步和发展中起着重要的作用。新材料在国防建设和民用工业中的作用重大，无论是交通、能源、航空航天、通信信息、核工程、海洋工程、生物工程等领域，都是建立在新材料开发的基础上的。例如，超纯硅和砷化镓的研制成功，催生了大规模和超大规模集成电路，使计算机运算速度从每秒几十万次提高到每秒百亿次以上；航空发动机材料的工作温度每提高 100 ℃，推力可增大 24%；隐身材料能吸收电磁波或降低武器装备的红外辐射，使敌方探测系统难以发现等。

与其他几种工程材料相比，金属材料的发展历史悠久，在目前的工业生产中仍是使用量大、面广的一类材料。为了进一步充分挖掘传统金属材料的性能，对于新型金属材料的研发，采用微合金化、添加变质剂、连铸连轧、快速凝固、非晶态、控制轧制、控制锻造、形变热处理、表面强化、超塑性和材料复合等技术手段，不断改进和提高现有金属材料的性能并开发新型金属材料。基于需求牵引，近年来，钢铁材料的研究开发主要朝着强韧化、节能、低耗和满足某些特殊性能要求的方向发展。例如，为了满足汽车轻量化的要求，研究开发了一系列使汽车减重的金属材料，在汽车配件生产中使用铝合金、镁合金、钛合金等有色轻金属作为选材，逐步替代常用的钢铁材料。

在功能材料方面，新材料开发正朝着研制生产更小、更智能、多功能、环保型以及可定制的产品、元件等方向发展。纳米技术从根本上改变了材料和器件的制造方法，在光、电、磁等敏感性方面呈现出常规材料不具备的许多特性，在许多领域有着广阔的应用前景。超导材料在电动机、变压器和磁悬浮列车等领域有着巨大的市场，例如，用超导材料制造电机可增大极限输出量 20 倍，减轻质量 90%。在今后一段时期，新材料的发展将以新型功能材料、高性能结构材料和先进复合材料为重点。

3）材料成型技术及发展趋势

材料成型技术是一门研究如何利用加热或加压的方法将材料加工成机器零件或零件毛坯，同时也关注如何确保、评估和提高这些部件及结构的安全性、可靠性和使用寿命的技术科学。传统的材料成型技术通常包括铸造成型、锻压成型和焊接成型。随着非金属材料和复合材料的广泛应用,非金属材料成型等工艺技术也得到了迅速发展。

随着科学技术的不断进步,各种新材料和新工艺层出不穷。新材料的开发不仅提升了材料的性能,还推动了从传统单一材料向复合型和多功能型材料的转变,这一变化将进一步促进材料成型技术的进步与变革。一方面,传统材料成型技术在不断改进;另一方面,新的材料成型技术和工艺也在不断研究与开发,朝着综合化、高精度、高质量和柔性化的方向发展。例如,精密成型技术在机械、电子、仪器和通信等领域迅速取代了一部分高精度金属零件;金属喷射成型技术以其材料组织均匀、密度高、力学性能优良和成型效率高等特点而受到青睐;复合成型技术则将两种或以上的传统成型工艺结合,形成高效、节能、先进的近净成型生产工艺,如铜包钢终形铸-轧复合成型技术;微成型技术则在亚毫米级尺度上进行成型,具有生产效率高、材料损失小、力学性能优良和尺寸精密等特点;3D打印技术作为一种增材制造技术,通过逐层喷射材料构建三维物体,已广泛应用于珠宝、牙科和医疗模型等领域。展望未来,3D打印技术将更加注重材料的多样性与经济性,进一步拓宽在航空航天、汽车零部件等领域的应用边界。

4)课程的学习目标

通过本课程的学习,学生可达到以下基本目标:

(1)了解工程材料的发展、分类及其在现代工业生产中的重要作用中。

(2)了解材料组成—结构—性能—应用之间的内在关系和规律,重点掌握材料的力学性能(强度、硬度、塑性和韧性等)、晶体结构(晶格类型和晶体缺陷等)、金属的结晶过程和塑性变形基本方式和规律。

(3)重点掌握铁-碳相图、金属的热处理原理与工艺,以及各种常见强化金属材料的处理方式。

(4)熟悉各种常用工程材料的牌号、成分特点、热处理特点及其在实际生产中的应用范围,达到能够合理选择材料并正确制定热处理工艺。

(5)了解和掌握铸造、压力加工和焊接成型的理论基础,各种常见成型工艺方法的原理、特点及其适用范围,能够在实际生产中合理选择毛坯成型工艺。

第 1 篇　理论基础

第1章

工程材料的分类及性能

材料是人类文明和物质生活的基础,是构成所有物体的基本要素。材料的使用情况标志着人类文明的发展水平,因此,材料的研究与开发在世界各国都占据着极其重要的地位。迄今为止,人类发现和使用的材料种类繁多,其中工程材料是指用于制造各种工程结构、机械零件和工程产品的材料。这些材料需要满足特定的工程要求,如强度、韧性、硬度、耐腐蚀性和耐热性等。

1.1 工程材料的分类

工程材料的种类繁多,可以根据不同的分类标准进行划分。按应用领域,工程材料可以分为机械工程材料、建筑材料、生物材料、信息材料和航空航天材料等;按化学组成,则可分为金属材料、高分子材料、无机非金属材料和复合材料等。

1.1.1 金属材料

金属材料是应用最广泛的材料之一,其结合键主要为金属键。金属键具有无方向性,维持原子结合的电子并不固定在特定位置。当金属发生弯曲等变形时,仅仅是改变了键的方向,而不会破坏原有的键结构,因此金属具有良好的塑性。在电压作用下,电子云中的价电子会发生运动,这使得金属具有良好的导电性。同时,在热的作用下,正离子的振荡加剧,从而有效传递热量,因此金属也具有良好的导热性。

在工业上,金属及其合金通常分为两大类:

①黑色金属:指铁及以铁为基础的合金,是应用最广泛的金属之一。以铁为基础的合金材料占整个结构材料和工具材料的90%以上。黑色金属具有优越的工程性能,且价格相对便宜,是最重要的工程金属材料之一。

②有色金属:指所有除黑色金属外的金属及其合金。根据其性能特点,有色金属可进一步分为轻金属(密度小于 4.5 g/cm^3)、易熔金属、难熔金属、贵金属、铀金属、稀土金属和碱土金属等。

1.1.2 高分子材料

高分子材料是有机合成材料,也称为聚合物,是工程上发展最快的一类新型结构材料。高分子材料由许多重复单元(单体)通过化学键连接而成,形成大分子化合物。这些大分子通常由成千上万的原子组成,形成长链状结构。高分子材料具有优良的耐腐蚀性能和良好的绝缘性。由于其独特的物理、化学和机械性能,高分子材料在工业和日常生活中得到了广泛应用。

1.1.3 无机非金属材料

无机非金属材料是指由无机化合物构成的材料,这类材料不包含有机聚合物链或碳氢化合物。无机非金属材料通常具有耐高温、耐腐蚀和耐磨损等特性,广泛应用于建筑、电子、航空航天等领域。无机非金属材料主要分为陶瓷、玻璃、水泥、耐火材料等四类。

此外,无机非金属材料还包括碳材料(如石墨、金刚石和碳纤维)、非金属矿产品(如石棉、云母、石英和长石等)、晶体材料(如激光晶体和非线性光学晶体)以及半导体材料(如 Si 和 Ge)等。随着新材料的不断开发,这一领域展现出广阔的发展前景。

1.1.4 复合材料

复合材料是由两种或两种以上不同性质的材料,通过物理或化学的方法,在宏观上组成具有新性能的材料。这些材料在性能上取长补短,产生协同效应,使复合材料的综合性能优于原组成材料而满足各种不同的要求。如玻璃钢是由玻璃纤维与热固性高分子材料复合而成的,但玻璃钢的性能既不同于玻璃纤维,也不同于组成它的高分子材料,它是一种聚合物基复合材料。目前作为工程材料使用的复合材料主要有聚合物基复合材料、金属基复合材料、陶瓷基复合材料、碳和石墨基复合材料等。这些复合材料因其独特的性能,如高强度、轻质、耐热、耐腐蚀等,在航空航天、汽车工业、建筑领域、医疗器械、电子产品等领域有广泛的应用。

1.2 材料的力学性能

材料的力学性能主要指材料的宏观性能,如弹性性能、塑性性能、硬度和抗冲击性能等,这些性能是设计各种工程结构时选择材料的主要依据。各种工程材料的力学性能是通过相关标准规定的方法和程序,利用相应的试验设备和仪器测定的。影响材料力学性能的内在因素主要包括材料的化学组成、内部组织和结构,而外在因素则包括所受载荷的特征(如静力、动力和冲击力等)、温度条件以及一系列其他外部条件。

掌握材料力学性能的变化规律,对正确选择材料、明确提高材料力学性能的方向和途径具有重要意义。常见材料的力学性能包括强度、塑性、硬度、冲击韧性和疲劳强度等。

1.2.1　材料在单向静拉伸载荷下的力学性能

在工业生产中,测量材料力学性能最常用的方法之一是静载方法。单向静载拉伸试验是工业中应用最广泛的材料力学性能试验方法之一。这种试验方法的特点是温度、应力状态和加载速率是确定的。试验时在试样的两端缓慢地施加载荷,使试样的工作部分受轴向拉力作用沿轴向伸长,一般进行到拉断为止。通过拉伸试验可以测定出材料最基本的力学性能指标,如屈服强度、抗拉强度、延伸率和断面收缩率等。单向静载拉伸试验的实施和相关力学性能指标的确定,在国家标准中均有明确、详细的规定,应严格遵照执行。

图 1.1 所示为标准拉伸试样,试样有两种:长试样($l_0 = 11.3 \sqrt{S_0}$)、短试样($l_0 = 5.65 \sqrt{S_0}$)。试验时,将圆柱形光滑试样装夹在拉伸试验机上,沿试样轴向以一定速度施加载荷,通过力与位移传感器可获得载荷(F)与试样伸长量(Δl)之间的关系曲线,称为拉伸曲线或力-伸长曲线,如图 1.2 所示即为低碳钢的拉伸曲线。随着轴向拉伸力不断增加,试样被逐渐拉长,直至拉断。

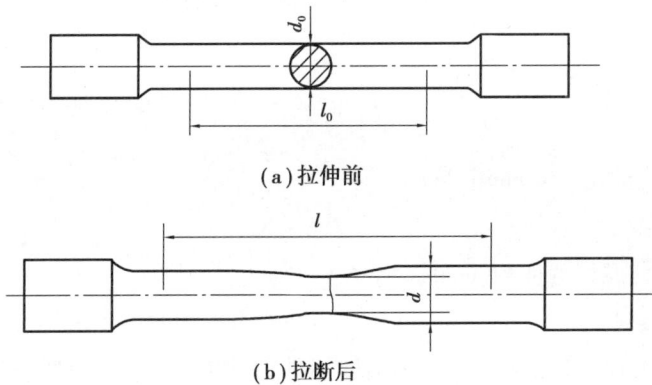

（a）拉伸前

（b）拉断后

图 1.1　标准拉伸试样

由图 1.2 中的曲线可知,当拉力较小时,试样的伸长量随力的增加而增加,消除拉应力后变形可以完全恢复,该过程为弹性变形阶段;当拉力增大到一定程度时,试样产生塑性变形。最初,在试样的局部区域产生不均匀屈服塑性变形,曲线上出现平台或锯齿,随后进入均匀屈服塑性变形阶段。当达到最大拉力时,试样再次产生不均匀塑性变形,在局部区域产生缩颈。随着不均匀塑性变形的进行,最后试样发生断裂。

图 1.2　低碳钢的拉伸曲线

1)强度

(1)弹性极限

弹性阶段可分为:开始段斜直线 Op 和微弯曲线 pe。斜直线 Op 表示力 F 与伸长量为线性关系,应力与应变也成正比变化,除去试验力后,试样将恢复到原始长度。这个阶段发生的是弹性变形。最高点 e 对应的应力值称为弹性极限 σ_e。当应力不超过弹性极限时,材料只产生弹性变形。

$$\sigma_e = \frac{F_e}{S_0} \qquad (1.1)$$

式中　σ_e——弹性极限,$N/mm^2(Pa)$;

　　　F_e——e 点载荷,N;

　　　S_0——试样原始截面积,mm^2。

(2)屈服强度

当拉伸力到达 s 点后,曲线图上第一次出现倒退,由 s 点倒退,而后应力几乎不变,但此时的应变却显著增加,这种现象称为屈服。曲线上的 es 段称为屈服阶段,此阶段会产生显著的变形。这种变形不会随载荷的消失而消失,称为塑性变形。s 点对应的应力值称为屈服强度。

$$R_e = \frac{F_s}{S_0} \qquad (1.2)$$

式中　R_e——屈服强度,$N/mm^2(Pa)$;

　　　F_s——s 点载荷,N;

　　　S_0——试样原始截面积,mm^2。

(3)抗拉强度

到达 s 点后要使试件继续变形,必须增加外力才能实现,这种现象称为材料强化。由屈服终止的 s 点到 b 点称为材料强化阶段,曲线向右上方倾斜。强化阶段的变形绝大部分也是塑性变形,同时整个试件的横向尺寸明显缩小。b 点是曲线上的最高点,b 点对应的应力值称为抗拉强度(或强度极限)。

$$R_m = \frac{F_m}{S_0} \qquad (1.3)$$

式中　R_m——抗拉强度,$N/mm^2(MPa)$;

　　　F_m——b 点载荷,N;

　　　S_0——试样原始截面积,mm^2。

此时,试样局部截面显著变细,发生颈缩,继续变形所需的载荷反而减小,到达 k 点时试件断裂。

拉伸试验揭示了材料在静载荷作用下的力学行为,即弹性变形、塑性变形、断裂 3 个基本过程,确定了材料最基本的力学性能指标强度,且强度越高,材料所能承受的载荷越大。

工业上使用的许多金属材料,在拉伸试验中,均没有明显的屈服现象。对于许多没有明显屈服现象的金属材料,将产生0.2%残余伸长率时的应力称为屈服强度,以$R_{r0.2}$表示。例如,低碳钢的屈服强度R_e约为240 MPa、抗拉强度R_m约为400 MPa,球墨铸铁$R_{r0.2}$约为320 MPa、抗拉强度R_m约为500 MPa,灰口铸铁的抗拉强度R_m约为200 MPa。

2)塑性

金属材料在载荷作用下产生塑性变形而不断裂的能力称为塑性。塑性指标也是由拉伸试验测得的,常用伸长率和断面收缩率来表示。

(1)伸长率

试样拉断后,标距的伸长量与原始标距的百分比称为伸长率,以A表示:

$$A = \frac{\Delta l}{l_0} \times 100\% = \frac{l - l_0}{l_0} \times 100\% \tag{1.4}$$

式中　A——伸长率,长试样用$A_{11.3}$表示,%;

　　　l——试样拉断后的标距,mm;

　　　l_0——试样原始标距,mm。

(2)断面收缩率

试样拉断后,缩颈处横截面积的缩减量与原始横截面积的百分比称为断面收缩率,用Z表示:

$$Z = \frac{\Delta S}{S_0} \times 100\% = \frac{S_0 - S}{S_0} \times 100\% \tag{1.5}$$

式中　Z——断面收缩率,%;

　　　S——试样拉断后缩颈处的截面积,mm^2;

　　　S_0——试样原始截面积,mm^2。

伸长率和断面收缩率值越大,材料的塑性越好。良好的塑性不仅是金属材料进行轧制、锻压、冲压、焊接的必要条件,而且在使用时万一超载,由于产生塑性变形,能够避免突然断裂。塑性好的金属可以发生大量塑性变形而不破坏,也易于加工成复杂形状的零件。例如,工业纯铁的塑性较好,伸长率A可达50%,断面收缩率Z可达80%,可以拉制细丝,轧制薄板等。铸铁的塑性极差,伸长率A几乎为零,所以不能进行塑性变形加工。

1.2.2　硬度

硬度是衡量金属材料软硬程度的指标,是指金属抵抗局部弹性变形、塑性变形、压痕或划痕的能力。硬度能够反映金属材料在化学成分、金相组织和热处理状态上的差异,是检验产品质量、研制新材料和确定合理加工工艺所不可缺少的检测性能之一。材料的硬度值可以通过硬度试验获得。

目前机械制造生产中应用最广泛的硬度之一是布氏硬度、洛氏硬度和维氏硬度,均采用压入法进行测试。这种试验方法比较简单,不破坏零件,测量迅速,适用于成品检验。

1)布氏硬度

布氏硬度的测试原理如图 1.3 所示,是用一定大小的试验力 $F(N)$,把直径为 $D(mm)$ 的硬质合金球压入被测金属的表面,保持规定的时间后卸除试验力,用读数显微镜测出压痕平均直径 d,然后按公式求出布氏硬度 HBW 值,或者根据 d 从布氏硬度表中查出对应的 HBW 值。

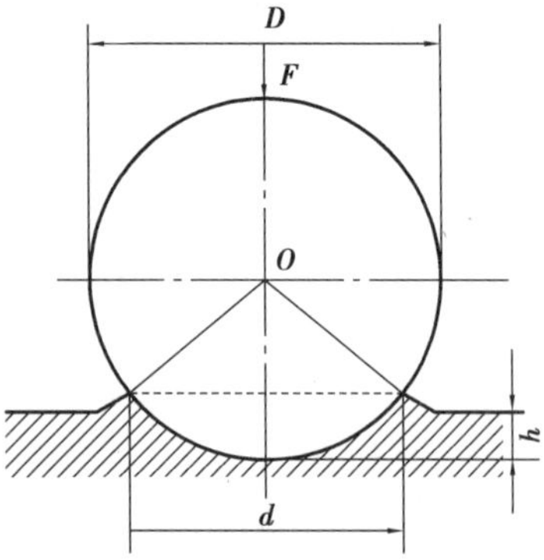

$$HBW = 0.102 \times \frac{F}{S} = 0.102 \times \frac{2F}{\pi D(D - \sqrt{D^2 - d^2})}$$

(1.6)

图 1.3 布氏硬度测试原理

式中 F——试验力,N;

       S——压痕球形表面积,mm^2;

       D——硬质合金球直径,mm;

       d——压痕平均直径,mm。

布氏硬度的表示符号为 HBS 和 HBW 两种。压头为淬火钢球时,用 HBS 表示,一般适用于测量软灰铸铁、有色金属等布氏硬度值在 450 以下的材料。压头为硬质合金球时,用 HBW 表示,适用于布氏硬度值在 650 以下的材料。符号 HBS 或 HBW 之前的数字为硬度值,符号后面按以下顺序用数字表示试验条件:球体直径、试验力、试验力保持的时间(若为 10 ~ 15 s 则不标注)。例如,250HBS10/1000/25 表示用直径 10 mm 的淬火钢球,在 9 806 N(1 000 kgf)试验力的作用下,保持 25 s 时测得的布氏硬度值为 250。470HBW5/750 表示用直径 5 mm 的硬质合金球,在 7 355 N(750 kgf)试验力的作用下,保持 10 ~ 15 s 时测得的布氏硬度值为 470。硬度值越高,表明材料越硬。

根据材料软硬不同或厚薄不同,试验时应选用不同大小的载荷 F 和压头直径 D。为了使同一材料采用不同的 F 和 D 值测得的 HBW 值相同,在选配压头直径 D 及试验力 F 时,应保证得到几何形状相似的压痕(即压痕的压入角保持不变),为此应使 $0.102 \times F/D^2 =$ 常数。国家标准中规定,进行布氏硬度试验时,$0.102 \times F/D^2$ 的比值有 30、15、10、5、2.5 和 1 等 6 种。根据金属材料种类、试样硬度值范围的不同,可按表 1.1 选定 $0.102 \times F/D^2$ 值。

表 1.1   布氏硬度试验中 $0.102 \times F/D^2$ 值的选择

材料	布氏硬度/HBW	$0.102 \times F/D^2$/(N·mm^{-2})
钢、镍基合金、钛合金	—	30
铸铁	<140	10
	≥140	30

续表

材料	布氏硬度/HBW	$0.102 \times F/D^2 / (\text{N} \cdot \text{mm}^{-2})$
铜及其合金	<35	5
	35～200	10
	200	30
轻金属及其合金	<35	2.5
	35～80	5
		10
		15
	>80	10
		15
铅、锡	—	1

布氏硬度试验测量的压痕面积大,一方面其硬度值能反映金属材料在较大范围内各组成相的平均性能,而且试验数据稳定,重复性好;另一方面压痕面积大不利于测定成品的硬度。另外,布氏硬度计测试不同类材料时,需更换压头和改变测试力,压痕直径的测试也比较麻烦。

2)洛氏硬度

洛氏硬度试验是目前应用最广的性能试验方法之一,它是采用直接测量压痕深度来确定硬度值的。

洛氏硬度试验所用的压头有两种:圆锥角 $\alpha = 120\%$ 的金刚石圆锥体、一定直径的小淬火钢球。在先后两次施加载荷(初载荷 F_0 及主载荷 F)的条件下,将标准压头压入试样表面,保压一定时间,再卸除主载荷,根据主载荷所产生的塑性变形的深度确定试样的硬度。

为了适应不同材料的硬度测试,所加的载荷和压头构成不同的标尺。常用的有 3 种标尺,即 HRA、HRB、HRC,其中以 HRC 应用最广。几种常用洛氏硬度级别试验规范及应用范围见表1.2。洛氏硬度 HRC 可以用于硬度很高的材料,操作简便迅速,而且压痕很小,几乎不损伤工件表面,故在成品及半成品测试中,钢件热处理质量检查中应用最多。但压痕小,硬度值代表性就差些。如果材料有偏析或组织不均匀的情况,则所测硬度值的重复性差,故需在试样不同部位测定 3 点,取其算术平均值。

表1.2　常用洛氏硬度的级别及其应用范围

洛氏硬度	压头	总载荷/N(kgf)	测量范围	应用
HRA	120°金刚锥	588.4(60)	70 HRA 以上	零件表面硬化层、硬质合金等

续表

洛氏硬度	压头	总载荷/N(kgf)	测量范围	应用
HRB	1/16 英寸钢球	980.7(100)	25~100 HRB	软钢和铜合金等
HRC	120°金刚锥	1 471.1(150)	20~67 HRC	淬火钢等硬零件
HRF	1/16 英寸钢球	588.4(60)	25~100 HRF	铝合金和镁合金等

洛氏硬度是在洛氏硬度试验机上进行的,其硬度值可直接从表盘上读出。洛氏硬度符号 HR 前面的数字为硬度值,后面的字母表示级数。如 60 HRC 表示 C 标尺测定的洛氏硬度值为60。

3)维氏硬度

维氏硬度以金刚石棱锥体为压头,以 HV 表示维氏硬度符号,它的值等于载荷值除以压痕的总面积。在实际测定时,只要量出压痕的对角线长度,就可查表得到它们的硬度值。维氏硬度试验所用压力可根据试样的大小、厚薄等条件来选择,可测定从很软到很硬的各种材料。由于所加压力小,压入深度较浅,故可测定较薄材料和各种表面渗层,且准确度高。但维氏硬度试验时需测量压痕对角线的长度,测试程序较繁,不如洛氏硬度试验法那样简单、迅速,不适宜成批生产的常规检验。

维氏硬度符号 HV,如 640HV30/20 表示在 30 kgf 作用下保持 20 s 后测得的维氏硬度值为 640。

通过实践发现,在一定条件下,布氏硬度、洛氏硬度、维氏硬度之间存在着某种粗略的经验换算关系。如在 200~600 HBS(HBW)内,1 HRC≈1/10 HBS(HBW);在小于450 HBS 时,1 HBS(HBW)≈1 HV。

1.2.3　材料在冲击载荷下的力学性能

机器零件大多是在冲击载荷(载荷以很快的速度作用于机件)下工作,例如飞机起落架在起飞和降落时、火车起动和刹车时、汽车行驶通过道路上的凹坑时都会受到冲击。还有一些机件,如铆钉枪、冲床、锻锤,本身就是利用冲击能来工作的。试验表明,载荷速度增加,材料的塑性、韧性下降,脆性增加,易发生突然性破断。因此,使用的材料就不能用静载荷下的性能来衡量,而必须用抵抗冲击载荷的作用而不破坏的能力,即冲击韧度来衡量。

1)冲击试验

目前应用最普遍的是一次摆锤弯曲冲击试验。把准备好的标准冲击试样放在试验机的机架上,如图 1.4 所示,试样缺口背向摆锤刀口,将一定质量的摆锤(质量为 G)抬到一定高度 H,使其具有势能,然后释放摆锤,将试样冲断,摆锤继续上升到一定高度 h,在忽略摩擦力和阻尼等条件下,摆锤冲断试样所做的功称为冲击吸收能量,以 K 表示。

$$K = G \cdot H - G \cdot h \tag{1.7}$$

式中　K——冲击吸收功,J;

　　　G——摆锤质量,N;

　　　H——摆锤初始高度,m;

　　　h——摆锤冲断试样后上扬高度,m。

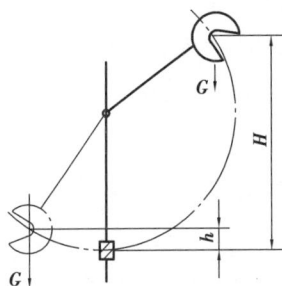

图 1.4　冲击试验原理　　　　　　图 1.5　U 形缺口试样尺寸

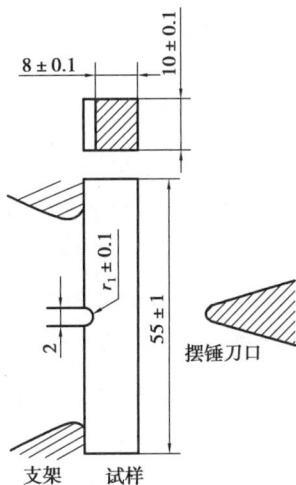

对一般常用钢材来说,所测冲击吸收能量 K 越大,材料的韧性越好。冲击试验标准试样主要有 U 形缺口和 V 形缺口。用不同缺口试样测得的冲击吸收功分别记为 K_U 和 K_V。我国多采用 U 形缺口试样,图 1.5 所示为 U 形缺口试样尺寸。试验时,缺口背对摆锤刀口放置。试验球铁、工具钢、热固性塑料等脆性材料常用 10 mm×10 mm×55 mm 的无缺口冲击试样。

2)冲击韧度

材料在冲击载荷的作用下,抵抗破坏的能力称为冲击韧度,是通过测定冲击吸收功 K 的方法来确定材料的冲击韧度 α_K 的。

$$\alpha_{K_U} = \frac{K_U}{S_0} \text{ 或 } \alpha_{K_V} = \frac{K_V}{S_0} \tag{1.8}$$

式中　α_{K_U},α_{K_V}——冲击韧度,分别对应 U 形、V 形缺口试样,kJ/m^2;

　　　S_0——缺口处的截面积,m^2。

本质上,韧性是表示材料在塑性变形和断裂过程中吸收能量的能力。冲击韧度 α_K 越大,表明材料的韧性越好,则发生脆性断裂的可能性越小。韧性好的材料比较柔软,拉伸断裂伸长率、抗冲击强度较大,同时,硬度、拉伸强度和拉伸弹性模量较小。韧性差的材料,会体现出脆性,它是当外力达到一定限度时,材料发生无先兆的突然破坏,且破坏时无明显塑性变形的性质。脆性材料的力学性能特点是抗压强度远大于抗拉强度,破坏时的极限应变值极小。

K 值对材料组织缺陷十分敏感。温度对 K 值的影响也较大,K 值随温度的降低而减小,当温度降低到某一温度范围时,其冲击吸收能量值急剧降低,表明断裂由韧性状态向脆性状态转变,此时的温度称为韧脆转变温度。韧脆转变温度越低,材料的低温冲击性能就越好。这对于在寒冷地区和低温下工作的机械结构(如运输机械、输送管道等)尤为重要。

1.2.4　材料在疲劳载荷下的力学性能

1)疲劳现象

材料受周期性变化的循环应力后材料内部的微观结构逐渐发生改变,如位错运动、微裂纹的形成和扩展等,这些损伤会随着应力循环次数的增加而累积,这些微裂纹会随着应力循环的继续而逐渐扩展,直至材料断裂,这种现象称为疲劳断裂。疲劳断裂通常是低应力循环延时断裂,其断裂应力水平往往低于材料的抗拉强度,甚至屈服强度。不论是韧性材料还是脆性材料,在疲劳断裂前均不会发生塑性变形及有形变前兆,危害较大。

2)疲劳极限

金属材料在无限多次交变载荷作用下而不破坏的最大应力称为疲劳强度或疲劳极限。实际上,金属材料并不可能作无限多次交变载荷试验。一般试验时规定,钢在经受 10^7 次、有色金属材料在经受 10^8 次交变载荷作用时不产生断裂的最大应力为疲劳强度。

材料的疲劳极限通常用旋转对称弯曲疲劳试验的方法测定。试验时采用多组试样,在不同的交变应力下进行试验,测定各应力下试样发生断裂时的循环周次 N,绘制出应力与 N 之间的关系曲线,即疲劳曲线,简称 $\sigma\text{-}N$ 曲线,如图 1.6 所示。随应力水平下降,断裂的循环周次增加。对于金属材料(如碳钢、合金结构钢等)及有机玻璃,当循环应力降低到某一临界值时,$\sigma\text{-}N$ 曲线趋于水平直线[图 1.6(a)],表明材料在此应力作用下经无限次循环也不会发生疲劳。故将此应力记为疲劳极限 σ_{-1}。但是,实际测试时不可能做到无限次应力循环,通常将 $N=10^7$ 次时的最大应力定为疲劳极限 σ_{-1}。对于多数有色金属及其合金和聚合物材料,其疲劳曲线上没有水平直线部分[图 1.6(b)],随应力下降,循环周次不断增加,通常根据材料的使用要求规定在某一循环周次下不发生断裂的应力作为疲劳极限,如铝合金以 $N=10^8$ 次时的最大应力作为 σ_{-1}。

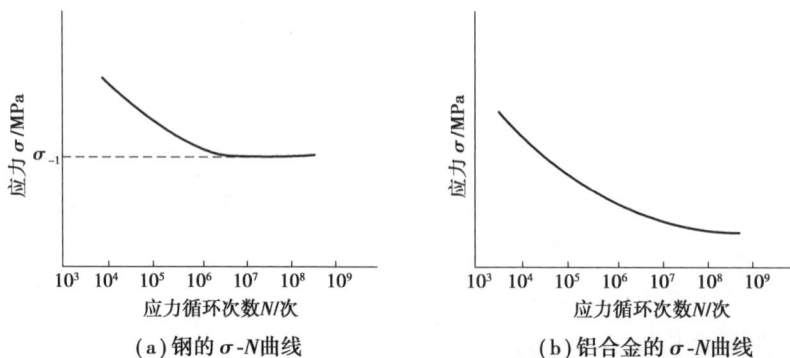

(a)钢的 $\sigma\text{-}N$ 曲线　　　　　(b)铝合金的 $\sigma\text{-}N$ 曲线

图 1.6　疲劳曲线示意图

为了提高机械零件的抗疲劳能力,防止疲劳断裂,在进行设计时应选择合理的结构和形状,并尽量减少表面缺陷和损伤。因为机械零件的疲劳极限与其结构、形状和表面质量密切相关,而金属表面是疲劳裂纹易于产生的地方,因此,表面强化处理是提高疲劳极限的有效途径之一。

1.3　复习思考题

1. 说明下列力学性能指标的意义。

R_m, R_e, $R_{r0.2}$, A, Z, K, α_K, HBW, HRA, HRB, HRC, HV, σ_{-1}

2. 什么是材料的力学性能?根据载荷形式的不同,力学性能主要包括哪些指标?

3. 什么是强度?什么是弹性变形?什么是塑性变形?什么是塑性?

4. 低碳钢做成的 $d_0 = 10\ \text{mm}$ 的圆形短试样经拉伸试验得到如下数据:$F_s = 21\ 100\ \text{N}$, $F_m = 34\ 500\ \text{N}$, $l = 65\ \text{mm}$, $d = 6\text{mm}$。试求低碳钢的 R_e、R_m、A、Z。

5. 什么是硬度?什么是冲击韧度?

6. 实验室现有 HBW、HRA、HRB、HRC、HV 几种类型的硬度试验机,请说明选用何种硬度测试方法测定下列工件的硬度:①退火钢;②淬火钢;③硬质合金;④铜合金;⑤调质钢;⑥龙门刨床导轨;⑦渗碳层的硬度分布;⑧钢轨;⑨高速钢刀具;⑩灰铸铁。

7. 什么是疲劳断裂?什么是疲劳强度?

第2章 金属与合金的晶体结构

不同成分的材料其性能各不相同,如纯铜比钢铁要软。再如,45 钢与铸铁虽然都是由铁和碳形成的合金,但由于碳含量的不同,材料的强度、硬度、塑性和韧性都有显著差异。同样是 45 钢,当加热到 850 ℃后,分别将其置于空气中冷却与放入水中冷却,经过性能测试发现两者的性能差异较大。通过观察显微结构,可以发现它们的组织结构也存在不同。因此,材料的性能不仅与其化学成分相关,还与其内部组织结构密切相关。了解金属的内部组织结构对掌握金属材料的性能至关重要。

2.1 纯金属的晶体结构

2.1.1 晶体学基本知识

1) 晶体与非晶体

固态物质由原子(或分子)组成,按原子(或分子)的聚集不同,固态物质分为两类:晶体、非晶体。

晶体是指其内部的原子按一定几何形状作有规则的周期性排列的物质,如金刚石、石墨,固态金属与合金都是晶体。非晶体内部的原子无规则地排列在一起,如松香、沥青、玻璃等。

2) 晶体的特性

与非晶体相比,晶体中的原子呈一定规律重复排列,因此晶体与非晶体在性能上表现出了明显的差异。

①具有规则的外形。晶体中原子的规则排列,许多晶体的天然呈现出规则的几何外形,表面有一定的角度,如天然金刚石、水晶、结晶盐等。非晶体没有这个特点。

②具有固定的熔点。如铁的熔点为 1 538 ℃,铝的熔点为 660 ℃。晶体在熔点以上转变为液体,处于非结晶状态;在熔点以下液体又变成固体,处于结晶状态。这两种状态的转变是突然发生的,而非晶体没有固定的熔点,随着温度的上升,固态非晶体逐渐变软,最终成为有显著流动的液体。温度下降时逐渐自稠化,最终转变为固体。

③各向异性。沿晶体的不同方向测得的性能不相同,如强度、弹性模量、导电性、热膨胀性等,即为各向异性。非晶体则具有各向同性。

3）晶格和晶胞

在讨论晶体结构时，常把构成晶体的原子看成一个个刚性小球，这些原子小球按一定的几何形式在空间紧密堆积，如图 2.1（a）所示。

（1）晶格

将晶体中的原子或离子看作固定的刚性小球，把刚性小球看成一个结点，用假想的线条把结点连接起来构成的空间格子称为晶格，如图 2.1（b）所示。

（2）晶胞

从周期性变化的空间晶格中取出一个反映点阵特性的基本单元（通常是平行六面体）作为其组成单元，这个单元称为晶胞，如图 2.1（c）所示。晶胞的三维堆砌就形成了晶格。

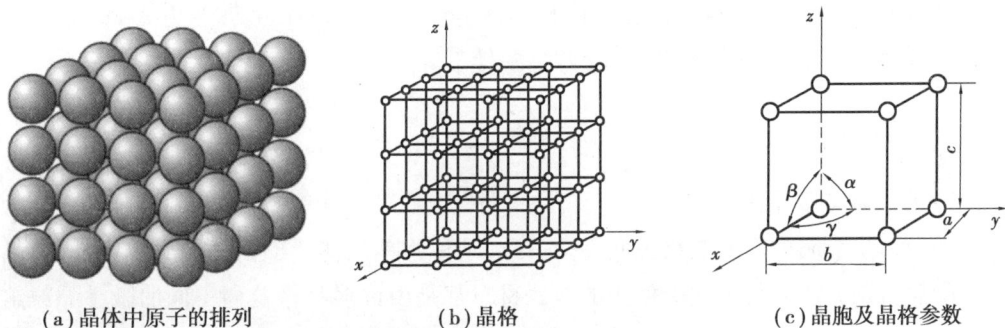

| (a)晶体中原子的排列 | (b)晶格 | (c)晶胞及晶格参数 |

图 2.1　晶体结构示意图

（3）晶格常数

晶格常数用于描述晶胞。为研究晶体结构，在晶体学中还规定用一些参数来表示晶胞的几何形状及尺寸。这些参数包括晶胞的棱边长度 a、b、c 和棱边夹角 α、β、γ，如图 2.1（c）所示。当晶格常数中棱边长度 $a=b=c$，3 个夹角 $\alpha=\beta=\gamma=90°$ 时，这种晶胞组成的晶格称为简单立方晶格。图 2.1 中所示的就是简单立方晶格与晶胞示意图。

2.1.2　金属中常见的晶格类型

布拉菲在 1948 年根据"每个阵点环境相同"的要求，用数学分析法证明晶体的空间点阵只有 14 种，故这 14 种空间点阵称为布拉菲点阵，分属于 7 个晶系。金属晶体的晶格类型属于以下 3 种类型。

1）体心立方晶格

体心立方晶格的晶胞为一立方体，晶格常数 $a=b=c$，3 个夹角 $\alpha=\beta=\gamma=90°$。在立方体的 8 个顶角各排列 1 个原子，立方体中心有 1 个原子，所以体心立方晶胞中的原子数为 2 个（$1+8\times1/8$）。属于这种晶格类型的金属有 α-Fe、Cr、Mo、V 等 30 多种。这一类型的金属具有较高的强度及较好的塑性。

2）面心立方晶格

面心立方晶格的晶胞也是一个立方体，晶格常数 $a=b=c$，3 个夹角 $\alpha=\beta=\gamma=90°$。

立方体的 8 个顶角和 6 个面的中心各排列着 1 个原子,所以面心立方晶胞中的原子数为 4 个(8×1/8+6×1/2)。属于这种晶格类型的金属有 γ-Fe、Al、Cu、Au、Ag 等,这类金属的塑性很好。

3)密排六方晶格

密排六方晶格的晶胞是一个六方柱体,柱体的 12 个顶点和上、下面中心各排列 1 个原子,六方柱体的中间还有 3 个原子。六方柱体的每个角上原子为相邻 6 个晶胞所共有,上、下底面中心的原子为两个晶胞所共有,中心的 3 个原子为该晶胞所独有,所以密排六方晶胞中的原子数为 6 个(12×1/6+2×1/2+3)。属于这种晶格类型的金属有 Mg、Zn、Be、Ti 等。

晶格类型不同,原子排列的致密度(晶胞中原子所占体积与晶胞体积的比值)也不同。晶格类型发生变化,将引起金属体积和性能的变化。如 γ-Fe 转变为 α-Fe,晶格由面心立方转变为体心立方,体积发生膨胀,塑性下降。

2.1.3 实际金属的晶体结构

1)单晶体与多晶体

如果一块金属内部的晶格位向完全一致,则称为单晶体,具有各向异性。金属单晶体只能靠特殊方法制得。实际使用的金属材料都是由许多晶格位向不同的微小晶粒组成的,称为多晶体,如图 2.2 所示。多晶体中各个晶粒都具有各向异性,但由于各个晶粒位向不同,加上晶界的作用,各晶粒的有向性互相抵消,因而整个多晶体呈现出无向性,即各向同性。晶粒与晶粒之间的界面称为晶界。

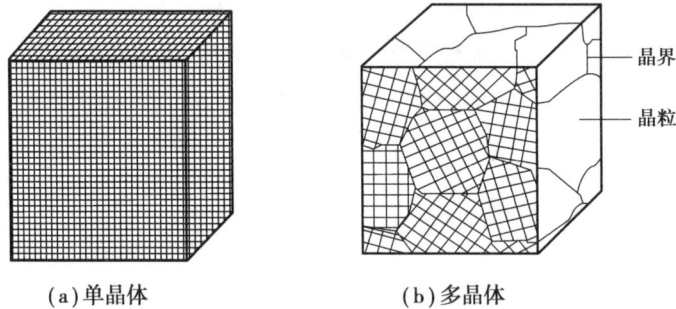

(a)单晶体   (b)多晶体

图 2.2 单晶体和多晶体

2)晶体缺陷

在金属晶体中,由于结晶及加工条件不同,受晶体形成条件、原子的热运动及其他各种因素的影响,原子规则排列在局部区域受到破坏,排列形态呈现出不完整,通常把这种区域称为晶体缺陷。

根据晶体缺陷存在的几何形式特点,分为点缺陷、线缺陷、面缺陷三大类。

(1)点缺陷

点缺陷是指在空间 3 个方向尺寸都很小的缺陷,最常见的点缺陷是晶格空位和间隙原子,如图 2.3(a)、(b)所示。某个晶格间隙中挤进了原子,称为间隙原子。晶格中某个原子脱离了平衡位置,形成了空结点,称为空位。缺陷的出现破坏了原子间的平衡状态,使晶格发生扭曲,称为晶格畸变。晶格畸变将使晶体性能发生改变,如强度、硬度和电阻增加。

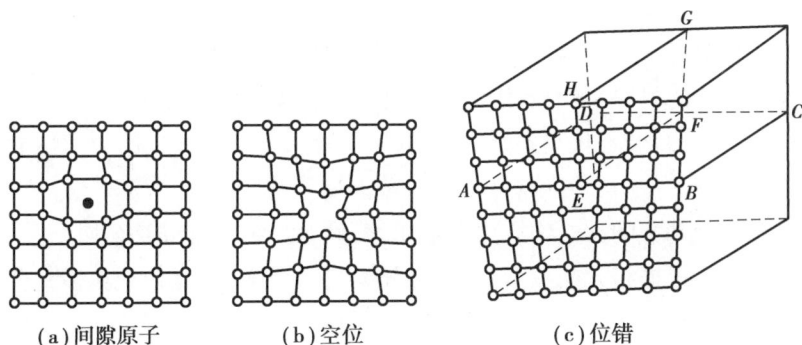

(a)间隙原子　　　　(b)空位　　　　(c)位错

图 2.3　晶体缺陷

空位和间隙原子的运动也是晶体中原子扩散的主要方式之一,这对金属热处理是极其重要的。

(2)线缺陷

线缺陷主要是指位错。最常见的位错形态之一是刃形位错,如图 2.3(c)所示。这种位错的表现形式是晶体的某一晶面上多出一个半原子面,它如同刀刃一样插入晶体,故称刃形位错。在位错线附近一定范围内,晶格会发生畸变。

位错的存在对金属的力学性能有很大的影响,例如金属材料处于退火状态时,位错密度较低,强度较差;经冷塑性变形后,材料的位错密度增加,故提高了强度。位错在晶体中易于移动,金属材料的塑性变形是通过位错运动来实现的。

(3)面缺陷

面缺陷通常指的是晶界和亚晶界。实际金属材料都是多晶体结构,多晶体中两个相邻晶粒之间晶格位向是不同的,所以晶界处是不同位向晶粒原子排列无规则的过渡层。晶界原子偏离平衡位置,能量较高,因此晶界与晶粒内部有着一系列不同特性。常温下,晶界处不易产生塑性变形,所以晶界处硬度和强度较晶内高。因此,晶粒越细小,晶界也越多,则金属的硬度和强度亦越高。同时,晶界处原子扩散速度较快,容易被腐蚀、熔点低。

实际金属是一个多晶体结构。在一个晶粒内部,还存在许多更细小的晶块,它们之间晶格位向很小,通常小于 2°~3°,这些小晶块称为亚晶粒(也称镶嵌块)。亚晶粒之间的界面称为亚晶界。亚晶界处原子排列也是不规则的,其作用与晶界相似。

2.2 合金的晶体结构

2.2.1 合金的基本概念

合金是一种由金属元素与其他金属元素或非金属元素通过熔炼或其他方法结合而成的具有金属特性的材料。例如,钢铁材料是由铁和碳组成的合金,普通黄铜则是由 Cu 与 Zn 组成的合金。合金不仅具备纯金属的基本特性,还兼具优良的力学性能以及特殊的物理和化学性能。

组成合金的最基本的独立物质称为组元,简称元。组元可以是金属元素、非金属元素或稳定化合物。根据组元的数量,合金可分为二元合金、三元合金和多元合金。普通黄铜是由 Cu 与 Zn 组成的二元合金,而硬铝则是由 Al、Cu、Mg 或 Al、Cu、Mn 组成的三元合金。一个合金系统,简称合金系,黄铜就是由 Cu 与 Zn 组成的二元合金系。

在合金中,成分、结构及性能相同的组成部分称为相。相与相之间具有明显的界面。不同数量、形态、大小和分布方式的相共同组成合金的组织。

2.2.2 合金的相结构

固态合金中的相,按其组元原子的存在方式可分为固溶体和金属化合物两大类。

1)固溶体

固溶体是一种组元的原子溶入另一种组元的晶格中所形成的均匀固相。溶入的元素称为溶质,基体元素称为溶剂。固溶体仍然保持溶剂的晶格类型。如,铜镍合金就是以 Cu(溶剂)和 Ni(溶质)形成的固溶体,固溶体具有与溶剂金属同样的晶体结构。

根据溶质原子在溶剂晶格中所占位置不同,固溶体可分为置换固溶体和间隙固溶体两类。

(1)置换固溶体

溶质原子占据晶格结点位置而形成的固溶体称为置换固溶体,如图 2.4(a)所示。金属元素之间通常形成置换固溶体。黄铜就是锌溶于铜中形成的置换固溶体。按在置换固溶体中的溶解度不同,又可将其分为有限固溶体和无限固溶体。

(2)间隙固溶体

一些原子半径小于 0.1 nm 的非金属元素,如 C、N 等作为溶质原子时,通常处于溶剂晶格的某些间隙位置而形成间隙固溶体,如图 2.4(b)所示。

由于溶质原子的溶入会引起固溶体晶格发生畸变,使合金的强度、硬度提高,塑性、韧性有所下降。这种通过溶入原子,使合金强度和硬度提高的方法称为固溶强化。在工业生产中,固溶强化是提高材料力学性能的重要途径之一。

2)金属化合物

金属化合物是合金元素间发生相互作用而生成的具有金属性质的一种新相,其晶格和类型不同于合金中的任意组元元素。金属化合物一般具有复杂的晶体结构,熔点高,硬而脆。当合金中出现金属化合物时,通常能提高合金的强度、硬度和耐磨性,但会降低塑性和韧性。金属化合物常作为各种合金钢、硬质合金及许多非铁金属的强化相。

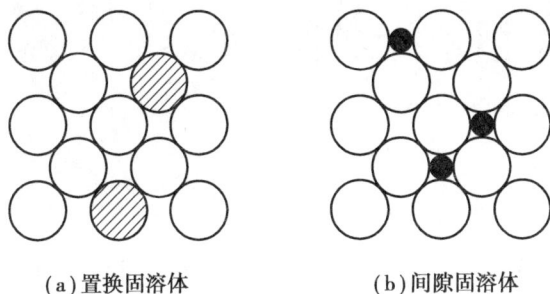

(a)置换固溶体　　　　　(b)间隙固溶体

图 2.4　固溶体

3)合金的组织

组织泛指用金相观察方法看到的由形态、尺寸和分布方式不同的一种或多种相构成的总体。

将金属试样的磨面经适当处理后用肉眼或借助放大镜观察到的组织,称为宏观组织;将采用适当方法(如浸蚀)处理后的金属试样的磨面复型或制成的薄膜置于光学显微镜或电子显微镜下观察到的组织,称为金相组织或显微组织。只由一种相组成的组织称为单相组织;由几种相组成的组织称为多相组织。纯金属的组织是单相组织,合金的组织可以是单相或多相组织。金属材料的组织不同,其性能也就不同。合金之所以比纯金属性能优越,主要是因为合金的内部结构不同于纯金属。

合金的组织既可以是单相固溶体,也可以是单相金属化合物,但绝大多数合金的组织是由固溶体与金属化合物组成的复合组织。通过调整固溶体中溶质含量和金属化合物的数量、大小、形态、分布以及调整固溶体与金属化合物的比例,就可以改变其组织,从而改变合金的性能来满足工业生产的实际需要。

2.3　复习思考题

1. 什么是晶体? 晶体的主要性能是什么?

2. 解释下列名词。

晶格,晶胞,晶格常数,晶粒,晶界,合金,组元,相,合金系

3. 试绘示意图说明什么是单晶体? 什么是多晶体?

4. 金属晶格的基本类型有哪几种? 绘出示意图说明它们的原子排列。

5. 实际金属有哪些晶体缺陷? 这些缺陷对性能有何影响?

6. 什么是固溶体? 绘图说明固溶体的种类。

7. 什么是固溶强化?

8. 金属化合物的主要性能和特点是什么?

9. 组织与相的区别是什么?

10. 组成合金的基本相有哪些? 简述中间相的结构与性能特征。

第3章
金属与合金的结晶及二元合金相图

材料的内部组织和化学成分决定其性能,通过改变材料的内部组织可以改变材料的性能。研究金属材料的结晶过程,可以通过控制结晶过程的影响因素,获得理想的内部组织,进而提升材料的性能。合金的结晶过程远比纯金属的结晶过程复杂。相图能把合金的成分、温度与组织的关系直观展示出来,是研究结晶过程的有力的工具。

3.1 纯金属的结晶

金属的结晶是指金属由液态转变为固态(晶体)的过程。

3.1.1 纯金属的冷却曲线

纯金属的结晶都是在一定温度下进行的,它的冷却结晶过程可用图 3.1 所示的冷却曲线来描述。由冷却曲线可见,液态金属随着冷却时间的延长,它所含的热量不断散失,温度也不断下降,但是当冷却到某一温度时,时间延长但温度不变,因为此时正在结晶。结晶发出的结晶潜热正好补偿了系统向环境散失的热量,如图 3.1(a)所示,冷却曲线上出现了一段水平线,这段线对应的温度正是金属的熔点 T_0。但实际在结晶过程中,实际结晶温度 T_1 总是低于理论结晶温度 T_0,如图 3.1(b)所示,这种现象称为过冷现象;理论结晶温度 T_0 和实际结晶温度 T_1 之差称为过冷度,用 ΔT 表示。

$$\Delta T = T_0 - T_1 \tag{3.1}$$

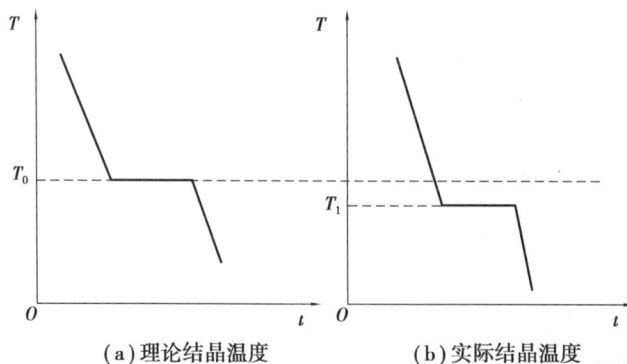

(a)理论结晶温度 (b)实际结晶温度

图 3.1 纯金属的冷却曲线

式中　　T_0——理论结晶温度,℃;

T_1——实际结晶温度,℃;

ΔT——过冷度,℃。

金属结晶时温度的大小与冷却速度有关,冷却速度越大,过冷度就越大,金属的实际结晶温度越低。

3.1.2　纯金属的结晶过程

纯金属的结晶过程发生在冷却曲线上平台所经历的这段时间。

液态金属结晶时,首先出现一些微小的晶体——晶核,它不断长大,同时新晶核又不断产生并相继长大,直至液态金属全部消失为止,如图 3.2 所示为铁碳合金的结晶过程。因此金属的结晶过程包括形核和长大两个基本过程,并且这两个过程是同时进行的。

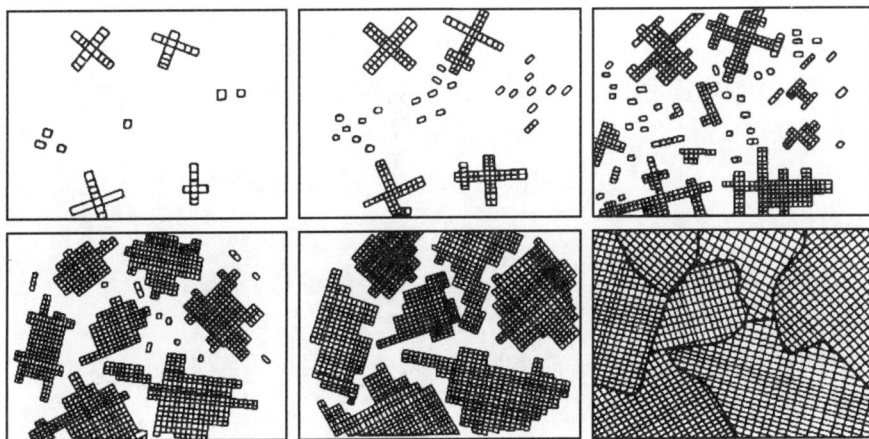

图 3.2　铁碳合金的结晶过程

(1)形核

当液态金属冷至结晶温度以下时,某些类似晶体原子排列的小集团便成为结晶核心,这种由液态金属内部自发形成结晶核心的过程称为自发形核。另外,在实际金属中常有杂质的存在,这种液态金属依附于这些杂质更容易形成晶核,这种依附于杂质形成晶核的过程称为非自发形核。自发形核和非自发形核在金属结晶时是同时进行的,但非自发形核常起优先和主导作用。

(2)长大

在晶核形成初期,外形一般比较规则,但随着晶核的长大,形成了晶体的顶角和棱边,此处散热条件优于其他部位,因此在顶角和棱边处以较大成长速度形成枝干。同理,在枝干的长大过程中,又会不断生出分支,最后填满枝干的空间,结果形成树枝状晶体,简称枝晶。

3.1.3 金属结晶后的晶粒大小

金属结晶后晶粒大小对金属的力学性能有重大影响,一般来说,细晶粒金属具有较高的强度和韧性。因此,为了提高金属的力学性能,得到细晶组织,就必须了解影响晶粒大小的因素及控制方法。

结晶后的晶粒大小主要取决于形核率与晶核的长大速率。显然,凡能促进形核率,抑制长大速率的因素,均能细化晶粒。以下是工业上常用的细化晶粒的方法:

(1)增加过冷度

形核率和长大速率都随过冷度增大而增大,但在很大范围内形核率比晶核长大速率增长得更快。故过冷度越大,单位体积中晶粒数目越多,晶粒细化。实际生产中,通过加快冷却速度来增大过冷度,对于大型零件这显然不易办到,因此这种方法只适用于中、小型铸件。

(2)变质处理

在液态金属结晶前加入一些细小变质剂,使结晶时形核率增加,从而长大速率降低,单位体积内晶粒数量增加,从而细化晶粒,这种细化晶粒方法称为变质处理。

(3)附加振动

采用机械振动、超声波和电磁波振动等,增加结晶动力,使枝晶破碎,也间接增加晶核核心,同样可细化晶粒。

3.1.4 金属的同素异构转变

自然界中大多数金属结晶后晶格类型不再变化,但少数金属,如 Fe、Co、Ti、Sn、Mn 等,随着温度或压力的变化晶格类型会改变。在固态下,随温度或压力的改变由一种晶格转变为另一种晶格的现象称为同素异构转变。具有同素异构转变的以不同晶格形式存在的同一金属元素的晶体称为该金属的同素异构体。图 3.3 所示为纯铁的冷却曲线。由图可知,液态纯铁在 1 538 ℃进行结晶,得到具有体心立方晶格的 δ-Fe,继续冷却到 1 394 ℃时发生同素异构转变,δ-Fe 转变为面心立方晶格 γ-Fe,再冷却到 912 ℃时再次发生同素异构转变,γ-Fe 转变为体心立方晶格的 α-Fe,如再继续冷却到室温,晶格的类型不再发生变化。这些转变可表示为:

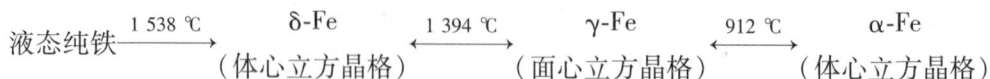

$$\text{液态纯铁} \xrightarrow{1\,538\ ℃} \underset{\text{(体心立方晶格)}}{\delta\text{-Fe}} \xleftrightarrow{1\,394\ ℃} \underset{\text{(面心立方晶格)}}{\gamma\text{-Fe}} \xleftrightarrow{912\ ℃} \underset{\text{(体心立方晶格)}}{\alpha\text{-Fe}}$$

金属的同素异构转变是一种结晶过程,主要包括形核和长大两个基本过程,因此也被称为重结晶。在转变过程中,会释放结晶潜热并出现过冷现象。在同素异构转变时,新晶格的晶核优先在原有晶粒的晶界处形成;这一转变需要较大的过冷度。同时,晶格的变化伴随着金属体积的变化,并且在转变过程中会产生较大的内应力。例如,当 α-Fe 转变为 β-Fe 时,铁的体积会膨胀约 1%。这一现象是钢在热处理过程中引起内应力,进而导致工件变形和开裂的重要原因。因此,铁的同素异构转变是钢铁材料能够进行热处理的重要依据。

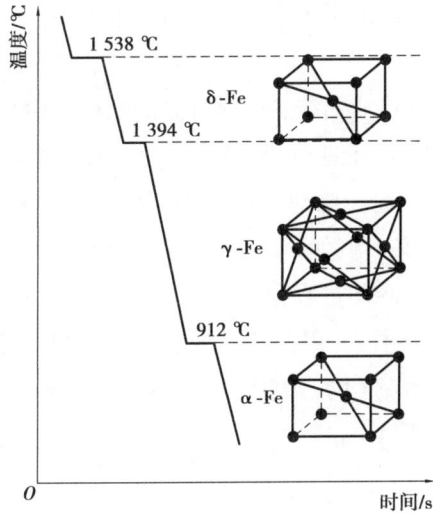

图 3.3　纯铁的冷却曲线

3.2　二元合金相图

工程中所使用的金属材料绝大多数是合金。合金不仅具备纯金属的基本特性,还兼有优越的力学性能以及特殊的物理和化学性能。随着科学技术的发展,满足各种更高要求的新型合金将不断涌现。合金的性能主要由组成合金的各相的结构、性能、形态、分布以及相对量决定。

为了全面了解合金组织随成分和温度变化的规律,需要对合金系中不同成分的合金进行试验,观察和分析其在极其缓慢加热和冷却过程中内部组织的变化,并绘制成图。这种图示在平衡条件下(平衡是指合金相在一定条件下不随时间改变的状态)展示了合金的成分、温度与合金相之间的关系,称为合金相图,也称为合金状态图或合金平衡相图。

利用相图,可以了解不同成分的合金在不同温度下存在哪些相、各相的相对量,以及成分和温度变化时可能发生的变化。因此,在实际生产中,相图可作为制定金属材料熔炼、铸造、锻造和热处理等工艺规程的重要依据;同时,它也可作为材料选配原料、制定生产工艺和分析性能的重要参考。因此,学习和了解相图具有重要的工程意义。

3.2.1　二元合金相图的建立

合金相图的建立方法通常使用热分析法。下面以 Cu-Ni 二元合金为例,介绍采用热分析法建立相图的步骤。

①配制不同成分的 Cu-Ni 合金。

②测定各 Cu-Ni 合金的冷却曲线,并找出各冷却曲线上临界点(即转折点和平台)的温度值。

③画出温度-成分坐标系,在相应成分垂直线上标出临界点温度,水平直线上标出相应成分。

④将物理意义相同的点连成曲线,并根据已知条件和实际分析结果用数字、字母标注各区域内组织的名称即得完整的 Cu-Ni 二元合金平衡相图。

图3.4 所示即为通过上述步骤建立的相图。Cu-Ni 二元合金状态图上的每个点、线、区均具有一定的物理意义。例如,在图3.4 中有两条曲线,$a_0 a_2 b_0$ 曲线为液相线,代表各种成分的 Cu-Ni 合金在冷却过程中开始结晶的温度;$a_0 b_2 b_0$ 曲线为固相线,代表各种成分的 Cu-Ni 合金在冷却过程中结晶终了的温度。液相线和固相线将整个相图分为3 个区域,液相线以上为液相区(L),固相线以下为固相区(α),在液相线与固相线之间为液相与固相共存的两相区(L+α)。

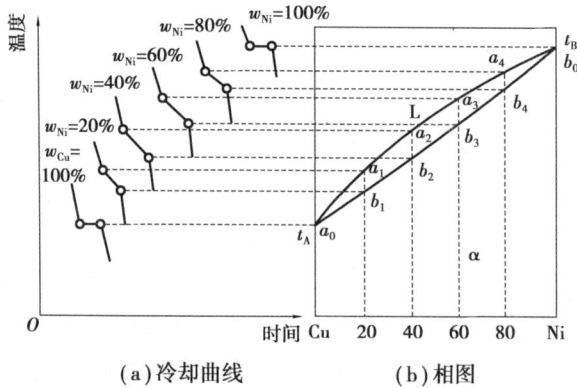

图3.4 Cu-Ni 合金相图的建立

3.2.2 二元合金相图的基本类型

大多数二元相图都比 Cu-Ni 合金相图复杂,但不论多复杂,都可以看成是由几类最基本的相图组合而成的。下面就分别讨论几种基本的二元相图。

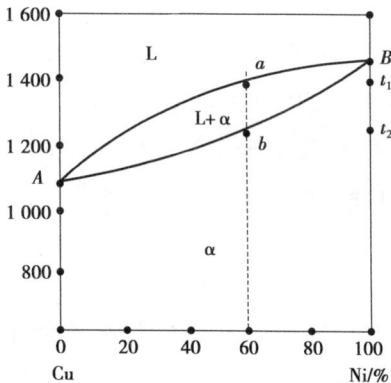

图3.5 Cu-Ni 匀晶相图

1)匀晶相图

两组元在液态和固态下均能无限互溶所构成的相图称为匀晶相图。属于该类相图的合金有 Cu-Ni、Fe-Cr、Au-Ag 等。下面以 Cu-Ni 合金为例,对二元合金结晶过程进行分析。

(1)相图分析

图3.5 所示为 Cu-Ni 匀晶相图,图中 A 点、B 点分别是纯铜和纯镍的熔点,AaB 线是合金开始结晶的温度线,称为液相线;AbB 线是合金结晶终了的温度线,称为固相线。

液相线以上为单一液相区,表示为 L;固相线以下为单一固相区,表示为 α;液相线与固相线之间为液相和固相共存区,表示为 L+α。

（2）合金的结晶过程

以 Ni% =60% 的合金为例，说明合金的结晶过程。由图 3.5 可见，当液态合金以极缓慢的速度冷却至 t_1 温度时，固溶体 α 从液相中析出；随着温度不断降低，α 相不断增多，而剩余的液相 L 不断减少。当冷却至 t_1 温度时，结晶过程结束，所有液相转变为单相 α 固溶体。继续降温至室温后，组织不再发生变化，保持为单相 α 固溶体。

固溶体合金的结晶与纯金属的结晶有以下不同点：固溶体合金的结晶不是在恒温下进行的，而是在一个温度范围内进行；在结晶过程中，随着温度的降低，剩余液相不断减少，结晶出的固相不断增多，最终形成一个以任何比例互溶的单相无限固溶体合金；结晶过程中平衡的两个相的成分是不断变化的，液相成分沿液相线变化，固相成分沿固相线变化。

（3）枝晶偏析

在合金的结晶过程中，只有在极其缓慢的冷却条件下，原子才能充分扩散，使固相的成分沿固相线均匀变化。然而，在实际生产条件下，冷却速度较快，原子扩散来不及充分进行，导致先结晶的部分含有较多的高熔点组元，而后结晶的部分则含有较多的低熔点组元。结晶出的树枝状晶体中成分存在差异，这种晶粒内部化学成分不均匀的现象称为枝晶偏析。

偏析的存在会严重降低合金的力学性能和加工工艺性能。在生产中，常采用扩散退火（均匀化退火）工艺来消除枝晶偏析。扩散退火是一种将存在枝晶偏析的合金加热至高温（不超过合金的固相线温度），并经过长时间保温，使原子充分扩散，从而得到成分均匀的固溶体，以消除枝晶偏析的热处理工艺。

2）共晶相图

一定成分的均匀液相，在一定温度下，从液相中同时结晶出两种不同固相的转变称为共晶转变，可以表示为：

$$液相 \Longleftrightarrow 固相 1 + 固相 2$$

在二元合金系中，两组元在液态无限互溶，在固态只能形成有限固溶体或化合物，且冷却过程中发生共晶转变的相图，称为共晶相图。属于这类相图的合金系有 Pb-Sn、Cu-Ag、Al-Ag、Al-Si 等。

Pb-Sn 合金有 α、β、L 这 3 种相。其中，α 是以 Pb 为溶剂、以 Sn 为溶质的有限固溶体；β 是以 Sn 为溶剂、以 Pb 为溶质的有限固溶体。图 3.6 所示为 Pb-Sn 合金相图，图中共包含有 α、β、L 这 3 个单相区，还有 L+α、L+β、α+β 这 3 个两相区。AEB 是液相线，AMENB 是固相线，MF 是 Sn 在 α 相中的溶解度线，NG 是 Pb 在 β 相中的溶解度线，MEN 为共晶线。A 为 Pb 的熔点，B 为 Sn 的熔点，E 点为共晶点（含 61.9% Sn）。

3）包晶相图

包晶转变是指一定成分的固相与一定成分的液相相互作用，在一定温度下转变为另一个新固相。可以表示为：

$$液相 + 固相 1 \Longleftrightarrow 固相 2$$

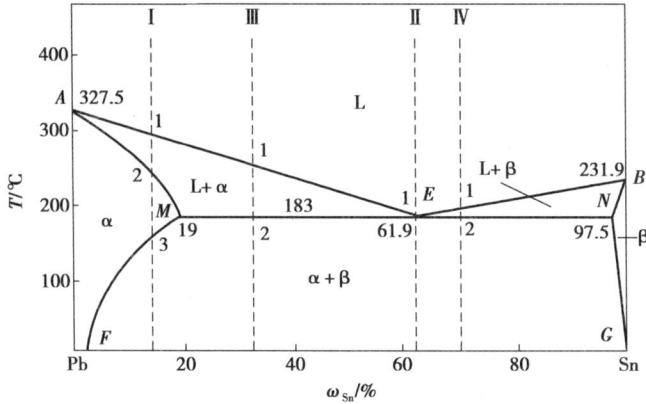

图 3.6　Pb-Sn 合金相图

包晶相图即具有包晶转变的相图。包晶相图与共晶相图有很多共同之处,如在液态时两组元可无限互溶;在固态时,则有限溶解。不同之处在于其水平线所表示的结晶过程,后者为共晶转变,而前者为包晶转变。具有这类相图的二元合金系有 Pt-Ag、Fe-C、Cu-Sn 等。

4)共析相图

在恒定的温度下,由一种具有特定成分的固相分解成另外两种与母相成分均不同的相转变称为共析转变。发生共析转变的相图称为共析相图,如图 3.7 的下半部分所示。共析转变可表示为:

$$固相 1 \rightleftharpoons 固相 2 + 固相 3$$

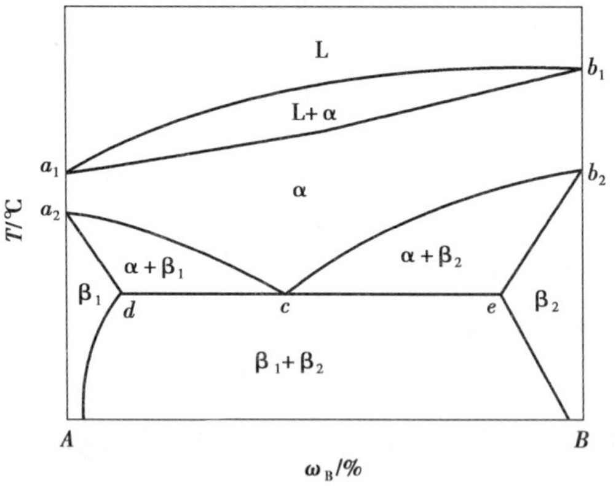

图 3.7　包含共析转变的相图

与共晶反应相比,由于母相是固相而不是液相,所以共析反应具有以下特点:

①由于在固态中的原子扩散比在液态中困难得多,共析反应比共晶反应需要更高的过冷度,因此成核率较高,得到的两相机械混合物(共析体)也比母相晶体更为弥散和细小。

②共析反应常会由于母相与子相的比容不同而产生容积的变化,从而引起大的内应力。

3.2.3 合金的性能与相图

1）相图与合金的力学性能、物理性能

合金的性能主要取决于合金的成分与组织。相图是表示合金成分、温度与合金相之间关系的图解，因此合金相图与合金性能之间必然存在一定的关系。从图 3.8 中可以清楚地看到，固溶体合金（匀晶相图）的硬度和强度随成分呈曲线变化，如图 3.8(b)所示；而共晶类合金（共晶相图）则呈线性比例关系，并且在共晶点处，由于组织细小，强度和硬度达到最高值，如图 3.8(a)、(c)所示。

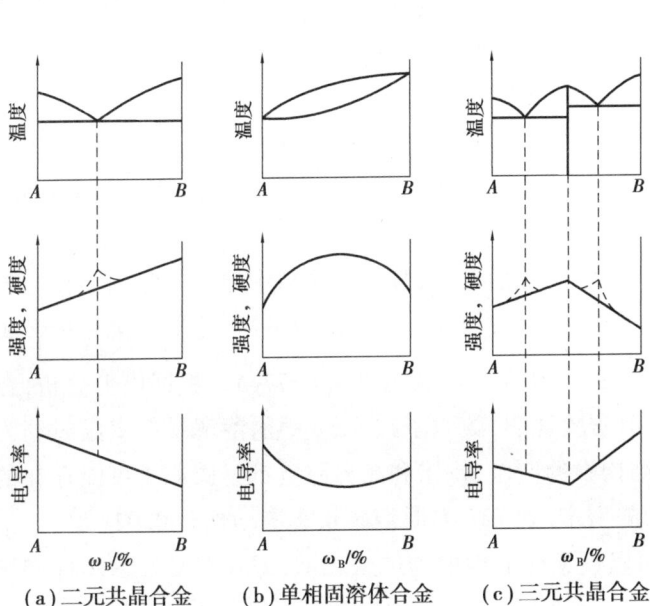

(a)二元共晶合金   (b)单相固溶体合金   (c)三元共晶合金

图 3.8 相图与合金力学性能、物理性能之间的关系

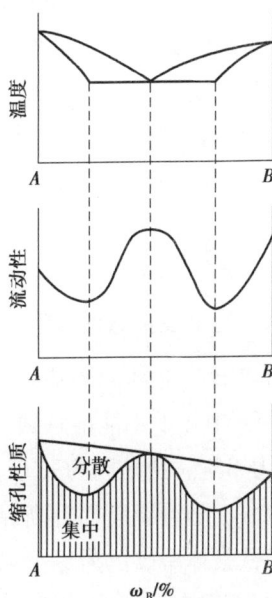

图 3.9 相图与合金铸造
性能之间关系

2）相图与合金铸造性能

图 3.9 展示了相图与合金铸造性能之间的关系。合金的铸造性能主要指合金的流动性及其产生缩孔的倾向等。从图 3.9 可以看出，在恒温条件下结晶的共晶合金，不仅结晶温度是固定的，而且结晶温度最低，因而具有最佳的流动性，并且在结晶过程中容易形成集中缩孔。固溶体合金的固相线与液相线之间的距离越大，偏析现象就越容易发生；在结晶过程中，如果结晶树枝发育较为明显，会阻碍液体的流动，从而导致流动性下降，并在枝晶内部及枝晶之间产生分散缩孔，这对铸造性能产生不利影响。相图不仅是分析合金组织和性能的重要依据，也是指导合金冶炼、铸造、锻压、焊接和热处理等工艺的重要工具。

3.3 铁碳合金相图

铁碳合金相图是研究铁碳合金的工具,也是研究碳钢和铸铁成分、温度、组织和性能之间关系的理论基础,还是制定各种热加工工艺的依据。

3.3.1 铁碳合金的基本组织

工业纯铁虽然塑性、导磁性能良好,但强度不高,不宜制作结构件。在纯铁中加入少量碳元素,由于铁和碳的交互作用,可形成 3 种基本相:铁素体、奥氏体、渗碳体;5 种基本组织:铁素体、奥氏体、渗碳体、珠光体、莱氏体,其中前 3 种为单相组织,后两种为两相组织。

1)铁素体

碳溶解在 α-Fe 中形成的间隙固溶体称为铁素体,用符号 F 来表示,保持 α-Fe 的体心立方结构。

铁的溶碳能力决定于晶格中原子间隙的大小,只有当晶格中原子间隙的半径与碳原子的半径接近时,碳原子才能溶入晶格空隙中去。据计算,α-Fe 体心立方晶格中最大的空隙半径为 0.36 Å[①],而碳原子的半径在自由状态下为 0.77 Å。根据以上分析,在 α-Fe 中几乎不能溶解碳原子。但实验证明,碳原子在 α-Fe 中的溶解量在室温时约为 0.008%。这是因为 α-Fe 晶体结构中的空位、位错和晶界附近都是碳原子可能存在的地方。随着温度的升高,晶体缺陷增多,到 727 ℃时溶碳量逐渐增加到 0.021 8%。由于铁素体中碳的质量分数低,所以铁素体的性能与纯铁相似,即具有良好的塑性和韧性,而强度和硬度较低。

与纯铁相同,铁素体在 770 ℃以下时呈铁磁性。在显微镜下观察铁素体为均匀明亮的多边形晶粒,其显微组织如图 3.10 所示。

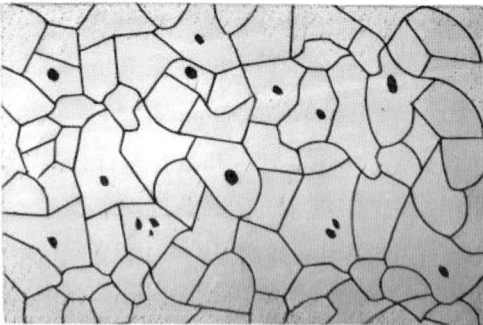

图 3.10 铁素体的显微组织

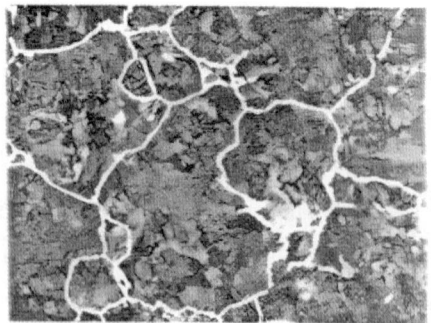

图 3.11 奥氏体的显微组织

① 1 Å=1×10⁻¹⁰ m

2)奥氏体

碳溶解在 γ-Fe 中形成的间隙固溶体称为奥氏体,常用符号 A 来表示。奥氏体仍保持面心立方结构。由于 γ-Fe 是面心立方晶格,而 γ-Fe 的最大空隙半径为 0.52 Å,略小于碳原子的半径,其晶格的间隙较大,故奥氏体的溶碳能力较强,比 α-Fe 高。在 1 148 ℃时溶碳量可达 2.11% 的最大溶解度,随着温度的下降,溶解度逐渐减小,在 727 ℃时溶碳量为 0.77%。

奥氏体是一个软而富有塑性的相,其强度和硬度不高,但具有良好的塑性,其机械性能与碳的质量分数和温度有关。它是绝大多数钢在高温进行锻造和轧制时所要求的组织。与铁素体不同,奥氏体不呈现铁磁性。如图 3.11 所示为奥氏体的显微组织。由图可见,奥氏体晶粒呈多边形,晶界较铁素体平直,晶内常有孪晶出现。

3)渗碳体

渗碳体是碳的质量分数为 6.69% 的铁与碳的金属化合物,其化学式为 Fe_3C。渗碳体是一种间隙化合物,具有复杂的斜方晶体结构,与铁和碳的晶体结构完全不同。渗碳体的熔点为 1 227 ℃,硬度很高(约为 800 HBS),塑性很差,伸长率和冲击韧度几乎为零,是一种硬而脆的组织。渗碳体在固态下不发生同素异构转变,它在 230 ℃以下具有弱铁磁性,在此温度以上则失去铁磁性。

渗碳体在钢及铸铁中与其他相共存时,可以呈片状、粒状、网状或板状。渗碳体是碳钢中主要的强化相,它的形态、大小及分布对钢的力学性能影响很大。在适当条件下(如高温长期停留或缓慢冷却)渗碳体能分解为铁和石墨,这对铸铁具有重要的意义。

4)珠光体

珠光体是铁素体和渗碳体的机械混合物,用符号 P 表示。在放大倍数较高的显微镜下,可清楚地看到它是渗碳体和铁素体片层相间、交替排列形成的混合物。如图 3.12 所示为珠光体的显微组织。

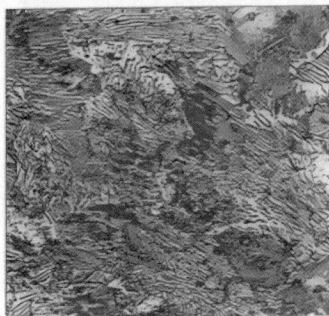 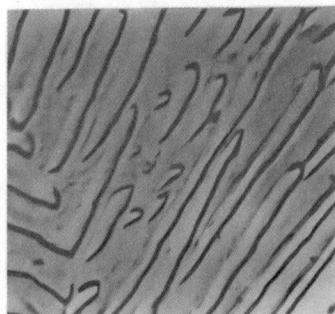

(a)光学显微镜　　　　　　　　　　(b)电子显微镜

图 3.12　珠光体显微组织

在缓慢冷却条件下,珠光体中碳的质量分数是 0.77%。珠光体是由硬的渗碳体和软的铁素体组成的混合物,力学性能大体上是两者的平均值,故珠光体的强度较高,硬度适中,具有一定的塑性。

5)莱氏体

莱氏体是铁碳合金中的共晶混合物,即碳的质量分数为4.3%的液态铁碳合金,在1 148 ℃时从液相中同时结晶出的奥氏体和渗碳体的混合物。用符号Ld表示。由于奥氏体在727 ℃时将转变为珠光体,所以室温下的莱氏体转变为珠光体和渗碳体的混合物。727 ℃以上的莱氏体称为高温莱氏体Ld,727 ℃以下的莱氏体称为低温莱氏体Ld′。莱氏体的性能和渗碳体相似,硬度很高(相当于700 HBS),塑性很差。

上述5种基本组织中,铁素体、奥氏体和渗碳体都是单相组织,称为铁碳合金的基本相;珠光体、莱氏体则是由基本相混合组成的多相组织。

3.3.2 铁碳合金相图

铁碳合金相图是表示在缓慢冷却(或缓慢加热)的条件下,不同成分的铁碳合金的状态或组织随温度变化规律的简明图解,它是选择材料和制定有关热加工工艺的重要依据。

1)铁碳合金相图的组成

在铁碳合金中,铁和碳可以形成一系列的化合物,如Fe_3C,Fe_2C,FeC等。而工业用铁碳合金中碳的质量分数一般不超过5%,因为碳的质量分数更高的铁碳合金,脆性很大,难以加工,没有使用价值。因此,研究的铁碳合金只限于$Fe-Fe_3C$范围内,故铁碳合金相图也可以认为是$Fe-Fe_3C$相图。

如图3.13所示为简化后的$Fe-Fe_3C$相图。为了便于掌握和分析$Fe-Fe_3C$相图,将相图上实用意义不大的左上角部分(液相向Fe及δ-Fe向γ-Fe转变部分)以及左下角GPQ线左边部分予以省略。

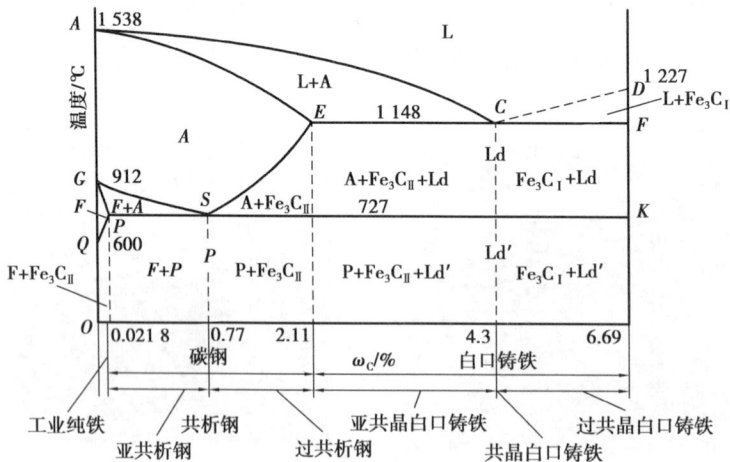

图3.13 简化的$Fe-Fe_3C$相图

2)铁碳合金相图上的特性点

$Fe-Fe_3C$相图中几个主要特性点的温度、碳的质量分数及其物理含义见表3.1。简化后的$Fe-Fe_3C$相图可视为由两个简单的典型二元相图组合而成。图中的右上部分为共晶转变的相图,左下部分为共析转变类型的相图。

表 3.1　相图中各点的温度、含碳量及含义

特性点	温度/℃	碳的质量百分数/%	含　义
A	1 538	0	纯铁的熔点
C	1 148	4.3	共晶点
D	1 227	6.69	渗碳体的熔点
E	1 148	2.11	碳在 γ-Fe 中的最大溶解度
F	1 148	6.69	共晶渗碳体的成分点
G	912	0	α-Fe、δ-Fe 同素异构转变点
P	727	0.021 8	碳在 α-Fe 中的最大溶解度
S	727	0.77	共析点

3)铁碳合金相图上的主要特性线

(1)ACD 线

液相线,此线以上区域全部为液相,用 L 来表示。金属液冷却到此线开始结晶,在 AC 线以下从液相中结晶出奥氏体,在 CD 线以下结晶出渗碳体(一次渗碳体 Fe_3C_I)。

(2)AECF 线

固相线,金属液冷却到此线全部结晶为固态,此线以下为固态区。液相线与固相线之间为金属液的结晶区域。这个区域内金属液与固相并存,AEC 区域内为金属液与奥氏体,CDF 区域内为金属液与渗碳体。

(3)ECF 线

共晶线,当金属液冷却到此线时(1 148 ℃),将发生共晶转变(即一定成分的液相,在某一温度下,同时结晶出两种固相的转变),从金属液中同时结晶出奥氏体和渗碳体的混合物,即莱氏体(Ld)。在碳的质量分数超过 2.11% 的铁碳合金冷却过程中均会发生。共晶转变式为:

$$L \xleftrightarrow{1\,148\ ℃} Ld(A+Fe_3C)$$

(4)PSK 线

共析线,用符号 A_1 表示。当合金冷却到此线时(727 ℃),将发生共析转变(一定成分的固溶体,在某一温度下,同时析出两种固相的转变),从奥氏体中同时析出铁素体(F)和渗碳体(Fe_3C)的混合物,即珠光体。所有碳的质量分数超过 0.021 8% 的铁碳合金,即生产中常用的钢与铸铁,在冷却时均会发生共析转变。共析式为:

$$A \xleftrightarrow{727\ ℃} P(F+Fe_3C)$$

(5)GS 线

GS 线为碳的质量分数小于 0.77% 的铁碳合金冷却时从奥氏体中析出铁素体的开

始线（或加热时铁素体转变成奥氏体的终止线），常用符号 A_3 表示。奥氏体向铁素体的转变是铁发生同素异构转变的结果。

（6）ES 线

ES 线是碳在奥氏体中的溶解度线，常用符号 A_{cm} 表示。在 1 148 ℃ 时，碳在奥氏体中的溶解度为 2.11%（即 E 点碳的质量分数），在 727 ℃ 时降到 0.77%（相当于 S 点）。从 1 148 ℃ 缓慢冷却到 727 ℃ 的过程中，由于碳在奥氏体中的溶解度减小，多余的碳将以渗碳体的形式从奥氏体中析出。为了与从金属液相中直接结晶出的渗碳体（一次渗碳体）相区别，将奥氏体中析出的渗碳体称为二次渗碳体（Fe_3C_{II}）。

（7）PQ 线

PQ 线是碳在铁素体中的溶解度曲线。随温度的降低，碳在铁素体中的溶解度沿 PQ 线从 0.021 8% 变化至 0.008%。由于铁素体中含碳量的减少，将从铁素体中沿晶界析出渗碳体，称为三次渗碳体（Fe_3C_{III}）。因其析出量少，在含碳量较高的钢中可以忽略不计。

由于生成条件不同，渗碳体可以分为 Fe_3C_I、Fe_3C_{II}、Fe_3C_{III}、共晶 Fe_3C 和共析 Fe_3C 五种。尽管它们是同一相，但由于形态与分布不同，对铁碳合金的性能有着不同的影响。

4）铁碳合金相图中的相区

铁碳合金相图（简化）中，共有液相（L）、奥氏体（A）、铁素体（F）与渗碳体（Fe_3C）4 个基本相。在状态图中相应地出现 4 个单相区，即：

①液相：在 ACD 线以上的区域。

②铁素体：GPQ 以左的区域。

③奥氏体：$AESG$ 区。

④渗碳体：DFK 垂线。

除单相区外，还有 6 个两相区，分别存在于相邻的两个单相区之间。

3.3.3 含碳量对铁碳合金平衡组织和性能的影响

1）铁碳合金的分类

由于铁碳合金的成分不同，室温下会形成不同的组织。根据铁碳合金的含碳量、组织转变的特点及组织的差异，可以将铁碳合金分为 3 类：工业纯铁、钢和白口铸铁。

（1）工业纯铁

工业纯铁：$\omega_C = 0\% \sim 0.021\ 8\%$，室温组织为铁素体（F）。

（2）钢

根据钢的成分及组织可将钢进一步分为 3 类：

①亚共析钢：$\omega_C = 0.021\ 8\% \sim 0.77\%$，室温组织为珠光体（P）和铁素体（F）的混合体。

②共析钢：$\omega_C = 0.77\%$，室温组织为珠光体（P）。

③过共析钢:$\omega_C=0.77\%\sim2.11\%$,室温组织为珠光体(P)和二次渗碳体($Fe_3C_{II}$)的混合体。

(3)白口铸铁

白口铸铁可分为 3 类:

①亚共晶白口铸铁:$\omega_C=2.11\%\sim4.3\%$,室温组织为珠光体(P)、二次渗碳体(Fe_3C_{II})和莱氏体(Ld′)的混合体。

②共晶白口铸铁:$\omega_C=4.3\%$,室温组织为莱氏体(Ld′)。

③过共晶白口铸铁:$\omega_C=4.3\%\sim6.69\%$,室温组织为莱氏体(Ld′)和一次渗碳体(Fe_3C_I)。

2)典型铁碳合金的结晶过程

下面以典型铁碳合金为例,分析它们的结晶过程及组织转变,如图 3.14 所示。

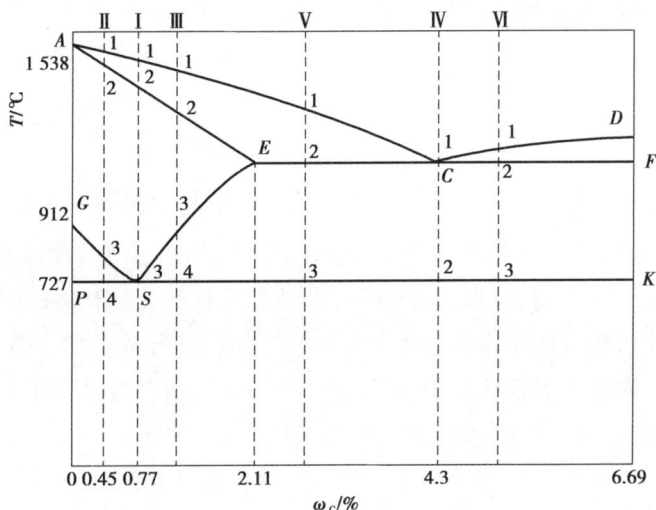

图 3.14　典型铁碳合金结晶过程分析

(1)共析钢

图 3.14 中,合金 I 为 $\omega_C=0.77\%$ 的共析钢,其结晶过程如图 3.15 所示。当金属液冷却到和 AC 线相交的 1 点时,开始从液相 L 中结晶出奥氏体,到 2 点时金属液结晶终了,此时合金全部由奥氏体组成。在 2—3 点,组织不发生变化,全部为 A。当合金冷却到 3 点时,奥氏体发生共析转变,从奥氏体中同时析出铁素体 F 和渗碳体 Fe_3C 的片层混合物,即珠光体 P。温度再继续下降,组织不再发生变化。共析钢在室温时的组织是珠光体 P,图 3.16(c)是共析钢的金相组织图。

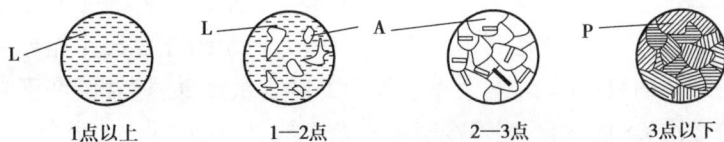

图 3.15　共析钢的结晶过程示意图

(a)0.20%C（铁素体+珠光体）　　　(b)0.45%C（铁素体+珠光体）

(c)0.77%C珠光体　　　　　(d)1.2%C（铁素体+二次渗碳体）

图 3.16　共析钢的金相组织图

（2）亚共析钢

图 3.14 中合金 Ⅱ 是 ω_C =0.45% 的亚共析钢,其结晶过程如图 3.17 所示。金属液冷却到 1 点时开始结晶出奥氏体 A,到 2 点结晶完毕,2—3 点为单相奥氏体组织,当冷却到与 GS 线相交的 3 点时,从奥氏体中开始析出铁素体 F。由于 α-Fe 只能溶解很少量的碳,所以合金中大部分碳留在奥氏体中而使其碳的质量分数增加。随着温度下降,析出的铁素体增多,剩余的奥氏体减小,使奥氏体中的碳增加。当温度降至与 FSK 线相交的 4 点时,奥氏体 ω_C =0.77%,发生共析转变,转变成珠光体 P。4 点以下至室温,合金组织不再发生变化,由珠光体和铁素体组成。碳的质量分数越多,钢中的珠光体数量越多。图 3.16(a)、(b)是亚共析钢的金相组织图。

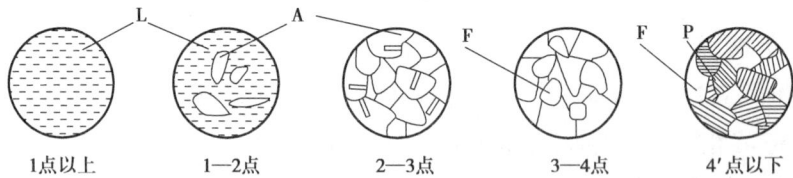

1点以上　　　1—2点　　　2—3点　　　3—4点　　　4'点以下

图 3.17　亚共析钢的结晶过程示意图

（3）过共析钢

图 3.14 中合金 Ⅲ 是 ω_C =1.2% 的过共析钢。金属液冷却到 1 点时,开始结晶出奥氏体 A,到 2 点结晶完毕。2—3 点为单相奥氏体。当合金冷却到与 ES 线相交的 3 点时,奥氏体中的碳的质量分数达到饱和。继续冷却,由于碳在奥氏体晶界呈网状分布,析出的二次渗碳体的数量增多,剩余奥氏体中的碳含量降低;随着温度下降,奥氏体中的碳的质量分数沿 ES 线变化,当温度降至与 PSK 线相交的 4 点时,剩余奥氏体中的 ω_C 达到 0.77%,于是发生共析转变,奥氏体转变成珠光体 P。从 4 点以下至室温,合金组织不再发生变化,得到珠光体 P 和网状二次渗碳体 Fe_3C_{II} 组织。所有过共析钢的结晶

过程都和合金Ⅲ相似,只是钢中碳的质量分数越高,二次渗碳体也越多。图3.16(d)是过共析钢的金相组织图。

（4）共晶白口铸铁

图3.14中合金Ⅳ为$\omega_C = 4.3\%$的共晶白口铸铁。当金属液冷却到1点时发生共晶转变,从金属液中同时结晶出奥氏体和渗碳体的混合物,即高温莱氏体Ld。

莱氏体的形态一般是粒状或条状的奥氏体均匀分布在渗碳体基体上。其中的奥氏体称共晶奥氏体,渗碳体称共晶渗碳体。当继续冷却至1点以下时,共晶奥氏体中将析出二次渗碳体Fe_3C_{II},当温度降至2点(727 ℃)时,共晶奥氏体发生共析转变,得到珠光体组织P,继续冷却,合金组织不再发生变化。所以,共晶白口铸铁的室温组织是由珠光体和渗碳体组成的混合物,即低温莱氏体组织Ld'。图3.18(a)所示为共晶白口铸铁的金相组织图。

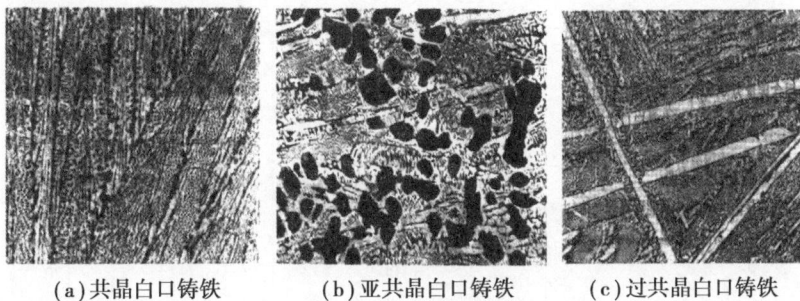

(a)共晶白口铸铁　　　　(b)亚共晶白口铸铁　　　　(c)过共晶白口铸铁

图3.18　白口铸铁的金相组织

（5）亚共晶白口铸铁

图3.14中合金Ⅴ为$\omega_C = 3.0\%$的亚共晶白口铸铁。金属液冷却到1点时,开始结晶出奥氏体A,金属液中的ω_C随着AC线上升,到2点奥氏体结晶完毕。此时金属液的含碳量分数到共晶成分($\omega_C = 4.3\%$),发生共晶反应,转变为高温莱氏体Ld。转变结束,合金由奥氏体和高温莱氏体组成。从2点后在温度继续下降的过程中,在奥氏体和高温莱氏体中都要析出二次渗碳体。当温度达到3点(727 ℃)时,所有奥氏体中的碳的质量分数都降到0.77%,发生共析反应,奥氏体转变为珠光体P。继续冷却,合金组织不再发生,由珠光体P、二次渗碳体Fe_3C_{II}和低温莱氏体Ld'组成。图3.18(b)所示为亚共晶白口铸铁的金相组织图。

（6）过共晶白口铸铁

图3.14中合金Ⅵ为$\omega_C = 5.0\%$的过共晶白口铸铁。金属液冷却到1点时,开始结晶出一次渗碳体Fe_3C_{I},金属液中的ω_C随着DC线下降,到2点Fe_3C_{I}结晶完毕。此时金属液的ω_C达到共晶成分4.3%,发生共晶反应,得到高温莱氏体Ld。转变结束,合金由Fe_3C_{I}和Ld构成。2点以后,随温度下降,高温莱氏体中析出二次渗碳体Fe_3C_{II}。当温度达到3点(727 ℃)时,奥氏体中ω_C降到0.77%,发生共析反应,Ld中奥氏体转变为珠光体P,即高温莱氏体转变为低温莱氏体Ld'。继续冷却,合金组织不再发生变化,由一次渗碳体Fe_3C_{I}和低温莱氏体Ld'组成。图3.18(c)所示为过共晶白口铸铁的金相

组织图。

3）铁碳合金含碳量与其组织含量及力学性能的关系

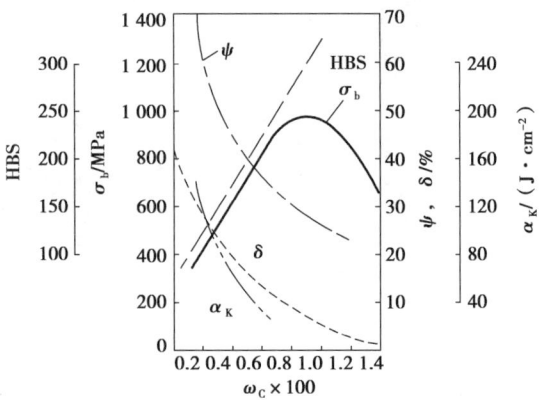

铁碳合金室温组织虽然都是由铁素体和渗碳体两相组成，但因其含碳量不同，组织中两相的相对数量、分布及形态不同，所以不同成分的铁碳合金具有不同的性能。

（1）铁碳合金含碳量与组织的关系

根据铁碳合金相图的分析，随着碳的质量分数的增加，铁素体的量逐渐减少，而渗碳体的量则有所增加，如图 3.19 所示。随着碳的质量分数的变化，不仅铁素体和渗碳体的相对量有变化，而且相互组合的形态也发生变化。随着碳的质量分数的增加，合金的组织将按下列顺序发生变化：

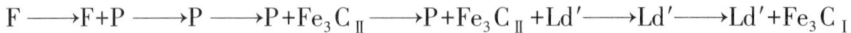

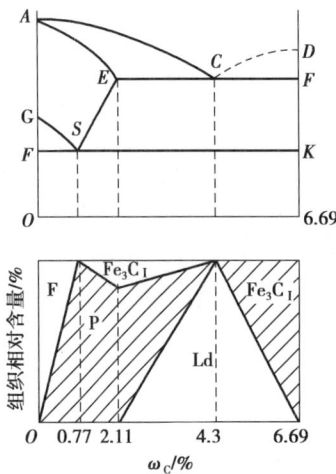

$$F \longrightarrow F+P \longrightarrow P \longrightarrow P+Fe_3C_{II} \longrightarrow P+Fe_3C_{II}+Ld' \longrightarrow Ld' \longrightarrow Ld'+Fe_3C_{I}$$

图 3.19　铁碳合金含碳量与组织含量的关系　　图 3.20　含碳量对钢力学性能的影响

（2）铁碳合金含碳量与力学性能的关系

碳对铁碳合金性能的影响主要是通过对其组织的改变来实现的。如图 3.20 所示，碳的质量分数对正火后碳素钢的力学性能有显著影响，改变碳的质量分数可以在很大范围内调整钢的力学性能。总的来说，碳的质量分数越高，钢的硬度就越大，而塑性和韧性则相应降低。

在亚共析钢的范围内，随着碳的质量分数增加，由于珠光体的相对含量增加，强度不断提升。然而，当碳的质量分数超过共析成分时，珠光体的相对含量减少，同时出现了二次渗碳体。二次渗碳体通常沿原奥氏体晶界析出，当 ω_C 超过 0.9% 时，二次渗碳体呈明显的网状结构，这会导致钢的强度有所降低。如图 3.20 所示，对于钢而言，ω_C 增加，强度是增加的，当达到 0.9% 后，强度开始下降。

在测量硬度时，由于钢承受的是局部压缩应力，在这种应力条件下，渗碳体容易引起脆断的特性并不会降低钢的硬度。相反，渗碳体本身的高硬度继续对钢的整体硬度产生积极贡献。

45 钢与铸铁之间性能差异较大。尽管两者的化学成分相似，均为铁碳合金，但其含碳量分别为 0.45% 和大于 2.11%。它们的室温组织分别为铁素体（F）与珠光体（P）和以莱氏体(Ld′)为主的组织。内部组织的不同,导致了性能的显著差异:45 钢具有较好的塑性和韧性,同时具备一定的强度和硬度;而铸铁则硬度较高,但塑性和韧性几乎为零。

为了确保工业用钢具有足够的强度,同时保持一定的塑性和韧性,工业用钢的碳质量分数一般不超过 1.4%。白口铸铁中含有莱氏体组织,具有很高的硬度和脆性,既难以进行切削加工,也无法锻造,因此其使用受到限制。然而,白口铸铁具有极高的抗磨损能力,常用于要求表面高硬度和耐磨的机械零件(如犁铧、冷轧辊等)。

需要注意的是,上述分析主要针对铁碳合金的平衡组织性能。由于冷却和加热条件的不同,铁碳合金的组织和性能可能会有显著差异。

3.3.4　铁碳合金相图的应用

1)在钢铁材料选材方面的应用

Fe-Fe$_3$C 相图揭示了铁碳合金的组织随成分变化的规律,由此可以判断出钢铁材料的力学性能,以便合理地选择钢铁材料。例如,用于建筑结构的各种型钢需要塑性、韧性好的材料,应选用 ω_C<0.25% 的钢材。机械工程中的各种零部件需要兼有较好强度、塑性和韧性的材料,应选用 ω_C=0.30% ~0.55% 范围内的钢材。而各种工具需要硬度高、耐磨性好的材料,则多选用 ω_C=0.70% ~1.2% 范围内的高碳钢。

2)在制定热加工工艺方面的应用

(1)在铸造方面的应用

根据相图中液相线的位置,可确定各种铸钢和铸铁的浇注温度,为制定铸造工艺提供依据。由相图可见,共晶成分的铁碳合金熔点最低,结晶温度范围最小,具有良好的铸造性能。因此,在铸造生产中,经常选用接近共晶成分的铸铁。与铸铁相比,钢的熔化温度和浇注温度要高得多,其铸造性能较差,易产生收缩,因而钢的铸造工艺比较复杂。

(2)在压力加工成型方面的应用

奥氏体的强度较低,塑性较好,便于塑性变形。因此,钢材的锻造、轧制均选择在单相奥氏体区适当温度范围内进行。

(3)在焊接成型方面的应用

焊接时从焊缝到母材各区域的加热温度是不同的,由 Fe-Fe$_3$C 相图可知,加热温度不同的各区域在随后的冷却中可能会出现不同的组织与性能。这就需要在焊接后采用热处理方法加以改善。

(4)在热处理方面的应用

Fe-Fe$_3$C 相图对制定热处理工艺有着特别重要的意义,这将在后续章节中详细介绍。

特别注意,Fe-Fe$_3$C 相图是在平衡状态下测定出来的,不能说明快速加热或冷却时铁碳合金组织变化的规律,不能完全依据铁碳相图来分析生产过程中的具体问题。

3.4 复习思考题

1. 解释下列名词

结晶,过冷现象,过冷度,变质处理,晶核,同素异构转变,枝晶偏析,共晶转变,包晶转变,共析转变,共晶合金,亚共晶合金,过共晶合金,铁素体,奥氏体,珠光体,渗碳体

2. 晶粒大小对金属的力学性能有何影响?生产中有哪些细化晶粒的方法?

3. 如果其他条件相同,试比较下列铸造条件下,铸件晶粒的大小:

①金属型铸造与砂型铸造;

②高温浇注与低温浇注;

③浇注时采用振动与不采用振动;

④厚大铸件的表面部分与中心部分。

4. 金属的同素异构转变与液态金属结晶有何异同之处?

5. 二元合金相图的基本类型有哪些?

6. 试根据 Cu-Ni 相图分析含 Ni 为 30% 的 Cu-Ni 合金从液相冷却到室温的组织转变过程。

7. 试根据 Pb-Sn 合金相图分析含 Sn 为 61.9% 的共晶 Pb-Sn 合金从液相冷却到室温的组织转变过程。

8. 铁碳合金中基本相有哪几相?其机械性能如何?

9. 铁碳合金中基本组织有哪些?并指出哪些是单相组织,哪些是双相混合组织。

10. 试根据 Fe-Fe$_3$C 相图分析含碳量为 1.2% 铁碳合金从液相冷却到室温时的组织过程。

11. 试根据 Fe-Fe$_3$C 相图分析含碳量为 0.6% 的铁碳合金从液相冷却到室温时的组织过程。

12. 说明碳合金的分类,以及各类型的室温组织及性能。

13. 说明碳钢中含碳变化对机械性能的影响。试比较 45、T8、T12 钢的硬度、强度和塑性有何不同。

14. 结合 Fe-Fe$_3$C 相图,指出 A_1、A_3 和 A_{cm} 各代表哪个线段,并说明该线段表示的意义。

15. 简述 Fe-Fe$_3$C 相图在实际生产中的应用。

16. 根据 Fe-Fe$_3$C 相图,分析下列现象:

①$\omega_C = 1.2\%$ 的钢比 $\omega_C = 0.45\%$ 的钢硬度高。

②$\omega_C = 1.2\%$ 的钢比 $\omega_C = 0.8\%$ 的钢强度低。

③低温莱氏体硬度高,脆性大。

④碳钢进行热锻、热轧时,都要加热到奥氏体区。

17. 仓库内存放的两种同规格钢材,其碳含量分别为 0.45%、0.8%,因管理不当混合在一起,试提出两种以上方法加以鉴别。

第4章
钢的热处理

如前所述,同样是 45 钢,加热到 850 ℃,将其置于空气中冷却与将其放入水中冷却,得到的组织结构是完全不同的,导致材料性能有较大的差异。人们利用这种方式处理所获得的组织,从而得到所需的性能,这种控制方法就是热处理。

4.1 热处理基础知识

4.1.1 热处理的概念及分类

钢的热处理是将钢在固态下通过适当的加热、保温和冷却过程,以获得所需的组织和性能的工艺。这一工艺过程在改善金属材料的使用性能和工艺性能方面具有重要意义,尤其在机械行业中占据了举足轻重的地位。在机床、汽车、拖拉机等产品中,约 60% ~80% 的零件需要经过热处理,而轴承、弹簧和工模具等则 100% 需要进行热处理。

与其他加工工艺相比,热处理通常不会改变工件的形状和整体化学成分,它主要通过改变工件内部的显微组织或表面的化学成分,赋予工件所需的使用性能。其特点在于改善工件的内在质量,而这种变化通常是肉眼无法察觉的。

钢铁是机械工业中应用最广泛的材料,其显微组织复杂,可以通过热处理来控制所需的力学性能、物理性能和化学性能。因此,钢铁的热处理是金属热处理的主要内容。钢的热处理种类繁多,根据加热和冷却方法的不同,大致可分为以下几类:

①普通热处理:包括退火、正火、淬火和回火。

②表面淬火:包括感应加热表面淬火、火焰加热表面淬火和激光加热表面淬火等。

③化学热处理:包括渗碳、渗氮和碳氮共渗等。

4.1.2 钢在加热时的转变

钢的热处理的理论基础是铁的同素异构转变。铁的同素异构转变导致了钢在加热和冷却过程中内部组织发生变化。

Fe-Fe$_3$C 相图是钢进行热处理的依据。由 Fe-Fe$_3$C 相图可知,A_1、A_3、A_{cm} 是钢在平衡相变时的临界点。由于实际生产中加热或冷却速度较快,钢的组织转变有滞后现象,加热时温度要高于临界点,冷却时温度要低于临界点。为了便于区别,人们把加热时的

各临界点用 A_{c1}、A_{c3}、A_{ccm} 表示;冷却时的各临界点用 A_{r1}、A_{r3}、A_{rcm} 表示。图 4.1 所示为这些临界点在 Fe-Fe$_3$C 相图上的位置示意图。

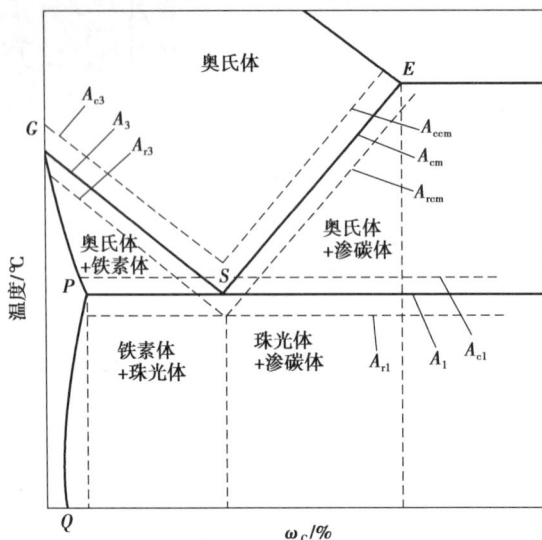

图 4.1　Fe-Fe$_3$C 相图

1)奥氏体的形成过程

共析钢加热到 A_{c1} 以上的温度时,便会发生珠光体向奥氏体的转变过程(奥氏体化)。奥氏体的形成过程可分为奥氏体晶核的形成、奥氏体晶核的长大、剩余渗碳体的溶解和奥氏体的均匀化 4 个阶段,如图 4.2 所示。

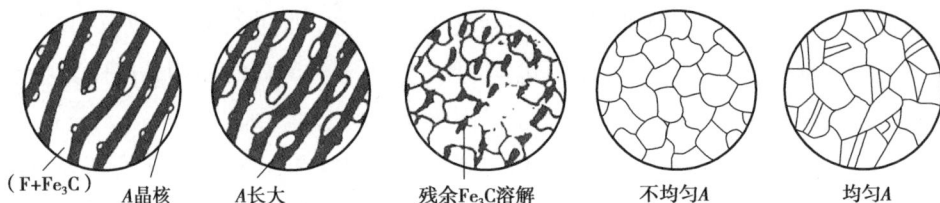

图 4.2　共析钢奥氏体形成过程示意图

(1)奥氏体晶核的形成

通常奥氏体晶核总是优先在铁素体和渗碳体的相界面上形成。这是因为此处空位、位错等晶体缺陷较多,原子排列紊乱,且碳的质量分数介于铁素体与渗碳体之间,容易满足奥氏体形成所需的成分条件、结构条件和能量条件。

(2)奥氏体晶核的长大

奥氏体晶核形成后会立即向铁素体和渗碳体两方面推移,奥氏体晶核不断长大。与此同时,新的晶核不断形成和长大,直至珠光体全部转变为奥氏体。

(3)残余渗碳体的溶解

奥氏体向两侧的长大速度是不同的,铁素体向奥氏体的转变比渗碳体的溶解速度快得多,当铁素体全部消失后,仍有部分 Fe$_3$C 尚未分解溶入,需延长保温时间,使 Fe$_3$C

继续溶入奥氏体中。

（4）奥氏体成分的均匀化

残余 Fe_3C 全部溶解后，奥氏体的成分是不均匀的，原渗碳体处碳的质量分数较高，原铁素体处碳的质量分数较低，需经一段时间的保温，通过碳原子的扩散，使奥氏体成分均匀。

亚共析钢或过共析钢奥氏体的形成过程，基本上与共析钢相同，但具有过剩相转变和溶解的过程。亚共析钢或过共析钢若加热至 A_{c1} 温度，只能使珠光体转变为奥氏体，得到 A+F 或 A+Fe_3C 组织，称为不完全奥氏体化。只有继续加热至 A_{c3} 或 A_{ccm} 温度以上，才能得到单相奥氏体组织，即完全奥氏体化。但对于过共析钢来说，此时奥氏体晶粒已经粗化。

2）奥氏体晶粒的长大及控制

在实际生产中，不同牌号的钢材，其奥氏体晶粒的长大倾向各不相同。可以通过本质晶粒度来比较不同钢种的长大倾向。本质晶粒度是将钢加热到 (930 ± 10) ℃，保温一定时间（一般为 3 ~ 8 h），然后冷却至室温，并在放大 100 倍的视场中测量奥氏体的晶粒大小。钢在实际加热或具体热处理条件下获得的奥氏体晶粒大小被称为实际晶粒度。实际晶粒度通常比起始晶粒度大，其大小直接影响钢热处理后的性能。

如图 4.3 所示，两种钢的晶粒长大倾向存在明显差异。本质细晶粒钢在 930 ℃ 以下加热时，其奥氏体晶粒长大非常缓慢，始终保持细小状态，只有当加热温度超过一定值后，晶粒才会急剧长大。而本质粗晶粒钢则表现出不同的特性，随着加热温度的升高，其晶粒始终不断地增长。

奥氏体晶粒大小对冷却后组织和力学性能的影响非常显著。当加热时获得的奥氏体晶粒较细小时，冷却后的组织也会相应细小，从而使钢材的强度较高，塑性和韧性较好；反之，若奥

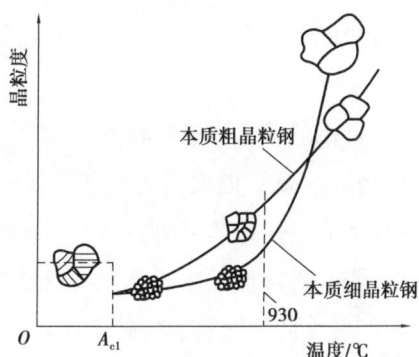

图 4.3 加热时钢的晶粒长大倾向示意图

氏体晶粒粗大，则冷却后的组织也会粗大，导致钢的强度降低，塑性变差，尤其是韧性显著下降。因此，在加热过程中，钢材应尽量获得细小均匀的奥氏体组织，并以奥氏体的实际晶粒度作为评定钢材加热质量的主要指标。在生产中，人们常采取以下措施来控制奥氏体晶粒的长大：

①控制加热温度和保温时间。加热温度越高，保温时间越长，奥氏体晶粒就越粗大，尤其是加热温度的影响更为显著。因此，在热处理加热过程中，必须严格控制加热温度和保温时间。

②加入合金元素。大多数合金元素，如 Cr、W、Mo、V、Ti 等，能够在钢中形成难溶于奥氏体的碳化物，这些碳化物分布在晶粒边界上，能够有效阻碍奥氏体晶粒的长大。

③控制钢的原始组织。钢的原始组织越细小，形成奥氏体晶核的相界面就越多，这有利于获得细小的奥氏体晶粒。如果珠光体组织中的渗碳体以颗粒状形式存在，则在加热过程中，奥氏体化时晶粒不易长大，这同样有助于获得细小的奥氏体晶粒。

4.1.3 钢在冷却时的转变

钢奥氏体化后,不同冷却条件下得到的冷却产物和性能是不同的。为了解奥氏体组织在冷却过程中组织变化规律,常采用等温转变方式。以共析钢为例,介绍冷却方式对钢的组织及性能的影响。

1)过冷奥氏体的等温冷却转变

奥氏体在临界点以下是不稳定的,会发生组织转变,但并不等于冷却到 A_1 温度下就立即发生转变,转变前需要停留一段时间,这段时间称为孕育期。在 A_1 温度下存在的奥氏体称为过冷奥氏体。将钢经奥氏体化后在 A_1 温度以下的温度区间内等温,使过冷奥氏体发生组织转变称为等温转变,冷却方式如图4.4中的曲线2所示。

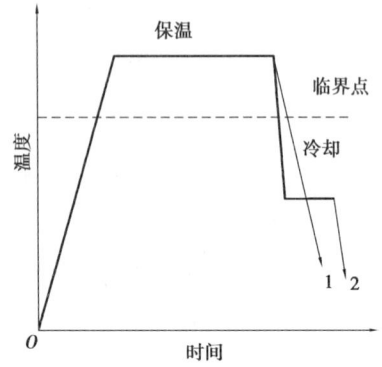

图 4.4 奥氏体的冷却方式

(1)过冷奥氏体等温转变曲线

过冷奥氏体在不同过冷度下的等温转变过程中,转变温度、转变时间与转变产物间的关系曲线图称为等温转变图(TTT 曲线),因曲线的形状与字母"C"相似,故又称为 C 曲线。

共析钢的奥氏体等温转变图如图 4.5 所示。A_1 线表示奥氏体与珠光体的平衡温度;左边的一条 C 曲线为转变开始线;右边的一条 C 曲线为转变终了线;M_s 和 M_f 线表示奥氏体向马氏体转变的开始温度和终止温度。在 A_1 线上部为奥氏体稳定区;转变开始线左边是过冷奥氏体区;转变开始线和转变终了线之间为过冷奥氏体和转变产物的混合区;转变终了线右边为转变产物区。转变开始线与纵坐标之间的距离,表示过冷奥氏体转变所需的孕育期。

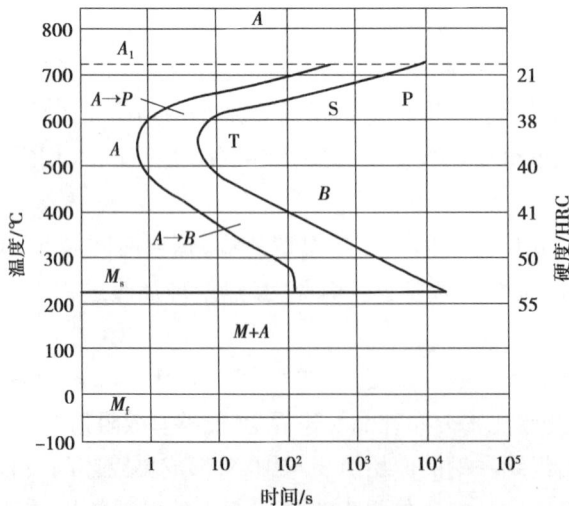

图 4.5 共析钢的过冷奥氏体等温转变曲线

　　过冷奥氏体在各个温度的等温转变过程中,都需要经历一个孕育期。孕育期的长短会随着过冷度的变化而有所不同,孕育期越长,过冷奥氏体的稳定性越高。在约550 ℃时,曲线上出现一个拐点,通常被称为 C 曲线的"鼻尖",此时的孕育期最短,过冷奥氏体最不稳定,转变速度也最快。在"鼻尖"温度以上,随着等温温度的下降,过冷度增大,过冷奥氏体转变的形核率和成长率均会增加,转变速度逐渐加快,孕育期则缩短。

　　(2)过冷奥氏体等温转变产物的组织形态及性能

　　①高温等温转变(珠光体转变)。

　　高温等温转变的温度范围为 $A_1 \sim 550$ ℃。由于转变温度较高,原子具有较强的扩散能力,其转变为扩散型转变,转变产物为铁素体薄层与渗碳体薄层交替重叠的层状组织,即珠光体组织。

　　等温温度越低,转变速度越快,珠光体片层越细,硬度越高。在 $A_1 \sim 650$ ℃之间形成的片层较粗的珠光体称为珠光体,用 P 表示,硬度约为 170～230 HBS;在 650～600 ℃之间形成的片层较细的珠光体称为索氏体,用 S 表示,硬度约 230～320 HBS;在 600～550 ℃之间形成的片层极细的珠光体称为托氏体,用 T 表示,硬度约 330～400 HBS。珠光体的片层越小,其强度和硬度越高,同时塑性和韧性略有下降。图 4.6 所示为珠光体、索氏体和托氏体的金相组织图。

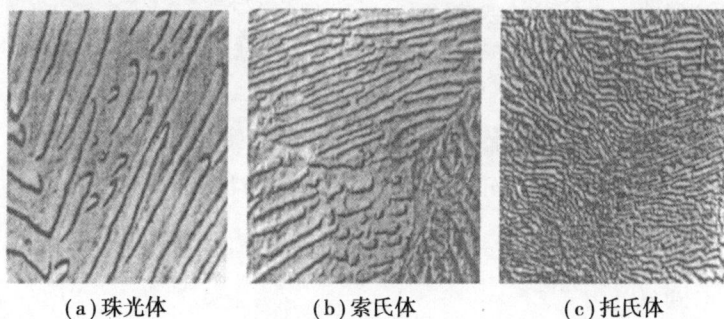

(a)珠光体　　　　　　(b)索氏体　　　　　　(c)托氏体

图 4.6　共析钢过冷奥氏体的珠光体型转变产物

　　②中温等温转变(贝氏体转变)。

　　中温等温转变的温度范围为 550 ℃ $\sim M_s$。由于转变温度较低,原子扩散能力逐渐减弱,转变产物为由含碳过饱和的铁素体和弥散分布的渗碳体组成的混合物,称为贝氏体组织。温度范围为 550～350 ℃,原子扩散能力弱,渗碳体微粒已很难集聚长大呈片状,其典型形态呈羽毛状,硬度 40～48 HRC,由许多互相平行的过饱和铁素体片和分布在片间的断续细小的渗碳体组成的混合物,称为上贝氏体,用 $B_上$ 表示。上贝氏体塑性和韧性较差,基本无实用价值。当温度在 350 ℃ $\sim M_s$ 之间,原子扩散更困难,其典型形态为黑色针状,硬度 48～55 HRC,由针叶状的过饱和铁素体和分布在其中的极细小的渗碳体粒子组成,称为下贝氏体,用 $B_下$ 表示,其强度较高,塑性、韧性也较好,即具有良好的综合力学性能,所以热处理时可用等温淬火的方法可以获得下贝氏体组织。

③低温转变（马氏体转变）。

马氏体转变是在 $M_s \sim M_f$ 温度范围内进行的，也是一个形核和长大的过程。钢经奥氏体化后，当冷却速度大于临界冷却速度 v_k 时，奥氏体很快被过冷到马氏体转变温度，因温度较低，只有铁原子晶格的重建，过冷奥氏体中的碳原子已不能扩散，被迫保留在 α-Fe 中。以铁碳合金而言，这种碳在 α-Fe 中过饱和的固溶体称为马氏体，用符号"M"表示，它是一种单相的亚稳定组织。

由于碳的过饱和固溶，马氏体的晶格严重畸变，导致强烈的固溶强化。因此，马氏体具有高的硬度和强度，这是马氏体的主要性能特点。马氏体的硬度主要取决于碳的质量分数，马氏体中碳的质量分数越高，则硬度越高，可达 60~65 HRC，但钢的塑性、韧性则很差，特别是粗大的马氏体，脆性很大。

根据组织形态的不同，马氏体通常可分为针状马氏体（高碳马氏体）和板条马氏体（低碳马氏体）两种。$\omega_C > 1.0\%$ 时，形成针状马氏体，如图 4.7（a）所示，在金相磨面上观察到的通常都是与马氏体片成一定角度的截面，呈针状，故亦称为针状马氏体。这种马氏体主要产生于高碳钢的淬火组织中，硬度较高，但塑性和韧性较差，脆性较大。$\omega_C < 0.2\%$ 时，形成低碳板条马氏体，如图 4.7（b）所示。低碳板条马氏体具有较高的硬度、较高的强度与较好的塑性和韧性相配合的综合力学性能，在生产中广泛应用。

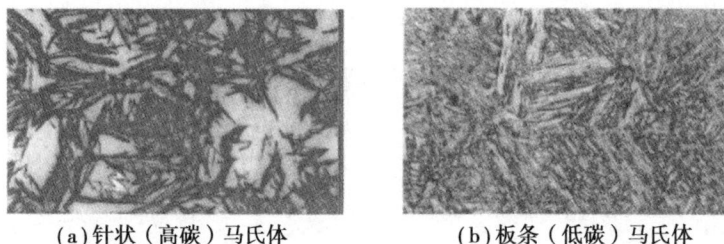

(a)针状（高碳）马氏体　　　　(b)板条（低碳）马氏体

图 4.7　马氏体的金相组织图

（3）影响 C 曲线的因素

影响 C 曲线的因素很多，主要是碳的质量分数和合金元素含量。

亚共析钢随着碳的质量分数的增加，C 曲线向右移；过共析钢随着碳的质量分数的增加，C 曲线向左移。因此，在碳钢中以共析钢的过冷奥氏体最稳定。

合金元素对奥氏体稳定性的影响比碳更显著，合金元素（如 Ti、V、Mo、W 等）不仅可以改变 C 曲线的位置，而且还能明显改变 C 曲线的形状，如图 4.8 所示。除钴以外，所有的合金元素溶入奥氏体后，都能使 C 曲线右移，增加奥氏体的稳定性。

C 曲线的应用很广。利用 C 曲线可以制定等温退火、等温淬火和分级淬火的工艺；可以估计钢接受淬火的能力，并据此选择适当的冷却介质。

2）过冷奥氏体的连续冷却转变

在实际生产中，钢的热处理大多数是在连续冷却条件下进行组织转变的，如炉冷、空冷、油冷、水冷等。因此，分析过冷奥氏体连续冷却转变曲线具有重要的实用意义。

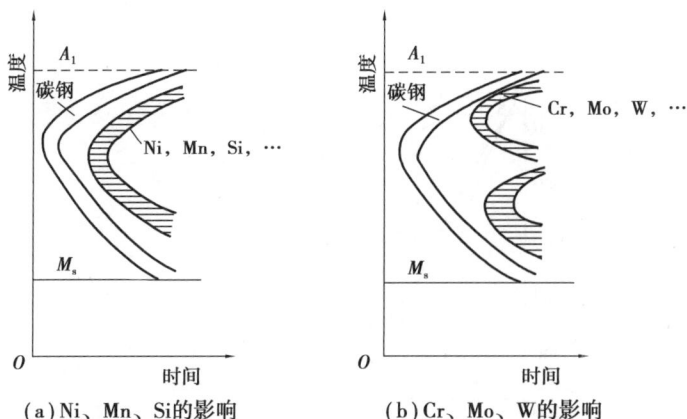

图 4.8　合金元素对 C 曲线影响

(1)过冷奥氏体的连续冷却转变曲线

钢在奥氏体化后,在不同冷却速度的连续冷却条件下,过冷奥氏体转变开始及转变终了的时间与转变温度之间的关系曲线称为过冷奥氏体连续冷却转变曲线,简称 CCT曲线。共析钢的连续冷却转变曲线如图 4.9 所示。图中,仍然有过冷奥氏体向珠光体转变开始线及转变终了线,虚线为过冷奥氏体向珠光体转变中止线,即当冷却曲线与此线相交时,过冷奥氏体不再向珠光体转变,而一直保留到 M_s 温度以下转变为马氏体。CCT 曲线与 C 曲线既有区别,又有联系。CCT 曲线位于 C 曲线的右下方,在高温区,有珠光体转变的开始线和终了线;在中温区,没有贝氏体转变区,即共析钢在连续冷却时不发生贝氏体转变;当冷却速度达到一定值时,奥氏体被过冷至低温发生马氏体转变。

(2)过冷奥氏体连续冷却转变产物的组织和性能

由于奥氏体的连续冷却转变曲线测定比较困难,因此,在生产实际中,常利用同钢种的等温转变曲线来定性地分析过冷奥氏体连续冷却转变过程。其方法是将连续冷却曲线画在钢的 C 曲线上,根据冷却速度线与 C 曲线相交的位置大致估计在某种冷却速度下实际转变所获得的组织和力学性能。现以共析钢为例来说明。

如图 4.9 所示,冷却速度 v_1 相当于随炉冷却的情况,获得粗片状珠光体组织,硬度为 170 ~ 220 HBS;v_2 相当于在空气中冷却的情况,获得索氏体组织,硬度为 25 ~35 HRC;v_3 相当于在油中冷却的情况,先与转变开始线相交,但没有与转变终了线相交,然后很快冷却与 M_s 线相交。判断连续冷却转变产物的组织为托氏体和马氏体的混合物,硬度为 45 ~ 55 HRC。v_4 相当于在水中冷却的情况,与 C 曲线不相交,冷却很快,直接与 M_s 线相交。冷却转变产物的组织为马氏体和少量残余奥氏体,硬度为 55 ~65 HRC。图中 v_k 与 C 曲线鼻尖部相切,它表示了使过冷奥氏体在连续冷却过程中不发生转变,而直接转变为马氏体组织的最小冷却速度,即钢在淬火时为抑制非马氏体转变所需的最小冷却速度,称为该钢的马氏体临界冷却速度。

过冷奥氏体连续冷却转变是在一个温度范围内进行的,转变产物的组织往往不是单一的,依据冷却速度的变化,有可能是珠光体 P+索氏体 S、索氏体 S+托氏体 T 或托氏体 T+马氏体 M 等,而等温转变产物则是单一的均匀组织。

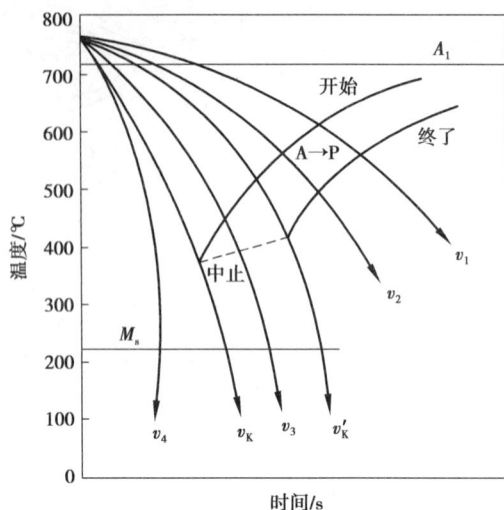

图 4.9　共析钢连续冷却转变图

4.2　钢的普通热处理

4.2.1　钢的退火

钢的退火是将钢加热到临界温度以上或以下,经过保温后随炉缓慢冷却,以获得接

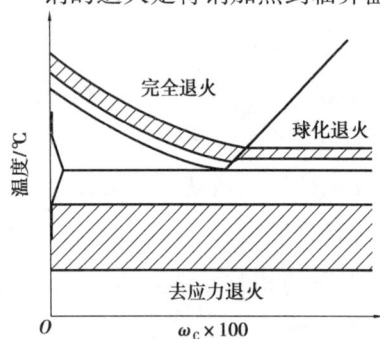

图 4.10　退火加热温度

近平衡状态的组织的热处理工艺。退火的主要目的是降低钢的硬度,均匀化钢的化学成分和组织,消除内应力和加工硬化,改善钢的成型及切削加工性能,并为后续的淬火做好组织准备。

钢的成分和使用目的不同,采用的退火工艺也会有所差异。常用的退火操作包括完全退火、球化退火、再结晶退火和去应力退火等,其加热温度范围如图4.10所示。

完全退火是将钢加热到完全奥氏体化后保温,再进行缓慢冷却,以获得近乎平衡组织的热处理工艺。完全退火主要用于中、低碳结构钢的铸、锻件和热轧型材。完全退火的加热温度一般为 A_{c3} 以上 20~30 ℃;一般每毫米工件有效厚度保温时间为 2 min。冷却应缓慢进行,需要的时间较长。实际生产中,随炉冷却到 500~600 ℃ 以下即可出炉空冷。

球化退火是使钢中的碳化物球化,得到粒状珠光体(铁素体基体上均匀分布细小球状碳化物)的一种热处理工艺。球化退火主要用于过共析钢和合金工具钢。加热温度一般为 A_{c1} 以上 20~30 ℃;保温时间不能太长,一般为 2~4 h;冷却方式通常采用炉冷,

或在 A_{r1} 以下 20 ℃ 左右进行长时间等温,然后炉冷到 600 ℃ 以下出炉空冷。

再结晶退火是把经冷变形加工后的钢材加热到再结晶温度以上保温,使变形晶粒重新转变为均匀的等轴晶粒而消除加工硬化的热处理工艺。再结晶退火主要用于经冷变形加工后的低碳钢,经再结晶退火后,消除了加工硬化,钢的性能恢复到冷变形加工前的状态。加热温度一般为 650~700 ℃;保温时间为 1~3 h;冷却方式通常为空冷。钢的冷变形量越大,再结晶温度越低,再结晶退火温度也越低。

去应力退火是为了去除由于塑性变形加工、铸造、焊接及切削加工过程中引起的残余内应力而进行的退火工艺。加热温度一般为 500~650 ℃;保温时间一般为每毫米工件有效厚度 3 min;冷却方式通常为随炉冷却;为了提高工效,也可随炉冷却到 200 ℃ 出炉空冷。

4.2.2　钢的正火

钢的正火是将钢加热到 A_{c3} 或 A_{ccm} 以上 30~50 ℃,使钢完全奥氏体化,经保温后从炉中取出,在空气中冷却的热处理工艺,其加热温度范围如图 4.11 所示。

图 4.11　正火的加热温度范围

正火的主要目的是细化晶粒,调整硬度,消除网状碳化物,为后续加工及球化退火、淬火等做好组织准备。

正火与退火相比,所得室温组织同属珠光体,但冷却速度比退火要快,过冷度较大。因此,正火后的组织比退火组织要细小一些,钢件的强度、硬度比退火组织高一些。同时与退火相比,正火还具有操作简便、生产周期短、生产效率较高、成本低等特点,在生产中的主要应用范围如下:

①改善切削加工性。因低碳钢和某些低碳合金钢的退火组织中铁素体量较多,硬度偏低,在切削加工时易产生"粘刀"现象,增加了表面粗糙度。采用正火能适当提高硬度,改善切削加工性。

②消除网状碳化物,为球化退火做好组织准备。对于过共析钢或合金工具钢,因正火冷却速度较快,可抑制渗碳体呈网状析出,并可细化层片状珠光体,有利于球化退火。

③用于普通结构零件或某些大型非合金钢工件的最终热处理,以代替调质处理。

④用于淬火返修零件,消除内应力,细化组织,以防重新淬火时产生变形和开裂。

4.2.3　钢的淬火

钢的淬火是将钢加热到临界温度以上某一温度,经保温后,以适当的冷却速度冷却,得到马氏体(或下贝氏体)的热处理工艺。淬火的目的是使钢强化,提高钢的硬度、强度和耐磨性;对于获得马氏体组织的淬火,配合不同的温度回火,可获得各种需要的性能。

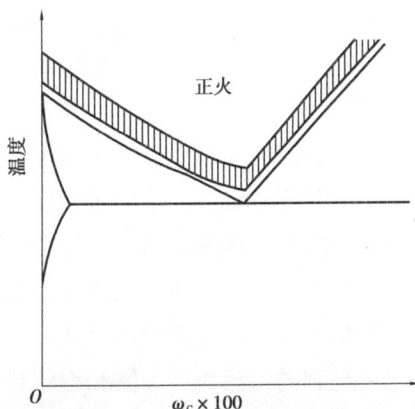

1）淬火加热温度

淬火加热温度的选择主要依据钢的成分确定,加热温度范围如图 4.12 所示。

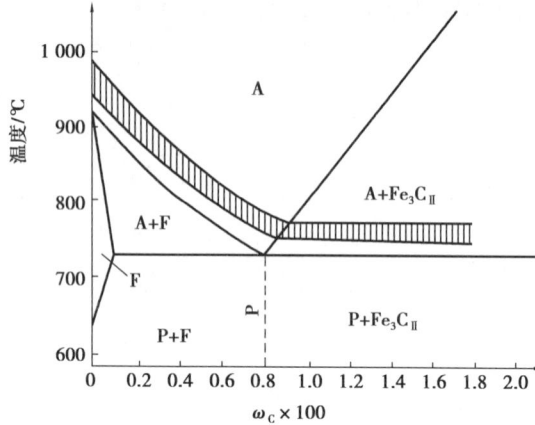

图 4.12　淬火加热温度范围

亚共析钢加热到 $A_{c3}+(30\sim50\ ℃)$,可获得全部细小均匀的奥氏体晶粒,淬火为均匀细小的马氏体组织。若加热温度为 $A_{c1}\sim A_{c3}$,则组织中尚有未转变完的铁素体,淬火后得到的组织为铁素体和马氏体,由于铁素体的存在,使钢的硬度降低。若加热温度超过 $A_{c3}+(30\sim50\ ℃)$,则奥氏体晶粒粗大,淬火后得到粗片状马氏体,钢的性能变差。

共析钢和过共析钢加热至 $A_{c1}+(30\sim50\ ℃)$,此时组织为奥氏体和小粒状渗碳体,淬火后得到的组织为马氏体和细粒状渗碳体及少量残余奥氏体。因细粒状渗碳体可以提高钢的硬度和耐磨性,故淬火后的硬度很高。过共析钢若加热至 A_{ccm} 以上,渗碳体将全部溶解,提高了奥氏体中碳的质量分数,使马氏体开始转变温度(M_s)下降,淬火后残余奥氏体量增多,钢的硬度和耐磨性下降。同时,由于加热温度高,奥氏体晶粒粗大,淬火得到粗片状马氏体,脆性增大。

2）淬火保温时间

淬火保温时间与钢的成分、炉温、工件的大小和形状、装炉方式和装炉量等因素有关。淬火保温时间一般为每毫米工件有效厚度 $1\sim4\ min$。

3）淬火介质

淬火介质冷却能力越强,钢的冷却速度越快,则工件容易淬硬,淬硬层深度越深,也会使工件产生的内应力越大,易引起工件发生变形和开裂。为保证淬火质量,应选择合适的淬火介质。

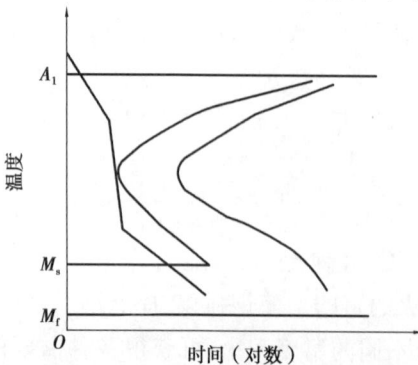

图 4.13　钢的理想淬火冷却曲线

理想的淬火介质的冷却能力应该是:在奥氏体最不稳定的 $650\sim400\ ℃$ 间能快速冷却;在 $400\ ℃$ 以下应当缓慢冷却以减小淬火应力,从而保证在获得马氏体组织的条件下减小淬火应力,避免工件发生变形和开裂。因此,钢在淬火时理想的冷却曲线如图 4.13 所示。常用的淬火介质有水、盐水或碱水溶液及各种矿物质油等。

（1）水

水是生产中常用的淬火介质，它在 650～550 ℃内具有很强的冷却能力，在 300～200 ℃内的冷却能力仍然很大，所以，工件在水中淬火时，容易发生变形与裂纹。因此水适用于截面尺寸不大、形状简单的碳素钢工件的淬火冷却。

（2）盐水或苛性钠水溶液

在水中加入盐或苛性钠类物质，增加了 650～550 ℃的冷却能力，在 300～200 ℃内的冷却能力改变不大，冷却能力确实比水强，其缺点是介质的腐蚀性大。一般情况下，盐水的浓度为 10%，苛性钠水溶液的浓度为 10%～15%。盐水或苛性钠水溶液可用作碳钢及低合金结构钢工件的淬火介质，使用温度不应超过 60 ℃，淬火后应及时清洗并进行防锈处理。

（3）矿物油

各种矿物油在 650～550 ℃的冷却能力不大，在 300～200 ℃内的冷却能力也比较小，冷却介质一般采用的矿物油，如机油、变压器油和柴油等。仅适合合金钢的淬火。

目前各国还在发展有机水溶液作为淬火介质，如聚乙烯醇、聚二醇等水溶液。

4）淬火方法

工件淬火时除要保证淬硬外，还要尽量减小变形和避免开裂，应选择合适的淬火方法。

（1）单液淬火

将钢奥氏体化后，在一种淬火介质中冷却到室温的淬火方法称为单液淬火，如图4.14 中所示的曲线 1 单液淬火操作简单，容易实现机械化、自动化，应用广泛。但由于单独用一种淬火介质，如果淬火介质冷却特性不够理想，容易产生硬度不足或变形、开裂等缺陷。一般碳钢采用水冷，合金钢采用油冷。

（2）双液淬火

将钢奥氏体化后，先在冷却能力强的淬火介质中冷却，待工件冷到 400～300 ℃，将工件转入冷却能力较弱的淬火介质中冷却，直到完成马氏体转变的淬火方法称为双液淬火，如图 4.14 中所示的曲线 2。

双液淬火既可以保证工件得到马氏体组织，又可以减小淬火应力，防止工件开裂和减小变形。尺寸较大或形状复杂的碳素钢工件适合采用双液淬火。但操作要求较高，需要经验丰富的人员来操作。

（3）分级淬火

将钢奥氏体化后，先放入略高于（或略低于）钢的温度的盐浴或碱浴炉内保温，当工件内外温度均匀后，再从浴炉中取出工件，空冷至室温，完成马氏体转变的淬火方法称为分级淬火，如图 4.14 中所示的曲线 3。

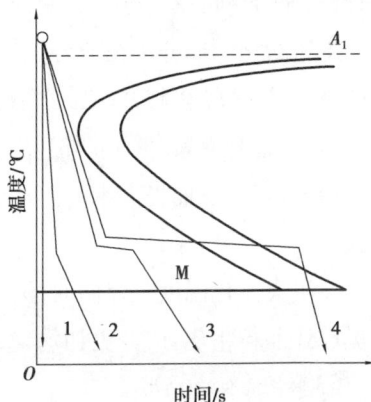

图 4.14 常用淬火方法

分级淬火不仅大大降低了淬火应力,工件变形轻微,还克服了双液淬火时难以控制的缺点。但分级淬火时盐浴或碱浴的冷却能力不大,只适合形状复杂、尺寸较小的碳钢工件或淬透性好的合金钢工件。

(4)等温淬火

将钢奥氏体化后,放入高于钢的温度的盐浴或碱浴炉内等温保持足够长的时间,使其转变为下贝氏体组织,然后取出工件,在空气中冷却到室温的淬火方法称为等温淬火,如图4.14中所示的曲线4。

等温淬火得到的下贝氏体组织具有较高的强度和硬度,同时塑性和韧性也较好,可显著减小淬火应力和淬火变形,并能基本避免工件淬火裂纹。其适宜处理形状复杂、尺寸要求精密的小件工具和重要的机器零件。

5)钢的淬透性

(1)淬透性与淬硬性的概念

钢的淬透性是指在规定条件下,决定钢淬硬深度和硬度分布的特性。所谓淬硬深度,通常是指从淬火表面向里到半马氏体区(由50%马氏体和50%非马氏体组成)的垂直距离。淬火时,钢件截面上各处的冷却速度是不同的。表面的冷却速度最高,越到中心冷却速度越低。只有冷却速度大于临界冷却速度的部分才有可能淬火成马氏体,如果钢件中心部分冷却速度低于临界冷却速度,则心部将获得非马氏体组织,即钢件没有被淬透。在规定条件下获得淬硬层深度越深的钢,淬透性越好。

钢的淬硬性是指钢在理想条件下,进行淬火硬化所能达到最高硬度的能力。钢的淬硬性主要取决于钢在淬火加热时固溶于奥氏体中碳的质量分数,奥氏体中碳的质量分数越高,则淬火获得马氏体组织后的硬度越高,钢的淬硬性越好,而钢中合金元素对其淬硬性的影响不大。

淬硬性与淬透性是两个意义不同的概念,淬硬性好的钢,其淬透性并不一定好。

(2)影响淬透性的因素

钢的淬透性主要取决于过冷奥氏体的稳定性,稳定性越好,淬火临界冷却速度越低,钢的淬透性也就越好。影响淬透性的主要因素如下:

①钢的化学成分。在非合金钢中,碳的质量分数越接近共析成分,过冷奥氏体的稳定性越高,淬透性也越好。因此,共析钢的淬透性优于亚共析钢和过共析钢。在合金钢中,大多数合金元素(除Co外)溶于奥氏体后,能够增加过冷奥氏体的稳定性,降低淬火临界冷却速度,从而提高钢的淬透性。合金元素如Ni、Mn、Cr和Bi等能显著提高钢的淬透性。

②奥氏体化温度及保温时间。适当提高钢的奥氏体化温度或延长保温时间,会导致奥氏体晶粒粗化,成分更加均匀,从而增加过冷奥氏体的稳定性,提高钢的淬透性。

(3)淬透性的应用

钢的淬透性是选材和制定热处理工艺规程时的重要依据。对于多数大截面和在动负荷下工作的关键结构件,如螺栓、锤杆、锻模、大电机轴和发动机连杆等,通常要求表面与心部的力学性能一致,因此应选用淬透性好的钢;对于承受弯曲、扭转应力、冲击载荷和局部磨损的轴类零件,工作时表面受力较大,而心部硬度要求不高,可以选择淬透性较低的钢;对于形状复杂或对变形要求严格的零件,应选用淬透性较好的钢;而对于焊接结构件,为避免在焊缝热影响区形成淬火组织,导致焊接件变形和开裂,只能选择淬透性较低的钢。

6)淬火操作要领

淬火操作时,还要注意工件浸入淬火介质的方式。合理的淬火操作方式,对减小工件变形和避免工件开裂有着重要的影响。淬火操作要领是:尽量保证淬火冷却时工件各部分冷却速度的均匀性。

①细长的工件,如钻头、轴等,应垂直浸入淬火介质中。

②厚薄不均的工件,厚的部分应先浸入淬火介质中。

③薄壁环状工件,如圆筒、套圈等,应轴向垂直浸入淬火介质中。

④薄而平的工件,如圆盘铣刀,应立着放入淬火介质中。

⑤带有盲孔或中空型腔的工件,应使孔口或腔口向上浸入淬火介质中。

⑥截面不均匀的工件,应斜着浸入淬火介质中。

4.2.4　钢的回火

钢的回火是将淬火后的钢,再加热到 A_{c1} 以下某一温度,保温一段时间,然后冷却到室温,以获得预期性能的热处理工艺。回火是紧接淬火后进行的一种热处理操作,也是生产中应用最广泛的热处理工艺之一。通过淬火和适当温度的回火相配合,可以使工件获得不同的组织和性能,满足各类零件和工具对使用性能的不同要求。通常也是对工件进行的最后一道热处理工艺。

淬火钢回火的目的是:减少或消除淬火应力,防止工件的变形与开裂;调整工件的力学性能,满足工件的使用性能要求;稳定工件的组织,保证工件的形状和尺寸的稳定。

1)回火加热温度

工件回火后的性能,主要取决于回火温度。随着回火温度的提高,钢的强度和硬度下降,塑性和韧性增大。根据钢的性能要求,按照回火温度的高低,回火可分为低温回火、中温回火和高温回火。对碳素钢而言,其回火的温度如下:

①在 150 ~ 250 ℃ 间的回火称为低温回火。低温回火后的组织是回火马氏体 $M_{回}$,其金相组织如图 4.15(a)所示。通过低温回火,可部分消除淬火应力,适当降低钢的脆性,提高韧性,并保持淬火获得的高硬度和耐磨性,回火后的硬度一般为 56 ~ 64 HRC。低温回火主要用于各种工、模、量具和滚动轴承等耐磨零件。

②在 350 ~ 500 ℃ 间的回火称为中温回火。中温回火后的组织是回火托氏体 $T_{回}$,

其金相组织如图4.15(b)所示。通过中温回火,可进一步消除淬火应力,可使工件获得高弹性极限、屈服强度和适当的韧性,回火后的硬度一般为35～48 HRC。中温回火主要用于各种弹簧、发条、弹性夹具及热锻模等零件。

③在500～650℃间的回火称为高温回火。高温回火后的组织是回火索氏体$S_回$,其金相组织如图4.15(c)所示。通过高温回火,可消除淬火应力,可使工件获得强度、硬度、塑性和韧性均较好的综合力学性能,回火后的硬度一般为20～32 HRC。高温回火主要用于各种重要的结构零件,如齿轮、连杆、曲轴、主轴及高强度螺栓等。

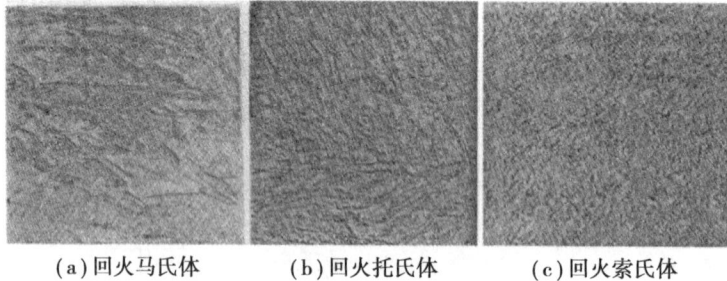

(a)回火马氏体   (b)回火托氏体   (c)回火索氏体

图4.15 回火后的金相组织

表4.1列出了不同回火类型的回火温度、组织、组织形态、性能及应用。

表4.1 不同回火类型的回火温度、组织、组织形态、性能及应用

回火类型	回火温度/℃	组织	组织形态	性能及应用
低温回火	150～250	回火马氏体（$M_回$）	含过饱和碳的 $F+\varepsilon$ 碳化物	保持高硬度,降低脆性及残余应力,用于工模具钢,表面淬火及渗碳淬火件
中温回火	350～500	回火托氏体（$T_回$）	保留马氏体针形 $F+$细粒状 Fe_3C	硬度下降,韧性、弹性极限和屈服强度高,用于弹性元件
高温回火	500～650	回火索氏体（$S_回$）	多边形 $F+$粒状 Fe_3C	强度、硬度、塑性、韧性良好,综合力学性能优于正火得到的组织。中碳钢、重要零件采用

通常将淬火和随后的高温回火并称为调质处理。调质处理是一种重要而广泛应用的热处理工艺。

由于钢的成分差异较大,在实际生产中,往往根据零件的硬度要求,从零件用钢的回火温度与硬度的关系曲线中选择相应的回火温度。

2)回火保温时间

回火保温时间是指工件完全热透及组织充分转变所需要的时间。实际生产中,一般从炉温达到回火温度时开始计算回火保温时间。回火加热温度越高,回火保温时间越短。在生产中,回火保温时间一般为1～3 h,对于要求高硬度,只能低温回火的一些

工件,如量具、滚动轴承等,为使内应力消除并使组织趋于稳定,有时需要保温十几小时甚至几十小时。

3)回火冷却

一般工件回火后都在空气中冷却。但对具有回火脆性的钢,如铬锰钢、硅锰钢等,在 450~650 ℃之间回火后,应在水中或油中快冷,以避免回火脆性的产生。

4)回火脆性

淬火钢在某些温度区间回火时会产生冲击韧度的显著下降,这种脆化现象称为回火脆性,它有两种类型:

①低温回火脆性。碳钢在 200~400 ℃、合金钢在 250~450 ℃出现韧性低谷,有人认为这可能与相界面析出薄片渗碳体或夹杂元素的偏聚有关。在该温度区间回火时,无论采用哪种回火方法或哪种冷却速度,都难以避免韧性降低。如果将已产生脆性的钢件重新加热高于脆化温度回火,脆性即可消失。若再置于脆化温度区间回火,脆性也不会重复出现。

②高温回火脆性。一般在 400~650 ℃回火后缓冷时产生。有人认为与某些析出物的产生有关。如果在该段温度回火后快冷,脆性消失。对于大体积的钢件一般加入 Mo 或 W 可避免这类回火脆性的产生,或是尽量提高合金的纯度,减少 N、O、P 等杂质元素的含量。

4.3　表面热处理

在机器中,有些零件要承受扭转和弯曲等交变载荷,以及强烈的摩擦和冲击,如齿轮、凸轮、凸轮轴、主轴、活塞销等。为了保证这类零件的正常使用,要求零件的表面具有高的硬度和耐磨性,而心部要有较好的塑性和韧性。由于这类零件表面和心部的性能要求不同,很难通过选材来解决表面和心部的不同性能要求,一般要采用表面热处理来实现这类零件的性能要求。

4.3.1　表面淬火

仅对工件表层进行淬火的工艺称为表面淬火。处理过程是对钢的表面快速加热至淬火温度,并立即以大于临界冷却速度的速度冷却,使表层强化的热处理。表面淬火可使工件表层获得马氏体组织,具有高硬度、高耐磨性,内部仍保持淬火前的组织,具有足够的强度和韧性。目前生产中广泛应用的有感应加热表面淬火、火焰加热表面淬火等。

1)感应加热表面淬火

感应加热表面淬火是一种利用感应电流通过工件所产生的热效应,使工件表面或局部加热并进行快速冷却的淬火工艺。感应加热的基本原理如图 4.16 所示,当给感应

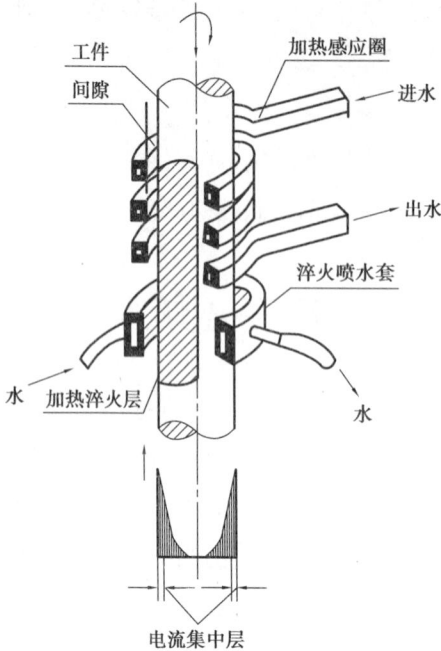

图 4.16　感应加热的基本原理

器通以一定频率的交流电时,周围会产生频率相同的交变磁场。将工件放入感应器(由紫铜管绕成的绕组)内时,工件中会感应出频率相同、方向相反的感应电流,该电流沿零件表面形成封闭回路,称为"涡流"。涡流在工件内的分布是不均匀的,表面密度较大,而心部密度较小。通入绕组的电流频率越高,感应电流就越集中在工件表面,这种现象被称为"集肤效应"。由于感应电流的热效应,工件表面会迅速加热到淬火温度,然后进行快速冷却,从而实现表面淬火的目的。

感应淬火因加热速度极快,表层硬度比普通淬火的高 2~3 HRC,且有较好的耐磨性和较低的脆性;加热时间短,基本无氧化、脱碳,变形小;淬硬层深度容易控制;能耗低,生产效率高,易实现机械化和自动化,适宜大批量生产。但感应加热设备投资大,维修调试较困难,对于形状复杂工件的感应器不易制作。感应淬火应用范围如表4.2所示。

表4.2　感应淬火应用范围

分　类	频率范围/kHz	淬硬深度/mm	应用举例
高频感应加热	200~300	0.5~2	在摩擦条件下工作的零件,如小齿轮、小轴等
中频感应加热	1~100	2~8	承受转矩、压力载荷的零件,如大齿轮、主轴等
工频感应加热	50	10~15	承受转矩、压力载荷的大型零件,如冷轧辊等

2) 火焰加热表面淬火

使用乙烯-氧焰或煤气-氧焰,将工件表面快速加热到淬火温度,立即喷水冷却的淬火方法称火焰加热表面淬火。

火焰淬火的操作简便,不需要特殊设备,成本低;淬硬层深度一般为 2~6 mm。但因火焰温度高,若操作不当工件表面容易过热或加热不匀,造成硬度不均匀淬火质量难以控制;易产生变形与裂纹。火焰淬火适用于大型、小型、单件或小批量工件的表面淬火,如火焰淬火大模数齿轮、小孔、顶尖、凿子等。

3) 电接触加热表面淬火

电接触加热表面淬火是利用电极和工件间的接触电阻使工件表面加热,并借助工件本身未加热部分的热传导来实现淬火冷却。

电接触加热表面淬火设备简单,操作方便,工件变形小,淬火后不需要回火,能显著提高工件的耐磨性,但淬硬层较浅(0.15~0.30 mm),多用于机床铸铁导轨的表面淬火。

4.3.2　化学热处理

钢的化学热处理是将工件置于一定的活性介质中保温,使一种或几种元素渗入工件表层,以改变其化学成分,从而使工件获得所需组织和性能的热处理工艺。其目的主要是强化表面和改善工件表面的物理化学性能,即提高工件的表面硬度、耐磨性、疲劳强度、热硬性和耐腐蚀性。

化学热处理的种类很多,一般以渗入的元素来命名,有渗碳、渗氮、碳氮共渗(氰化)、渗硫、渗硼、渗铬、渗铝及多元共渗等。不管是哪一种化学热处理,活性原子渗入工件表层都是由以下三个基本过程组成:

①分解。由化学介质分解出能渗入工件表层的活性原子。

②吸收。活性原子由钢的表面进入铁的晶格中形成固溶体,甚至可能形成化合物。

③扩散。渗入的活性原子由表面向内部扩散,形成一定厚度的扩散层。

1)渗碳

渗碳是将工件置于富碳的介质中,加热到高温(900~950 ℃),使碳原子渗入表层的过程,其目的是使渗碳的表面层经淬火和低温回火后,获得高硬度、耐磨性和疲劳强度。渗碳适于低碳钢和低碳合金钢,常用于汽车齿轮、活塞销、套筒等零件。

据采用的渗碳剂不同,渗碳可分为气体渗碳、液体渗碳和固体渗碳 3 种。气体渗碳在生产中广泛采用。

由渗碳工件表面向内至规定碳浓度处的垂直距离称为渗碳层深度。工件所需渗碳层深度应根据其工作条件和尺寸来确定,一般要求为 0.5~2 mm。

工件渗碳后必须进行低温回火。渗碳淬火工艺常用以下 3 种:

①直接淬火法:将渗碳后的工件从渗碳温度降至(炉冷或出炉预冷)淬火冷却起始温度(820~860 ℃)后,直接进行淬火冷却,然后再进行低温回火。这种工艺操作简单,生产率高,节约能源,工件变形小,广泛用于低碳合金钢渗碳零件,如汽车变速齿轮大多采用 920 ℃渗碳后预冷直接淬火。

②一次淬火法:将渗碳后的工件先缓冷,坑冷至室温,再重新加热至淬火温度进行淬火,然后进行低温回火,如图 4.17 所示。这种工艺广泛用于渗碳后需要机械加工的零件,或不直接淬火的渗碳零件,或固体渗碳零件。

③两次淬火法:性能要求高的渗碳件采用此方法。第一次淬火(加热到 850~900 ℃)目的是细化心部组织。第二次淬火(加热到 750~800 ℃)是为了使表层获得细片状马氏体和粒状渗碳体组织。工艺过程如图 4.18 所示。

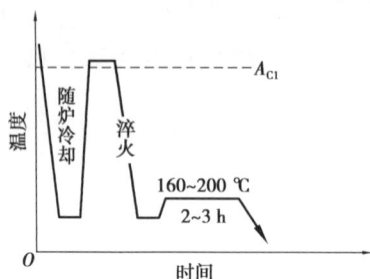

图 4.17 一次加热淬火、低温回火工艺

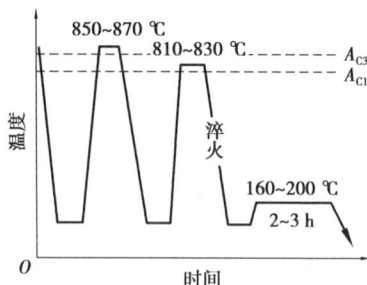

图 4.18 二次加热淬火、低温回火工艺

一般低碳钢经渗碳淬火、低温回火后表层硬度可达 60 ~ 64 HRC,心部硬度达 30 ~ 40 HRC。气体渗碳的渗碳层质量高,渗碳过程易于控制,生产率高,劳动条件好,易于实现机械化和自动化,适于成批或大量生产。

2)渗氮

将 N 原子渗入工件表层的过程称渗氮(氮化)。目的是提高工件表面硬度、耐磨性、疲劳强度、热硬性和耐蚀性。常用的渗氮方法主要有气体渗氮、液体渗氮及离子渗氮等。气体渗氮的特点是:

①与渗碳相比,渗氮工件的表面硬度较高,可达 1 000 ~ 1 200 HV(相当于 69 ~ 72 HRC)。

②渗氮温度较低,并且渗氮件一般不再进行其他热处理,因此渗氮件变形量很小。

③渗氮后工件的疲劳强度可提高 15% ~ 35%。

④渗氮层具有高耐蚀性,这是因为氮化层是由致密的、耐腐蚀的氮化物所组成,能有效地防止某些介质(如水、过热蒸气、碱性溶液等)的腐蚀作用。

由于渗氮工艺复杂,生产周期长,成本高,氮化层薄而脆,不易承受集中的重载荷,并需要专用的氮化用钢,所以适用于要求高耐磨性和高精度的零件,如精密机床的丝杠、机床主轴、重要的阀门等。为了克服渗氮周期长的缺点,近十几年在原渗氮的基础上发展了软氮化和离子氮化等先进的氮化方法。

3)碳氮共渗(氰化)

碳氮共渗是在一定温度下同时将 C、N 渗入工件表层奥氏体中并以渗碳为主的化学热处理工艺。与渗碳比较,碳氮共渗可在较低温度下共渗,不易过热;N 的存在使渗层淬透性提高,可缓慢冷却,并可直接淬火、变形小。碳氮共渗速度比单独渗碳或渗氮要快,工件表层的浓度梯度大,共渗层中 C 和 N 含量随共渗温度而变化。

4)渗其他元素

渗铝能提高钢的抗高温氧化和抗燃气腐蚀的能力。生产上可用渗铝钢板和渗铝钢管代替较昂贵的耐热钢。渗铝可采用熔融铝浴浸渍法。

渗铬能提高钢对水、碱水、盐水、高温水蒸气、大气、硫化氢、二氧化硫等介质的抗蚀性和高的抗高温氧化性,高碳钢渗铬后还具有高的硬度和耐磨性。渗铬可采用在含 Cr 的粉末混合物中渗铬、真空渗铬和气体渗铬等方法。

4.4 热处理新工艺简介

为了进一步提高零件力学性能和表面质量,充分发挥金属最大潜能,节约能源,降低成本,提高经济效益,减少或防止环境污染等,随着热处理技术、计算机技术、控制技术的发展,涌现出了许多热处理新技术、新工艺,主要有可控气氛热处理、真空热处理、形变热处理、表面强化技术等。

4.4.1 可控气氛热处理

可控气氛热处理技术通过控制炉气成分,达到无氧化、无脱碳或按要求增碳的效果。它主要用于渗碳、碳氮共渗、软氮化、保护气氛淬火和退火等。可控气氛是由燃料气(如天然气、丙烷)与空气混合后加热或通过自身的燃烧反应制成,也可以使用液体有机化合物(如甲醇、乙醇)滴入热处理炉内得到气氛。这种技术能减少和避免工件在加热过程中的氧化和脱碳,节约材料,提高工件质量,并实现光亮化热处理,保证工件的尺寸精度。

目前我国常用的可控气氛有吸热式气氛、放热式气氛、放热-吸热式气氛和有机液滴注式气氛等,其中以放热式气氛的制备成本最低。

4.4.2 真空热处理

真空热处理是真空技术与热处理技术相结合的新型热处理技术。它包括真空淬火、真空退火、真空回火和真空化学热处理等。真空环境指的是低于一个大气压的气氛环境,包括低真空、中等真空、高真空和超高真空。与常规热处理相比,真空热处理可以实现无氧化、无脱碳、无渗碳,并有脱脂除气等作用,从而达到表面光亮净化的效果;可以减少工件变形,使钢脱氧、脱氮和净化表面,使工件表面无氧化、不脱碳、表面光洁,显著提高耐磨性和疲劳极限。

真空热处理的工艺操作条件好,有利于实现机械化和自动化,而且节约能源,减少污染。

4.4.3 形变热处理

形变热处理工艺是塑性变形与热处理有机结合,获得形变强化和相变强化综合效果。形变热处理的方法包括低温形变热处理、高温形变热处理、等温形变热处理、形变时效和形变化学热处理。形变热处理不仅能改善材料的力学性能,还能提高材料的耐腐蚀性和耐磨性,简化生产工艺流程。

4.4.4　化学热处理新工艺

1）电解热处理

电解热处理是将工件和加热容器分别接在电源的负极和正极上,容器中装有渗剂,利用电化学反应使欲渗元素的原子渗入工件表层。电解热处理可以进行电解渗碳、电解渗硼和电解渗氮等。

2）离子化学热处理

离子化学热处理是在真空炉中进行的。炉内通入少量与热处理目的相适应的气体,在高压直流电场作用下,稀薄的气体放电、起辉来加热工件。与此同时,欲渗元素从通入的气体中离解出来,渗入工件表层。离子化学热处理比一般化学热处理速度快,在渗层较薄的情况下尤为显著。离子化学热处理可进行离子渗氮、离子渗碳、离子碳氮共渗、离子渗硫和渗金属等。

4.4.5　表面强化技术

表面强化技术包括表面熔敷技术、激光表面非晶态处理技术、激光冲击强化技术和表面机械强化技术等。

表面熔敷技术利用激光、电磁感应或等离子弧将置于工件表面的合金粉末加热到半熔融状态,形成具有抗磨、抗氧化等性能的熔敷层。

激光表面非晶态处理技术通过急速冷却金属表面,使其成为非晶态结构,提高硬度和耐蚀性。

激光冲击强化技术通过高压等离子体在金属表面产生塑变,形成残余压应力,提高抗疲劳性能。

表面机械强化技术通过机械滚压和喷丸等手段在材料表面产生一层残余压应力,提高表面疲劳强度及抗应力腐蚀的能力,常用于轴的表面喷丸和滚压强化等。

4.5　热处理工艺的应用

热处理在机械制造中应用相当广泛,它穿插在机械零件制造的加工工序之间,正确合理地安排热处理工序位置非常重要。另外机械零件的类型很多,形状结构复杂,工作时承受各种应力,选用的材料及要求的性能各异。因此,热处理技术条件的提出、热处理工艺规范的正确制定和实施等也是相当重要的。

4.5.1　常见热处理缺陷及其预防

在热处理生产中,由于加热过程控制不良,淬火操作不当或其他原因,会导致一些缺陷。有些缺陷是可以挽救的,有些严重缺陷将使零件报废。钢在热处理加热及淬火时出现的缺陷见表4.3。

表 4.3 钢在热处理加热及淬火时出现的缺陷

缺陷类别	缺陷	产生缺陷的后果	措施
加热时的缺陷	欠热	会在亚共析钢组织中出现 F,硬度不足;过共析钢中存在过多未溶渗碳体	退火或正火
	过热	加热时得到粗大 A 晶粒,淬火后得到粗大 M,零件变脆	退火或正火
	过烧	晶界氧化或局部熔化,使零件报废	无法
	氧化	使工件尺寸变小,硬度下降	加热用盐浴炉;也可用保护气体加热、真空加热、工件表面涂保护层等方法
	脱碳	含碳量降低,钢淬火后表层硬度不足,疲劳强度下降,易形成淬火裂纹	加热用盐浴炉;也可用保护气体加热、真空加热、工件表面涂保护层等方法
淬火时的缺陷	变形	变形不可避免,要把变形控制在一定范围	①正确选材,对形状复杂,要求变形小的精密零件,选高淬透性钢;
	开裂	冷速过快或零件结构设计不合理造成,应该绝对避免	②零件结构要合理; ③选择和制定合理的淬火工艺

4.5.2 热处理零件的结构工艺性

设计零件结构时,不仅要考虑到其结构适合零件结构的需要,而且要考虑到加工和热处理过程中工艺的需要,特别是热处理工艺,结构设计不合理会给热处理工艺带来困难,要考虑在此过程中易于操作、变形小、开裂风险低等方面的特性,以免造成较大的经济损失。因此,在设计热处理工件时,其结构应满足热处理工艺的要求,其结构应遵循以下原则:

①避免尖角和棱角。这些地方容易产生应力集中,成为开裂的主要根源。

②零件截面应尽可能均匀,避免截面突变处(如螺纹、油孔、键槽、退刀槽等)造成的应力集中。

③尽量采用封闭结构。这样有助于使热处理时零件的各个部位温度分布更加均匀,减小应力差。

④尽量采用对称结构,降低应力分布不均可能产生的变形、开裂。

⑤当有开裂倾向和特别复杂的工件时,尽量采用组合结构,把整体件改为组合件。

4.5.3 热处理的技术条件

设计者应根据零件的工作条件、所选用的材料及性能要求提出热处理技术条件,并标注在零件图上。其内容包括热处理的方法及热处理后应达到的力学性能。一般零件需标出硬度值;重要的零件还应标出强度、塑性、韧性指标或金相组织要求。对于化学热处理零件,还应标注渗层部位和渗层的深度。

标注热处理技术条件时,一般用文字在图纸标题栏上方标注出。应采用国家标准规定标注热处理工艺,并标出应达到的力学性能指标及其他要求。热处理后应达到的技术要求可按相应规定加以标注。

4.5.4　热处理工序位置的确定

热处理工序一般安排在铸、锻、焊等热加工和切削加工的各个工序之间。根据热处理的目的和工序位置的不同,可将其分为预备热处理和最终热处理两大类。

1)热处理工序选择的一般规律

（1）预备热处理的选择

预备热处理可以选择退火、正火、调质等,主要是为了消除前一道工序的某些缺陷并为后一道工序做好准备。

退火、正火一般安排在毛坯生产之后,切削加工之前。作用是消除热加工毛坯的内应力、细化晶粒、调整组织、改善切削加工性,为后续热处理工序做好组织准备。工序安排一般为:

毛坯生产(铸造、锻压、焊接等)→正火(或退火)→切削加工

退火与正火同属钢的预备热处理,在操作过程中如装炉、加热速度、保温时间等都基本相同,只是冷却方式不同,在生产实际中有时两者可以相互代替。选择退火与正火,一般可从以下几点考虑:

①从切削加工性考虑。钢件适宜的切削加工硬度为 170 ~ 230 HBS。因此,低碳钢、低碳合金钢应选用正火作为预备热处理,中碳钢也可选用正火;而 $\omega_c > 0.5\%$ 的非合金钢、中碳以上的合金钢应选用退火作为预备热处理。

②从零件形状考虑。对于形状复杂的零件或大型铸件,正火可能会因为内应力太大而引起开裂,因此应选用退火。

③从经济性考虑。因正火比退火的操作简便,生产周期短,成本低,在能满足使用要求的情况下,所以应尽量选用正火,以降低生产成本。

调质一般安排在粗加工之后、精加工之前,是为了提高零件的综合力学性能,为最终热处理做组织准备。对于一般性能要求不高的零件,调质也可作为最终热处理。工序安排一般为:

下料→锻造→正火(或退火)→粗加工→调质→半精加工

（2）最终热处理的选择

最终热处理可以选择淬火、回火、表面热处理等。工序位置一般安排在半精加工后、磨削加工前。淬火后必须进行回火,选择哪种回火方式则依据零件材料及使用性能需要。

整体淬火的工序位置如下:

下料→锻造→退火(或正火)→粗、半精加工(留余量)→淬火、回火(低温、中温回火)→磨削

表面淬火的工序位置如下:

下料→锻造→正火或退火→粗加工→调质→半精加工(留余量)→表面淬火、回火→磨削

渗碳淬火的工序位置如下：

下料→锻造→正火→粗、半精加工→渗碳、淬火→低温回火→磨削

渗氮的工序位置如下：

下料→锻造→退火→粗加工→调质→半精、精加工→去应力退火→

粗磨→渗氮→精磨或超精磨

上述热处理工序安排不是固定不变的，应根据实际生产情况做某些调整。如对性能要求不高的、大批大量生产的工件，就可以由原料不经热处理而直接进行切削加工等。

2) 车床主轴热处理的实例

车床主轴是传递力的重要零件，它承受一般载荷，轴颈处要求耐磨，一般车床主轴选用中碳钢（如 45 钢）制造。热处理技术条件为：整体调质处理，硬度 220 ~ 250 HBS；轴颈及锥孔表面淬火，硬度 50 ~ 52 HRC。

（1）主轴制造工艺

锻造→正火→机加工（粗）→调质→机加工（半精）→高频表面淬火 + 低温回火→磨削

（2）主轴热处理各工序的作用

各工序的作用如下：

①正火：作为预备热处理，目的是消除锻件内应力，细化晶粒，改善切削加工性，正火后的组织为 S。

②调质：获得 $S_{回}$ 组织，使主轴整体具有较好的综合力学性能，为表面淬火做好组织准备。

③高频表面淬火 + 低温回火：作为最终热处理。高频表面淬火是为了使轴颈及锥孔表面，获得高硬度、高耐磨性和高疲劳强度，心部仍然保持 $S_{回}$ 组织的韧性；低温回火为了消除应力，防止磨削时产生裂纹，得到极细的 $M_{回}$ 组织（还有少量的 A'）并保持高硬度和高的耐磨性。

3) 曲轴热处理实例

曲轴是燃油发动机中的重要零件之一，曲轴的主要功能是将活塞的往复运动转换为旋转运动，从而驱动发动机的凸轮轴、传动系统等，进而为汽车提供动力。需要承受较大的压力和扭矩，它承受交替往复运动载荷，工作环境和受力状况相较复杂，轴颈处要求耐磨。

曲轴通常采用球墨铸铁或者中碳钢（如 45 钢）或低碳合金钢（42GrMoA）制造，其中，球墨铸铁曲轴应用更为广泛。球墨铸铁件曲轴热处理技术条件为：整体正火处理，硬度 260 ~ 320 HBW；轴颈表面淬火或者圆角滚压强化。

（1）球墨铸铁件曲轴制造工艺

球墨铸铁曲轴制造工艺过程如下：

铸造→正火→回火→机加工（粗）→机加工（半精）→高频表面淬火/圆角滚压→磨削

（2）曲轴热处理

各工序的作用如下：

正火：目的是提高球墨铸铁强度、硬度和耐磨性，获得珠光体或者索氏体，改善基体组织。

回火：消除正火产生的内应力，改善材料韧性，改善切削加工性。

高频表面淬火：使轴颈处获得表硬里韧的性能。

某内燃机厂4102柴油发动机曲轴热处理工艺图如图4.9所示。

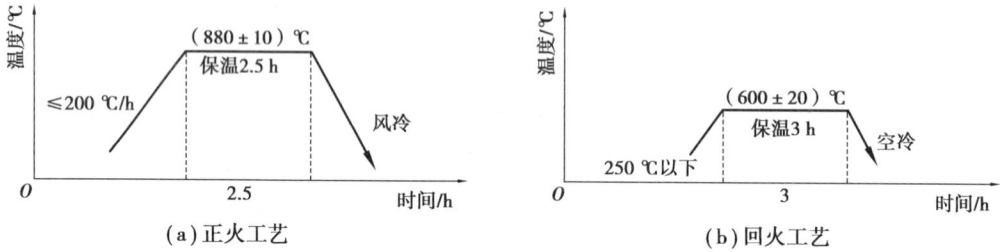

（a）正火工艺　　　　　　　　（b）回火工艺

图4.19　某内燃机厂4102柴油发动机曲轴热处理工艺图

4.6　复习思考题

1.什么是钢的热处理？它在生产中有何重要意义？

2.解释下列符号的含义：A_{c1}、A_{c3}、A_{ccm}、A_{r1}、A_{r3}、A_{rcm}。

3.名词解释

淬火临界冷却速度，正火，回火脆性，马氏体，贝氏体，调质

4.同一种钢材，当调质后和正火后的硬度相同时，两者在组织和性能上是否相同？为什么？

5.淬火的作用是什么？常用的淬火方法有哪些？淬火后为什么要立即进行回火？

6.回火的作用是什么？回火温度对淬火钢的性能有什么影响？

7.什么是调质？什么样的零件采用调质？

8.试分析比较下列术语的异同点

（1）共析钢等温冷却转变曲线（C曲线，即TTT曲线）与连续冷却转变曲线（CCT曲线）；

（2）实际晶粒度、本质晶粒度；

（3）P、S、T；

（4）完全退火与正火；

（5）S、T与$S_{回}$、$T_{回}$；

（6）M与$M_{回}$；

（7）奥氏体、过冷奥氏体与残余奥氏体；

（8）淬透性与淬硬性。

9. 下面几种说法是否正确？为什么？

（1）过冷奥氏体的冷却速度越快，钢冷却后的硬度越高。

（2）钢中合金元素越多，淬火后硬度就越高。

（3）本质细晶粒钢加热后的实际晶粒一定比本质粗晶粒钢的细。

（4）淬火钢回火后的性能主要取决于回火时的冷却速度。

（5）为了改善碳素工具钢的切削加工性，其预先热处理应采用完全退火。

（6）淬透性好的钢，其淬硬性也一定好。

10. 共析碳钢的 C 曲线和冷却曲线如图 4.20 所示，指出图中 1—19"○"处的组织名称，并写出图中以下几条冷却曲线所对应的热处理工艺名称：

（1）2-4-19；（2）3-8-18；（3）1-5-16；（4）6-13；（5）9-12；（6）10-11-17。

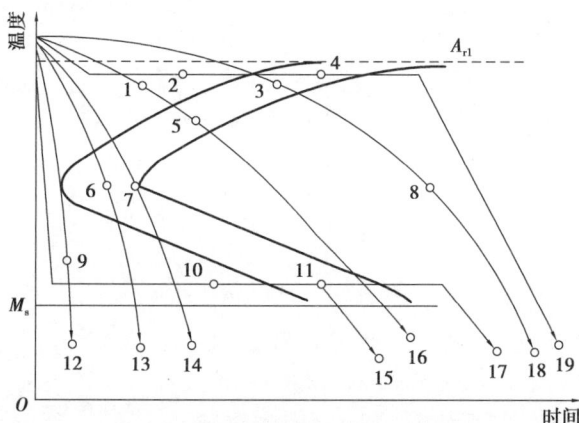

图 4.20　共析碳钢的 C 曲线和冷却曲线

11. 根据下列零件的性能要求及技术条件选择热处理工艺方法：

（1）用 45 钢制作的某机床主轴，其轴颈部分和轴承接触要求耐磨，52～56 HRC，硬化层深 1 mm。

（2）用 45 钢制作的直径为 18 mm 的传动轴，要求有良好的综合力学性能，22～25 HRC，回火索氏体组织。

（3）用 20CrMnTi 制作的汽车传动齿轮，要求表面高硬度、高耐磨性、58～63 HRC，硬化层深 0.8 mm。

（4）用 65Mn 制作的直径为 5 mm 的弹簧，要求高弹性，38～40 HRC，回火托氏体。

12. 表面热处理的目的是什么？分析比较钢件渗碳与渗氮（氮化）的工艺过程、适用钢种、热处理特点及其组织。

13. 中碳钢齿轮要求表面很硬，心部有足够韧性，应采用什么热处理方法？

14. 拟用 T12 钢制造锉刀，其加工路线如下：

锻造→热处理→机加工→热处理→柄部热处理

请说明各热处理工序的名称、目的及处理后的组织。

第 2 篇　常用工程材料

图5.1展示了一款减速器的分解图。从图中可以看到,该减速器由数十种零件组成,各个零件在工作时所起的作用不同,形状各异,受力状态也不相同,所使用的材料也有所不同。结构复杂的箱体采用铸铁材料;轴是主要的工作零件,承受较大的力,使用钢材制造;承受较大摩擦的轴承则使用合金钢生产;起密封作用的密封圈采用橡胶材料;而油标仅用于测量油面高度,使用的是工程塑料。可以看出,这些零件中使用的材料种类繁多。

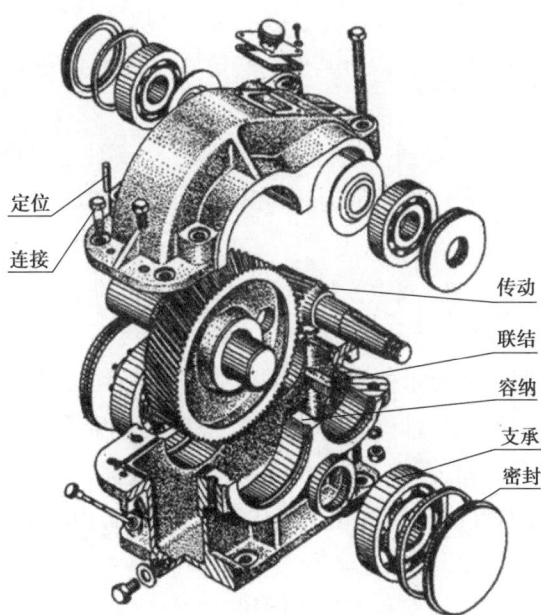

定位

连接

传动

联结

容纳

支承

密封

图 5.1 减速器分解图

总体而言,工程材料可分为金属材料和非金属材料两大类。金属材料主要包括黑色金属和有色金属。

黑色金属是指钢和铸铁的统称,其中钢是指含碳量为 0.021 8% ~ 2.11% 的所有铁碳合金。为了确保其韧性和塑性,钢的含碳量通常不超过 1.7%。除了 Fe 和 C,钢的主要成分还包括 Si、Mn、S、P 等杂质元素。根据化学成分、主要质量等级以及主要性能和使用特性,钢可以分为三大类:碳素钢、低合金钢以及合金钢。

除铁碳合金等黑色金属材料外,其他金属材料被称为有色金属材料。与钢铁相比,有色金属材料的产量较低,价格较高,但由于其具有许多优良特性,因此成为不可或缺的工程材料。

有色金属材料的种类繁多,工业中常用的主要包括铝及铝合金、铜及铜合金、硬质合金、钛合金和镁合金等。

5.1　钢的生产及分类

5.1.1　钢的生产

钢的生产过程很复杂,总的来说包括炼铁、炼钢和轧钢三个步骤。

1)炼铁

炼铁过程是将铁从其自然形态——矿石等含铁化合物中还原出来的过程。炼铁方法主要有高炉法、直接还原法、熔融还原法,现代工业最常采用的是高炉炼铁。高炉炼铁是指把铁矿石和焦炭等燃料及熔剂装入高炉中冶炼,其原理是将矿石在特定的气氛中(还原物质 CO、H_2、C;适宜温度等)通过物化反应获取还原后的生铁。生铁的组成以铁为主,含碳量 $2.5\% \sim 4.5\%$,并含有其他一些杂质元素。生铁按用途分为普通生铁和合金生铁。

高炉冶炼98%的产品是普通生铁,普通生铁除了少部分用于铸造外,绝大部分作为炼钢原料。合金生铁则主要用来作炼钢的辅助原料,如脱氧剂、合金添加剂等。

2)炼钢

炼钢是用生铁(炼钢生铁)或生铁加一部分废钢炼成的钢,其含碳量低于 2.1% ,且其杂质(主要指 S、P)含量降低到规定标准。

炼钢是根据所炼钢种的要求把生铁中的碳含量去除到规定范围,并使其他元素的含量减少或增加到规定范围的过程。简单地说,炼钢是对生铁降 C、脱 P、脱 S、脱 O,去除有害气体和非金属夹杂物,去 S、P,调 Si、Mn 含量的过程。这一过程基本上是一个氧化过程,是用不同来源的氧(如空气中的氧、纯氧气、铁矿石中的氧)来氧化铁水中的 C、Si、Mn 等元素。

炼钢方法主要有平炉炼钢、氧气转炉炼钢和电炉炼钢。其中平炉炼钢由于成本高,已经被基本淘汰;氧气转炉炼钢是现代炼钢最主要的方法之一;电炉炼钢法以交流电弧炉为主,是生产高质量合金钢的主要方法,其产量在全球钢铁生产中的比例在不断地增加。

3)轧钢

轧钢是钢铁工业生产的最终环节。轧钢是利用金属的塑性,使金属在两个旋转的轧辊中间受到压缩,产生塑性变形,从而得到一定尺寸和形状钢材的过程。根据轧钢工艺要求的温度不同,可将其分为热轧和冷轧。

5.1.2　钢的分类

钢的种类很多,按照钢的化学成分、品质、冶炼方法和用途等不同,可对钢进行多种分类。

1）按化学成分分

按钢材的化学成分可分为碳素钢和合金钢两大类。

①碳素钢按含碳量可分为低碳钢（含碳量不大于 0.25%）、中碳钢（含碳量为 0.25%~0.60%）和高碳钢（含碳量大于 0.6%）三类。

②合金钢按合金元素的含量又可分为低合金钢（合金元素总含量小于5%）、中合金钢（合金元素总含量为 5%~10%）和高合金钢（合金元素总含量大于 10%）三类。

合金钢按合金元素的种类可分为铬钢、锰钢、铬锰钢、铬镍钢、铬镍钼钢等。

2）按冶金质量分

按钢中所含有害杂质 S、P 的多少，可分为普通钢、优质钢和高级优质钢三类。

3）按冶炼时脱氧的程度分

按冶炼时脱氧程度，可将钢分为沸腾钢（脱氧不完全）、镇静钢（脱氧较完全）和半镇静钢三类。

4）按用途分

按钢的用途，可分为结构钢、工具钢、特殊性能钢三大类。

（1）结构钢

结构钢又分为工程构件用钢和机器零件用钢两部分。工程构件用钢包括建筑工程用钢、桥梁工程用钢、船舶工程用钢、车辆工程用钢。机器用钢包括调质钢、弹簧钢、滚动轴承钢、渗碳钢、渗氮钢、耐磨钢等。这类钢一般属于低、中碳钢和低、中合金钢。

（2）工具钢

工具钢分为刃具钢、量具钢、模具钢，主要用于制造各种刃具、模具和量具。这类钢一般属于高碳、高合金钢。

（3）特殊性能钢

特殊性能钢分为不锈、耐热钢等。这类钢主要用于各种特殊要求的场合，如化学工业用的不锈耐酸钢、核电站用的耐热钢等。

5）按金相组织分类

按钢退火态的金相组织可分为亚共析钢、共析钢、过共析钢三种。

按钢正火态的金相组织可分为珠光体钢、贝氏体钢、马氏体钢、奥氏体钢四种。

在给钢的产品命名时，往往将成分、质量和用途几种分类方法结合起来，如碳素结构钢、优质碳素结构钢、碳素工具钢、高级优质碳素工具钢、合金结构钢、合金工具钢、高速工具钢等。

5.1.3 钢的牌号表示方法

我国的钢材编号是采用国际化学元素符号和汉语拼音字母并用的原则，即钢号中的化学元素采用国际化学元素符号表示，如 Si、Mn、Cr、W 等。其中只有稀土元素，由于含量不多，种类不少，用"Re"表示其总含量。而产品名称、用途和浇铸方法等则采用汉语拼音字母表示。

5.1.4　杂质元素对钢的影响

钢在冶炼过程中,由于受所用原料以及冶炼工艺方法等因素影响,不可避免地存在一些并非有意加入或保留的元素,如 Si、Mn、S、P、非金属夹杂物,以及某些气体,如 N、H、O 等,一般将它们作为杂质看待,这些杂质元素的存在将对钢的质量和性能产生影响。

1) Mn 的影响

Mn 在碳素钢中的质量分数一般小于 0.8%。Mn 能溶于铁素体,使铁素体强化,也能形成合金渗碳体,提高硬度。Mn 还能增加并细化珠光体,从而提高钢的强度和硬度。Mn 还可与 S 形成 MnS,以消除 S 的有害作用,因此 Mn 在钢中是有益元素。

2) Si 的影响

Si 在碳素钢中的质量分数一般小于 0.37%。Si 能溶于铁素体使之强化,从而使钢的强度、硬度、弹性都得到提高,特别是有 Si 存在时,钢的屈强比提高,因此 Si 在钢中也是有益元素。

3) S 的影响

S 是冶炼时由矿石和燃料中带入的有害杂质,炼钢时难以除尽。S 在固态铁中的溶解度很小,以 FeS 化合物形式存在于钢中。由于 FeS 塑性差,同时 FeS 与 Fe 形成低熔点(985 ℃)的共晶体,分布在奥氏体的晶界上。当钢加热到 1 200 ℃以上进行锻压加工时,奥氏体晶界上低熔点共晶体早已熔化,晶粒间的结合受到破坏,使钢在压力加工时沿晶界开裂,这种现象称为"热脆"。为了消除 S 的影响,可提高钢中 Mn 的含量,Mn 与 S 优先形成高熔点(1 620 ℃)的 MnS,其在高温时具有塑性,可避免钢的热脆性。

在易切削钢中,S 与 Mn 形成的 MnS 易于断屑,方便切削。因此,它又作为有利的合金元素存在于易切削钢中。

4) P 的影响

P 也是在冶炼时由矿石带入的有害杂质,炼钢时很难除尽。一般情况下,P 能溶入铁素体中,使铁素体的强度、硬度升高,但塑性、韧性显著下降。另外,P 在结晶过程中偏析倾向严重,使局部含 P 量偏高,导致韧脆转变温度升高,从而发生"冷脆"。"冷脆"对高寒地带和其他低温条件下工作的结构件具有严重的危害性。但是 P 可提高钢的脆性,因此在易切削钢中可适当提高其含量,利于断屑。

S、P 是钢中常见的有害杂质。因此,常以钢中 S、P 的含量来评定冶金质量的高低。按 S、P 的含量,钢可分为以下几类:

①普通质量钢:$\omega_S \leq 0.055\%$,$\omega_P \leq 0.045\%$。

②优质钢:$\omega_S \leq 0.045\%$、$\omega_P \leq 0.040\%$。

③高级优质钢:$\omega_S \leq 0.030\%$,$\omega_P \leq 0.035\%$。

5）非金属夹杂物的影响

在炼钢过程中,少量炉渣、耐火材料及冶金反应产物可能进入钢液中,形成非金属夹杂物。例如氧化物、硫化物、氮化物、硼化物、硅酸盐等。它们都会降低钢的质量和性能,特别是力学性能中的塑性、韧性及疲劳强度。严重时,还会使钢在热加工与热处理时产生裂纹,或在使用时突然脆断。非金属夹杂物也促使钢形成热加工纤维组织与带状组织,使材料具有各向异性。严重时,横向塑性仅为纵向的一半,并使冲击韧度大为降低。因此,对于重要用途的钢,特别是要求疲劳性能的滚动轴承钢、弹簧钢等,要检查非金属夹杂物的数量、形状、大小与分布情况,并按相应的等级标准进行评级检验。

6）气体的影响

钢在冶炼过程中要与空气接触,因而钢液中总会吸收一些气体,如 N、O、H 等。它们对钢的质量和性能都会产生不良影响,特别是影响力学性能中的韧性和疲劳性能。尤其是 H 对钢的危害性更大,它使钢变脆,称为氢脆,也可使钢中产生微裂纹,称为白点,严重影响钢的力学性能,使钢易于脆断。N 和 O 含量高时易形成微气孔和非金属夹杂物,和 H 一样会影响钢的韧性和疲劳性能,使钢易于发生疲劳断裂。

5.2　碳素钢

碳素钢主要分为碳素结构钢、优质碳素结构钢、碳素工具钢、易切削结构钢和工程用铸造碳钢共五类。

5.2.1　碳素结构钢

碳素结构钢是专门用于建筑及工程的碳素结构钢,其碳含量一般为 0.06% ~ 0.38%,对化学成分的要求相对不严格。该钢材的 P 和 S 含量较高($\omega_P \leqslant 0.045\%$,$\omega_S \leqslant 0.055\%$),但必须确保其力学性能。这类钢的冶炼工艺简单,价格低廉,焊接性和冷变形成型性优良,广泛应用于制造一般工程结构及普通机械零件。碳素结构钢通常以各种规格轧制成型材(如圆钢、方钢、工字钢、钢筋等),不经过热处理,直接在热轧状态下使用。碳素结构钢的牌号和化学成分可参照国家标准,具体见表 5.1。

(1)碳素结构钢的牌号及其表示方法

碳素结构钢的牌号由四个部分组成:屈服点的字母 Q;屈服点数值(单位为 MPa);质量等级符号 A、B、C、D;脱氧程度符号 F、B、Z、TZ。碳素结构钢的质量等级是根据钢中 S、P 含量的多少进行划分的,质量等级依次提高的顺序为 A、B、C、D。当钢材为镇静钢或特殊镇静钢时,符号"Z"和"TZ"可以省略。例如,Q235AF 表示屈服点 R_e = 235 MPa、质量为 A 级沸腾碳素结构钢。

根据标准规定,我国的碳素结构钢分为四个牌号,即 Q195、Q215、Q235 和 Q275。

(2)碳素结构钢各类牌号的特性与用途

在建筑工程中,常用的碳素结构钢牌号为 Q235。Q235 既具有较高的强度,又具备良好的塑性和韧性,同时焊接性也较好,能够较好地满足一般钢结构和钢筋混凝土结构的用钢要求。虽然 Q195 和 Q215 号钢的塑性很好,但其强度较低;而 Q275 号钢的强度很高,但塑性较差,焊接性也不佳,因此均不适用。

表 5.1　碳素结构钢的牌号及化学成分

牌号	等级	厚度（或直径）/mm	脱氧方法	化学成分（质量分数,不大于）/%					R_m/MPa	主要用途
				C	Si	Mn	P	S		
Q195	—	—	F、Z	0.12	0.30	0.50	0.035	0.040	315 ~ 390	用于制作铁丝、钉子、铆钉、垫块、钢管、屋面板及轻负荷的冲压件
Q215	A	—	F、Z	0.15	0.35	1.20	0.045	0.050	335 ~ 410	
	B							0.045		
Q235	A		F、Z	0.22	0.35	1.40	0.045	0.050	375 ~ 460	应用广泛,用于制作薄板、中板、钢筋、各种型材、一般工程构件、受力不大的机器零件,如小轴、拉杆、螺栓、连杆等
	B			0.20				0.045		
	C		Z	0.17			0.040	0.040		
	D		TZ				0.035	0.035		
Q275	A	—	F、Z	0.24	0.35	1.50	0.045	0.050	490 ~ 610	可用于制作承受中等载荷的普通零件,如链轮、拉杆、心轴、键、齿轮、传动轴等
	B	≤40	Z	0.21			0.045	0.045		
		>40		0.22						
	C	—	Z	0.20			0.040	0.040		
	D		TZ				0.035	0.035		

注:经需方同意,Q235B 的碳含量可不大于 0.22%。

　　Q235 号钢冶炼方便,成本较低,在建筑中应用广泛。其塑性好,在结构中能保证在超载、冲击、焊接、温度应力等不利条件下的安全,并适于各种加工,大量被用作轧制各种型钢、钢板及钢筋。其力学性能稳定,对轧制、加热、急剧冷却时的敏感性较小。其中 Q235-A 级钢,一般仅适用于承受静荷载作用的结构,Q235-C 和 D 级钢可用于重要焊接的结构。另外,Q235-D 级钢含有足够的形成细晶粒结构的元素,对 S、P 有害元素控制严格,故其冲击韧性很好,具有较强的抗冲击、振动荷载的能力,尤其适宜在较低温度下使用。

　　Q195 和 Q215 号钢常用作生产一般使用的钢钉、铆钉、螺栓及铁丝等。

　　Q255 及 Q275 号钢多用于生产机械零件和工具等。

5.2.2　优质碳素结构钢

　　优质碳素结构钢属优质钢,不仅要保证化学成分也要保证机械性能。其碳含量 $\omega_C =$ 0.05% ~ 0.90%,同时要求杂质(S、P)含量较低。优质碳素结构钢用于制造重要机械零件的钢,一般要经热处理后使用。

1)优质碳素结构钢的牌号

优质碳素结构钢的牌号用两位数字表示,代表钢中碳的平均万分含量(平均碳含量的万分之几)。少数沸腾钢在数字后加"F",其中 Mn 含量不超过 0.8% 的为较低含锰量钢,0.8%~1.2% 的为较高含锰量钢,并在数字后面加"Mn"。如 40Mn 表示钢中平均碳含量为 0.40% ,65Mn 表示平均碳含量为 0.65% ,Mn 含量为 0.7%~1.00%。

2)优质碳素结构钢各类牌号的特性与用途

优质碳素结构钢的牌号及化学成分参考国家标准,具体见表5.2。

表5.2　优质碳素结构钢的牌号、化学成分、力学性能及应用

牌号	化学成分			力学性能						用途
	C	Si	Mn	R_m /MPa	R_e /MPa	A_5 /%	Z /%	HBW		
								热轧态	退火态	
				≥				≤		
08	0.05~0.11	0.17~0.37	0.35~0.65	325	195	33	60	131	—	用于制造受力不大的焊接件、冲压件、锻件和心部强度要求不高的渗碳件,如角片、支臂、帽盖、垫圈、锁片、销钉、小轴等。退火后可作电磁铁或电磁吸盘等磁性零件
10	0.07~0.13	0.17~0.37	0.35~0.65	335	205	31	55	137	—	
20	0.17~0.24	0.17~0.37	0.35~0.65	410	245	25	55	156	—	主要用作低负荷、形状简单的渗碳、碳氮共渗零件,如小轴、小模数齿轮、仿形样板、套筒、摩擦片等
30	0.27~0.35	0.17~0.37	0.50~0.80	490	295	21	50	179	—	用作截面较小、受力较大的机械零件,如螺钉、丝杆、转轴、曲轴、齿轮等。30 钢也适于制作冷顶锻零件和焊接件,但 35 钢一般不作焊接件
35	0.32~0.39	0.17~0.37	0.50~0.80	530	315	20	45	197	—	
45	0.42~0.50	0.17~0.37	0.50~0.80	600	355	16	40	229	197	用于制作承受负荷较大的小截面调质件和应力较小的大型正火零件以及对心部强度要求不高的表面淬火件,如曲轴、传动轴、连杆、链轮、齿轮、齿条、蜗杆、辊子等

续表

牌号	化学成分			力学性能						用途
	C	Si	Mn	R_m /MPa	R_e /MPa	A_5 /%	Z /%	HBW		
								热轧态	退火态	
				≥				≤		
55	0.52 ~ 0.60	0.17 ~ 0.37	0.50 ~ 0.80	645	380	13	35	255	217	用作要求较高强度和耐磨性或弹性、动载荷及冲击载荷不大的零件,如齿轮、连杆、轧辊、机床主轴、曲轴、犁板、轮圈、弹簧等
65	0.62 ~ 0.70	0.17 ~ 0.37	0.50 ~ 0.80	695	410	10	30	255	229	用作要求较高强度和耐磨性或弹性、动载荷及冲击载荷不大的零件,如齿轮、连杆、轧辊、机床主轴、曲轴、犁铧、轮圈、弹簧等
65Mn	0.62 ~ 0.70	0.17 ~ 0.37	0.90 ~ 1.20	735	430	9	30	285	229	

优质碳素结构钢的用途根据化学成分和性能不同而异。低碳碳素结构钢($\omega_C \leqslant 0.25\%$),因塑性、韧性及焊接性能优良,主要用于轧制薄板、钢带、型钢及拉丝等。08F多用于制造各种冲压件,如搪瓷制品、汽车外壳零件、仪器和仪表外壳等。10 ~ 25钢常用于冲压件、焊接件、强度要求不高的零件及渗碳件,如机器外罩、焊接容器、小轴、销、法兰盘、螺钉、螺母、垫圈及渗碳凸轮、齿轮等。15Mn、20Mn是常用的渗碳钢,可用于制造对心部强度要求不高的渗碳零件,如机械、汽车、拖拉机齿轮、凸轮、活塞销等。

中碳碳素结构钢($\omega_C = 0.25\% \sim 0.60\%$)与低碳碳素结构钢相比,强度较高而塑性、韧性稍低,多轧制成型钢,用于制造轴类零件,经调质处理后使用,因此也称质钢。30 ~ 55钢调质后可得良好综合力学性能,主要用于受力较大的机械零件,如曲轴、连杆、齿轮、机床主轴等。其中,45钢是应用十分广泛的中碳碳素结构钢。

高碳碳素结构钢($\omega_C > 0.60\%$)具有较高的强度、硬度、弹性和耐磨性,主要用于制造各种弹簧、高强度钢丝、机车轮缘、低速车轮及其他耐磨件等。65Mn、70Mn钢也属于特殊质量碳素钢(弹簧钢),其用途与对应钢号的普通含锰量钢基本相同,但淬透性和强度稍高,可制作截面稍大或强度稍高的零件。为适应某些专业的特殊需要,对优质碳素结构钢的成分和工艺作一些调整,使其性能能够适应专业需要,可派生出锅炉与压力容器、船舶、桥梁、汽车、农机、纺织机械、焊条等一系列专业用钢,国家已制定了标准。

5.2.3 碳素工具钢

碳素工具钢 $\omega_C = 0.65\% \sim 1.35\%$,用于制造工具的碳素钢。性能特点是:高的硬度与耐磨性；切削工艺性好；淬透性低，易变形；价格便宜。生产成本较低，加工性能良好，可用于制造低速、手动刀具及常温下使用的工具、模具、量具等。各种牌号的碳素工具钢淬火后的硬度相差不大，但随含碳量的增加，未溶的二次渗碳体增多，钢的耐磨性提高，韧性降低。所以，不同牌号的工具钢适用于不同用途的工具。它的预备热处理为球化退火，最终热处理为淬火、低温回火。

碳素工具钢的牌号是 T("碳"拼音字首)+数字(表示钢的平均含碳量为千分之几)。如 T10 表示平均 $\omega_C = 1.00\%$ 的碳素工具钢。钢中 S、P 含量较少，该类钢均是优质的或高级优质的(后面加"A"符号)，含 Mn 量较高者，在钢号后标以"锰"或"Mn"，如 T8Mn。常用碳素工具钢见表 5.3。

表 5.3 碳素工具钢的牌号、成分、硬度和用途

牌号	化学成分(ω_{Me},%)			硬度			用途
	C	Mn	Si	退火状态	试样淬火		
				HBW 不大于	淬火温度/℃ 和淬火介质	HRC	
T7	0.65~0.74	≤0.40	≤0.35	187	800~820、水	62	用于承受振动、冲击、硬度适中且有较好韧性的工具，如凿子、冲头、木工工具、大锤等
T8	0.75~0.84	≤0.40	≤0.35	187	780~800、水	62	有较高硬度和耐磨性的工具，如冲头、木工工具、剪切金属用剪刀等
T8Mn	0.80~0.90	0.40~0.60	≤0.35	187	780~800、水	62	与T8钢相似，但淬透性高，可制造截面较大的工具
T9	0.85~0.94	≤0.40	≤0.35	192	760~780、水	62	一定硬度和韧性的工具，如冲头、冲模、凿子等
T10	0.95~1.04	≤0.40	≤0.35	197	760~780、水	62	耐磨性要求较高，不受剧烈振动，具有一定韧性及锋利刃口的各种工具，如刨刀、车刀、钻头、丝锥、手用锯条、拉丝模、冷冲模等
T11	1.05~1.14	≤0.40	≤0.35	207	760~780、水	62	
T12	1.15~1.24	≤0.40	≤0.35	207	760~780、水	62	不受冲击、高硬度的各种工具，如丝锥、镗刀、刮刀、绞刀、板牙、量具等
T13	1.25~1.35	≤0.40	≤0.35	217	760~780、水	62	不受震动、要求极高硬度的各种工具，如剃刀、刮刀、刻字刀具等

5.2.4 易切削结构钢

在钢中加入一种或多种元素,利用这些元素本身或与其他元素形成的夹杂物来改善钢材的切削加工性能,这种钢被称为易切削钢。由于添加了易切削元素,钢的切削抗力得以降低,同时这些易切削元素及其所形成的化合物能够起到润滑切削刀具的作用,促进断屑,减轻磨损,从而降低工件的表面粗糙度,提高刀具的使用寿命和生产效率。这类钢材可以在较高的切削速度和较大的切削深度下进行加工。

易切削钢的牌号通常是在同类结构钢牌号前加上"Y"字母,以区别于其他结构用钢。例如,Y15Pb 的成分为 $\omega_C = 0.05\% \sim 0.10\%$,$\omega_S = 0.23\% \sim 0.33\%$,$\omega_{Pb} = 0.15\% \sim 0.35\%$。Y12 和 Y15 是硫磷复合低碳易切削钢,主要用于制造螺栓、螺母、管接头等不重要的标准件;Y45Ca 则适用于高速切削加工,其生产效率比 45 钢提高了 1 倍以上,主要用于制造重要零件,如机床的齿轮轴、花键轴等热处理零件。

5.2.5 工程用铸造碳钢

铸造碳钢是用以浇注铸件的碳钢,是铸造合金的一种,适用于制造重型机械、矿山机械、冶金机械、机车车辆的受力不大,要求韧性高的各种机械零件。铸造碳钢的铸造性能比铸铁差,主要体现在流动性差、凝固时收缩率大、易产生偏析等。

工程用铸造碳钢的牌号用以下方式表示:ZG("铸钢"汉语拼音字首)+三位数字(表示屈服点)+三位数字(表示抗拉强度)。若钢号末尾标有字母 H(焊),表示该钢是焊接结构用碳素铸钢。

国家标准将铸造碳钢按照室温下的机械性能分为五个牌号,即 ZG200-400、ZG230-450、ZG270-500、ZG310-570 和 ZG340-640。ZG220-400 表示屈服点为 200 MPa,抗拉强度为 400 MPa 的工程用铸钢。

5.3 合金钢

5.3.1 合金元素的作用

为改善碳素钢的性能,有意加入一些合金元素而得到的多元合金就是合金钢。合金元素在钢中可以两种形式存在:一种是溶解于碳钢原有的相中,形成合金铁素体或合金碳化物;另一种是形成某些碳钢中所没有的新相,形成特殊碳化物。按与碳亲和力的大小,可将合金元素分为碳化物形成元素与非碳化物形成元素两大类。常用的合金元素有以下几种:

①非碳化物形成元素,如 Ni、Co、Cu、Si、Al、N、B。

②碳化物形成元素,如 Mn、Cr、Mo、W、V、Ti、Nb、Zr。

钢的性能取决于钢的相组成、相的成分和结构、各种相在钢中所占的体积组分和彼此相对的分布状态。合金元素通过影响上述因素而起作用,形成碳素钢所不具备的优异性能。

1)对钢的力学性能的影响

强度是金属材料最重要的力学性能指标之一,使金属材料的强度提高的过程称为强化。强化是研制结构材料的主要目的。合金钢的强化一般有以下几种方式:

(1)固溶强化

固溶强化是指合金元素溶于铁素体或奥氏体中,由于与铁的晶格类型和原子半径不同而造成晶格畸变,产生强化的现象。固溶强化的强弱与溶质的浓度有关,在达到极限溶解度之前,溶质浓度越大,强化效果越好。但是,固溶强化是以牺牲材料的塑性和韧性为代价的,故固溶强化效果越好,塑性和韧性下降越多。常见的合金元素因固溶强化对铁素体力学性能的影响如图 5.2 所示。

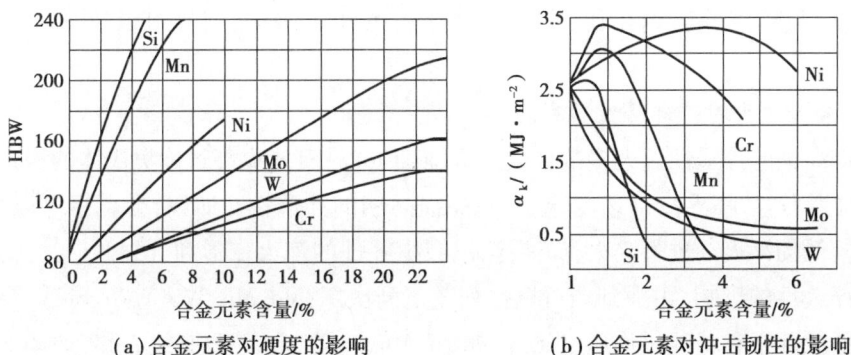

(a)合金元素对硬度的影响　　(b)合金元素对冲击韧性的影响

图 5.2　合金元素对铁素体力学性能的影响

(2)细晶强化

由强碳化物形成元素生成的各种合金碳化物(如 WC、VC、TiC 等),它们的熔点高、硬度高,加热时很难溶于奥氏体中。其晶界可以有效地阻止位错通过,因此可以使金属强化,这种强化作用即为细晶强化。晶粒越细,单位体积内的晶界面积越大,则强化效应越显著。超细晶粒时,纯铁或软钢的屈服强度可以达到 400~600 MPa,接近于中强钢的屈服强度。晶粒细化还可以改善钢的韧性,这是其他强化方式难以达到的,是目前正在大力发展的重要强化手段。

(3)弥散强化

合金元素加入金属中,在一定条件下会析出第二相粒子。这些第二相粒子可以有效地阻止位错运动即产生了弥散强化。必须指出,只有当粒子直径很小时,第二相粒子才能起到明显的强化作用,如果粒子直径太大,强化效应将微不足道。因此,第二相粒子应该细小而分散,即要求具有高的弥散度。粒子越细小,弥散度越高,则强化效果越好。

2)对热处理的影响

合金钢一般都是经过热处理后使用的。合金元素对钢热处理的影响主要表现在对加热、冷却和回火过程中的相变等方面。

（1）合金元素对加热转变的影响

钢在加热时，奥氏体化过程包括晶核的形成和长大、碳化物的分解和溶解，以及奥氏体成分的均匀化等过程。整个过程的进行，与 C、合金元素的扩散以及碳化物的稳定程度有关。合金元素对奥氏体化过程的影响主要体现在以下两个方面：

①减缓钢的奥氏体化过程。大多数合金元素（除 Ni、Co 以外）都减缓钢的奥氏体化过程。含有碳化物形成元素的钢，由于碳化物不易分解，奥氏体化过程大大减缓。因此，合金钢在热处理时，要相应地提高加热温度或延长保温时间，才能保证奥氏体化过程充分进行。

②细化晶粒。几乎所有的合金元素（除 Mn 外）都能阻止奥氏体晶粒的长大，细化晶粒。尤其是碳化物形成元素 Ti、V、Mo、W、Nb、Zr 等，易形成比铁的碳化物更稳定的碳化物，如 TiC、VC、MoC 等。这些碳化物在加热时很难溶解，能强烈地阻碍奥氏体晶粒长大。所以，与相应的碳钢相比，在同样加热的条件下，合金钢的组织较细，力学性能更高。

（2）合金元素对冷却转变的影响

①提高钢的淬透性。大多数合金元素（除 Co 以外）能提高过冷奥氏体的稳定性，使 C 曲线位置右移，临界冷却速度减小，从而提高钢的淬透性。所以，合金钢可以采用冷却能力较低的淬火剂进行淬火，如油淬，以减少零件的淬火变形和开裂倾向。合金元素对钢的淬透性的影响，由强到弱可以排列成下列次序：Mo、Mn、W、Cr、Ni、Si、V。对于非碳化物形成元素和弱碳化物形成元素，如 Ni、Mn、Si 等，会使 C 曲线右移，如图 5.3（a）所示；而对于中强和强碳化物形成元素，如 Cr、W、Mo、V 等，溶于奥氏体后，不仅使 C 曲线右移，提高钢的淬透性，而且能改变 C 曲线的形状，把珠光体转变与贝氏体转变明显地分为两个独立的区域，如图 5.3（b）所示。

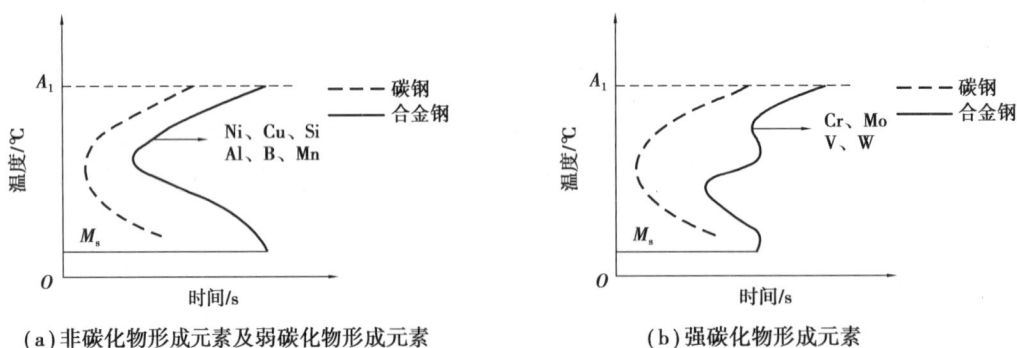

（a）非碳化物形成元素及弱碳化物形成元素　　（b）强碳化物形成元素

图 5.3　合金元素对 C 曲线的影响

②增加钢中残余奥氏体的含量。除 Co、Al 外，多数合金元素溶入奥氏体后，会使马氏体转变温度 M_s 和 M_f 点下降，钢的 M_s 点越低，M_s 点至室温的温度间隔就越小，在相同冷却条件下转变成马氏体的量越少。因此，凡是降低 M_s 点的元素都会使淬火后钢中残余奥氏体的含量增加。而钢中残余奥氏体量的多少对钢的硬度、尺寸稳定性、淬火变形等均有较大影响。

（3）合金元素对淬火钢回火转变的影响

①提高淬火钢回火稳定性。淬火钢在回火过程中抵抗硬度下降的能力称为回火稳定性。由于合金元素会阻碍马氏体分解和碳化物聚集长大过程，使钢回火时的硬度降低过程变缓，从而提高钢的回火稳定性。如要求得到同样的回火硬度时，则合金钢的回火温度就比同样含碳量的碳钢要高，回火的时间也长，内应力消除得彻底，钢的塑性和韧性就高。所以，当回火温度相同时，合金钢的强度、硬度就比相应碳钢的高。这种特性使钢在较高的温度下仍能保持高的硬度和耐磨性。

这种钢在高温（550 ℃）下保持高硬度（60 HRC）的能力称为热硬性。热硬性对工具钢具有重要意义。

②二次硬化作用。一些碳化物形成元素如 Cr、W、Mo、V 等，在回火过程中具有二次硬化作用。例如，高速钢在 560 ℃回火时，会析出新的更细的特殊碳化物，发挥第二相的弥散强化作用，使钢的硬度进一步提高。这种二次硬化现象在合金工具钢中是很有价值的。

③产生高温回火脆性。含 Cr、Ni、Mn、Si 等元素的合金结构钢，在 450～600 ℃范围内长时间保温或回火后缓冷均出现高温回火脆性。这是因为合金元素促进了 Sb、Sn、P 等杂质元素在原奥氏体晶界上的偏聚和析出，削弱了晶界之间的联系，降低了晶界强度而造成的。因此，对于这类钢应该在回火后采用快冷工艺，以防止高温回火脆性的产生。

3）产生特殊性能

合金元素使合金钢具有某些特殊性能，如耐蚀、耐热、耐磨等。例如，Cr 的添加可以形成一层钝化膜，保护钢材不受环境腐蚀的影响，因此不锈钢中添加了较高比例的 Cr 来提高其抗腐蚀性。Ni 和 Cr 等元素还能提高钢的耐热性和抗氧化性。

5.3.2　合金钢的分类和牌号

1）合金钢的分类

①按合金元素的含量分类。通常按合金元素含量分为低合金钢（$\omega_{Me} < 5\%$）、中合金钢（$\omega_{Me} = 5\% \sim 10\%$）、高合金钢（$\omega_{Me} > 10\%$）。

②按质量、特性和主要用途分类。按质量分为优质合金钢、特质合金钢；按特性和用途又分为合金结构钢、合金工具钢和特殊性能钢等。合金工具钢有刃具钢、模具钢、量具钢和高速工具钢。特殊性能钢有不锈钢、耐热钢、耐磨钢等。

③结构钢分为工程结构钢和机械结构钢。工程结构钢主要是指用作建筑、铁路、桥梁、容器等工程构件用钢，这种钢制构件大多不再进行热处理；机械结构用合金钢主要用于制造各种机械零件，其质量等级都属于特级质量等级，需经热处理后才能使用，按用途、热处理特点可分为渗碳钢、调质钢、弹簧钢、滚动轴承钢、超高强度钢等。

2）合金钢的牌号

（1）合金结构钢的牌号

一般合金结构钢用两位数字（平均含碳量为万分之几）+合金元素符号+数字（合金

元素量为百分之几），$\omega_{Me} \leqslant 1.5\%$，可不标，如 60Si2Mn；滚动轴承钢的编号是 G（"滚"字的汉语拼音首字母）+Cr+数字（Cr 含量为千分之几）+合金元素符号+数字，如 GCr15、GCr15SiMn。

（2）合金工具钢的牌号

合金工具钢与合金结构钢的牌号的区别仅在含碳量的表示方法，当合金工具钢的碳含量小于 1% 时，编号为：一位数字（碳含量为千分之几）+合金元素符号+数字（合金元素量为百分之几），如 9Mn2V；当合金钢的含碳量大于 1% 时，编号为：合金元素符号+数字，如 CrWMn；高速钢牌号中不标含碳量，如 W18Cr4V。

（3）特殊性能钢的牌号

特殊性能钢的牌号编制与合金工具钢的碳含量小于 1% 的基本相同，只是当 $\omega_C \leqslant 0.08\%$ 和 $\omega_C \leqslant 0.03\%$ 时，在牌号前面分别冠以"0"及"00"，如 0Cr19Ni9，00Cr30Mo2 等。

5.3.3　合金结构钢

合金结构钢应用于制造机器零件，如工程机械、汽车、拖拉机、机床、电站设备等的轴类件、齿轮、连杆、弹簧、紧固件等；它也是制造各种金属结构件，如桥梁、船体、房体结构、高压容器等的重要材料，是合金钢中用途最广、用量最大的钢种之一。

按钢的具体用途和热处理方法进行分类，合金结构钢分为低合金高强度结构钢、渗碳钢、调质钢、合金弹簧钢和滚动轴承钢等。

1）低合金高强度结构钢

低合金高强度结构钢是在普通低碳钢（一般含碳量小于 0.2%）的基础上，加入少量合金元素（总量不超过 3%）得到的。这类钢比普通低碳钢的强度要高 10%～20% 以上。其冶炼工艺比较简单，转炉、平炉、电炉都能生产，生产成本与碳钢相近，轧制和热处理也较简单。低合金高强度结构钢广泛应用于建筑、机械、铁道、桥梁、造船、锅炉、高压容器、输油输气管道等工业部门。

（1）性能要求

按照这类钢的用途，它应具有以下性能：

①高强度、足够的塑性及韧性。这类钢在热轧或正火状态下要求具有高的强度，屈服强度一般必须在 300 MPa 以上，以保证减轻结构自重、节约钢材、降低费用；要求有较好的塑性和韧性，目的是避免发生脆断，同时使冷弯、焊接等工艺较易进行；一般希望延伸率 A 为 15%～20%，室温冲击韧性大于 60～80 J/cm^2。

②良好的焊接性能。这类钢多用于钢结构，钢结构一般都是焊接件，要求有良好的焊接性能。

③良好的耐蚀性。许多结构件在潮湿大气或海洋气候条件下工作，而且用低合金钢制造的构件其厚度比碳钢构件小，就要求有更好的抗大气、海水或土壤腐蚀的能力。

④低的韧脆转变温度。许多钢结构要在低温下工作，为了避免发生低温脆断，低合金高强度结构钢应具有较低的韧脆转变温度，以保证构件在工作中处于韧性状态。

（2）成分特点

低合金高强度结构钢的成分应具有以下特点,满足性能要求:

①低碳。主要是为了获得较好的韧性、焊接性能和冷成型能力。这类钢的 $\omega_C <$ 0.20%。

②含 Mn,是主要强化元素。低合金高强度结构钢的组织是铁素体和珠光体,加入 Mn,可使铁素体+珠光体组织转变温度大大下降,从而细化铁素体晶粒,并使珠光体变得更细,同时提高强度和韧性。同时,Mn 还有固溶强化作用,资源在我国也比较丰富。所以,Mn 是我国低合金高强度结构钢的主要合金元素。

③加入 Nb 和 V 等强碳化物形成元素。Nb、V 等在钢中可生成碳化物或碳氮化物,在钢热轧时能阻止奥氏体晶粒的长大,保证获得细小铁素体晶粒;另外,它们呈弥散分布,起第二相强化作用,进一步提高钢的强度和硬度。

④根据要求加入某些特定元素以使钢具有某种特殊性能。例如,加入 Cu 或 P 可提高钢在大气中的耐蚀性,Cu、P 同时加入的效果更好。钢中如果再加入 Cr、Ni、Ti 和稀土元素时,耐蚀性还可进一步提高。稀土元素能脱 S 去气,消除部分有害杂质,使钢材净化,改善韧性和工艺性能;它还可改变夹杂物的分布形态,使钢材在纵横方向上的性能趋于一致。

（3）常用钢种

表5.4 给出了我国生产的几种常用低合金高强度结构钢的牌号、成分、性能和用途。其中的 Q345 和 Q420 分别对应旧牌号 16Mn、15MnVN。

表5.4　常用低合金高强度结构钢的牌号、成分、性能和用途

牌号	质量等级	主要化学成分(≤)/%						力学性能			应用举例
		C	Si	Mn	Nb	V	其他	R_m/MPa	A_5/% (≥)	K_v/J (≥)	
Q345	A	0.20	0.50	1.70	0.07	0.15	Ti0.20 Cr 0.30 Ni0.50	450~630	17~21	34 (12~ 150 mm) 27 (150~ 250 mm)	桥梁、车辆、船舶、压力容器、建筑结构
	B										
	C										
	D	0.18									
	E										
Q390	A	0.20	0.50	1.70	0.07	0.20	Ti0.20 Cr0.30 Ni0.50	470~650	18~20	34	桥梁、船舶、起重设备、压力容器
	B										
	C										
	D										
	E										

续表

| 牌号 | 质量等级 | 主要化学成分(≤)/% | | | | | | 力学性能 | | | 应用举例 |
		C	Si	Mn	Nb	V	其他	R_m/MPa	A_5/%（≥）	K_v/J（≥）	
Q420	A	0.20	0.50	1.70	0.07	0.20	Ti0.20 Cr0.30 Ni0.80	500~680	18~19	34	大型桥梁、高压容器、大型船舶、电站设备、管道
	B										
	C										
	D										
	E										
Q460	C	0.20	0.60	1.80	0.11	0.20	Ti0.20 Cr0.30 Ni0.80	530~720	16~17	34	中温高压容器（<120 ℃）、锅炉、化工、石油高压厚壁容器（<100 ℃）
	D										
	E										

（4）热处理

低合金高强度结构钢一般在热轧空冷状态下使用,其组织为铁素体和珠光体。

2）渗碳钢

渗碳钢通常是指经渗碳、淬火、低温回火后使用的钢,根据化学成分特点,又分为碳素渗碳钢和合金渗碳钢。碳素渗碳钢的 ω_C 为 0.10% ~ 0.20%,由于渗透性低,只适用于较小的渗碳件。

（1）渗碳钢的性能要求

渗碳钢常用于受冲击和磨损条件下工作的一些机械零件,如汽车、拖拉机上的变速齿轮、内燃机上的凸轮、活塞销等。这些部件在工作中常受到交变弯曲应力和接触疲劳应力的作用,有时还会承受一定的冲击力,因此对材料的要求较高。零件表面要求硬、耐磨,而零件心部则要求有较高的韧性和强度以承受一定的冲击载荷,也就是要求具有"表硬里韧"的特点。

（2）渗碳钢的成分特点

为了满足"表硬里韧"的性能要求,渗碳钢一般都采用低碳钢,含碳量为 0.1% ~ 0.25%,经过渗碳后,零件的表面变为高碳,而心部仍保持原来低碳,再通过淬火+低温回火后使用。零件表面组织为回火马氏体+碳化物+少量残余奥氏体,硬度达 58 ~ 62 HRC,满足耐磨的要求,而心部的组织是低碳马氏体,保持较高的韧性,满足承受冲击载荷的要求。对于大尺寸的零件,由于淬透性不足,零件的心部淬不透,仍保持原来的珠光体+铁素体组织;由于是低碳,组织中铁素体所占比例很大,因而钢的韧性较高,能满足"表硬里韧"的要求。按照淬透性的大小,通常将渗碳钢分为以下三类:

①低淬透性渗碳钢。典型钢种为 20Cr,这类钢水淬临界直径小于 25 mm,渗碳淬火

后,心部强韧性较低,只适于制造承受冲击载荷较小的耐磨零件,如活塞销、凸轮、滑块、小齿轮等。

②中淬透性渗碳钢。典型钢种为 20CrMnTi,这类钢油淬临界直径为 25～60 mm,是应用最广泛的合金渗碳钢之一,主要用于制造承受中等载荷,要求足够冲击韧性和耐磨性的汽车、拖拉机齿轮等零件。为了节约 Cr,常用 20Mn2B 或 20SiMnVB 等来代替20CrMnTi。

③高淬透性渗碳钢。典型钢种为 12Cr2Ni4A,这类钢的油淬临界直径大于 100 mm,主要用于制造大截面、高载荷的重要耐磨件,如飞机、坦克中的曲轴、大模数齿轮等。常用渗碳钢见表 5.5。

表 5.5　常用渗碳钢的牌号、热处理、性能及用途

牌号	热处理/℃		力学性能(≥)					应用举例
	淬火	回火	R_m/MPa	R_e/MPa	A_5/%	Z/%	α_k/(MJ·m^{-2})	
20	790 水	180	500	280	25	55		可用于制作表面要求耐磨、耐腐蚀的零件
20Cr	800 水、油	200	850	550	10	40	0.6	齿轮、小轴、活塞销等
20MnV	880 水、油	200	600	600	10	40	0.7	齿轮、小轴、活塞销等也用于制作锅炉、高压容器、管道等
20CrMn	850 油	200	950	750	12	45	0.6	齿轮、轴、蜗杆、活塞销等
20CrMnTi	860 油	200	1 100	850	10	45	0.7	汽车、拖拉机变速箱齿轮
20SiMnVB	800 油	200	1 175	980	10	45	0.7	
12Cr2Ni4A	860 油	200	1 100	850	10	50	0.9	受力大的大型齿轮和轴类耐磨零件
18Cr2Ni4WA	850 空	200	1 200	850	10	45	1.0	大型渗碳齿轮和轴类
20Cr2Ni4A	880 油	200	1 180	1 080	10	45	0.8	

(3)渗碳钢的热处理

渗碳钢的热处理一般是渗碳后进行直接淬火(一次淬火或二次淬火),然后低温回火。碳素渗碳钢和低合金渗碳钢,经常采用直接淬火或一次淬火,而后低温回火;高合金渗碳钢则采用二次淬火和低温回火处理。

下面举例说明该类钢的热处理特点。某航空发动机两齿轮如图 5.4 所示,材料均为 12Cr2Ni4A。该钢含有约 2% Cr、4% Ni,属于高淬透性合金渗碳钢,通常尺寸大小的零件均能淬透。渗碳技术要求为:齿面渗碳层深度为 0.9～1.1 mm,加工余量为 0.162～0.230 mm,渗碳表面硬度大于等于 60 HRC,非渗碳表面和基体硬度为 31～41 HRC。该

齿轮的制造工艺流程如下：

模锻→正火→高温回火→机加工→非渗碳面镀铜→渗碳→高温回火→精加工→淬火→冷处理→低温回火→退铜→磨削

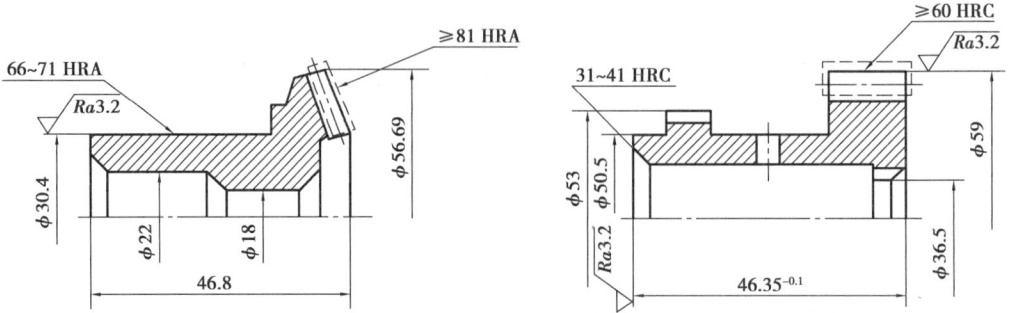

图 5.4 航空发动机渗碳齿轮

模锻后的正火是为了改善锻造后的不均匀组织。高温回火是为了降低硬度便于机械加工。镀铜是为了防止非渗碳面渗碳。渗碳是为了使零件表层获得高的含碳量，一般渗碳后空冷可使组织细小。渗碳后进行高温回火是为了将硬度降低至 35 HRC 以下，以便于加工，同时使碳化物球化，使其在后续淬火时溶入奥氏体的量减少，防止淬火后造成较多的残余奥氏体。冷处理可进一步减少表面渗碳层中的残余奥氏体量。淬火和低温回火是为了保证所要求的组织和性能。最终热处理后，零件表层组织为高碳回火马氏体（含少量残余奥氏体）加细小均匀分布的碳化物；心部组织为低碳回火马氏体。

3）调质钢

采用调质处理，即淬火＋高温回火后使用的优质碳素钢和合金结构钢，统称为调质钢。淬火后得到马氏体、残余奥氏体和碳化物。高温回火后，由于马氏体分解，碳化物弥散析出，残余奥氏体转变，内应力消除，最终得到回火索氏体组织，综合力学性能好，可用于受力较复杂的重要结构零件，如汽车后桥半轴、连杆、螺栓以及各种轴类零件。对于截面尺寸大的零件，为保证有足够的淬透性，就要采用合金调质钢。

（1）调质钢的性能要求

调质钢主要用于制造承受多种载荷、受力复杂的零件，比如机床主轴、连杆、汽车半轴、重要的螺栓和齿轮等。这类零件要求具有高的强度和良好的塑性、韧性，即具有良好的综合力学性能。

（2）调质钢的成分特点

调质钢的含碳量为 0.30% ~ 0.50%，属中碳钢，含碳量在这一范围内可保证钢的综合力学性能，含碳量过低会影响钢的强度指标，含碳量过高则韧性显得不足。一般碳素调质钢的含碳量偏上限，对于合金调质钢，随合金元素的增加，含碳量趋于下限。主要加入的元素有 Cr、Ni、Mn、Si、Bi 等，以增加钢的淬透性，同时还强化铁素体。还会加入如 Mo、W、V、Ti 等，防止淬火加热产生过热现象、细化晶粒、提高耐回火性，进一步改善钢的性能。

（3）调质钢的钢种

调质钢在机械制造中应用十分广泛，常用调质钢见表5.6。

表5.6　常用调质钢的牌号、热处理、性能及用途

牌号	热处理/℃		力学性能（≥）					应用举例
	淬火	回火	R_m /MPa	R_e /MPa	A_5 /%	Z /%	α_k /(MJ·m^{-2})	
45	830 水冷	600 空冷	800	550	10	40	0.5	受力小的一般结构件
40Cr	850 油冷	500 油冷	1 000	800	9	45	0.6	较重要的轴和连杆以及齿轮等调质件
40CrMn	840 油冷	520 水或油	1 000	850	9	45	0.6	
40CrNi	820 油冷	500 水或油	1 000	800	10	45	0.7	大截面重要调质件
38CrMoAlA	940 油冷	640 油冷	1 000	850	14	50	0.9	氮化零件
30CrMnSiA	880 油冷	520 油冷	1 100	900	10	45	0.5	起落架等飞机结构件
40CrNiMoA	850 油冷	660 油冷	1 050	850	12	55	1.0	航空等轴类零件
37CrNi3A	820 油冷	500 油冷	1 150	1 000	10	50	0.6	螺旋桨轴、重要螺栓等

按淬透性的高低，调质钢大致可以分为三类：

①低淬透性调质钢。典型钢种是40Cr，与40钢相比强度高20%，塑性、淬透性更好。这类钢的油淬临界直径为30～40 mm，广泛用于制造一般尺寸的重要零件，如主轴、汽车半轴、齿轮、连杆及螺栓等。

②中淬透性调质钢。典型钢种为40CrNi，其油淬临界直径为40～60 mm，含有较多的合金元素，用于制造截面较大、承受较重载荷的零件，如曲轴、连杆等。

③高淬透性调质钢。典型钢种为40CrNiMoA，其油淬临界直径为60～100 mm，多数为铬Ni钢。Cr、Ni的适当配合，可大大提高淬透性，并能获得比较优良的综合力学性能。用于制造大截面、承受重负荷的重要零件，如汽轮机主轴、压力机曲轴、航空发动机曲轴等。

（4）调质钢的热处理

含合金元素少的钢，正火后组织多为珠光体+少量铁素体，而合金元素含量高的钢则为马氏体组织，所以调质钢的热轧组织可分为珠光体型和马氏体型两种。

调质钢预备热处理的目的是改善热加工造成的晶粒粗大和带状组织，获得便于切

削加工的组织和性能。对于珠光体型调质钢,在800 ℃左右进行一次退火代替正火,可细化晶粒,改善切削加工性。对马氏体型调质钢,因为正火后可能得到马氏体组织,所以必须再在 A_{c1} 温度以下进行高温回火,使其组织转变为粒状珠光体。回火后硬度可由 380 ~ 550 HBW 降至 207 ~ 240 HBW,此时可顺利进行切削加工。

调质钢的最终热处理为淬火、回火。回火温度依据对钢的性能要求而定。当要求钢有良好的强韧性配合时,即具有良好的综合力学性能,必须进行 500 ~ 650 ℃ 的高温回火(调质处理)获得回火索氏体。当要求零件具有特别高的强度时(1 600 ~ 1 800 MPa),采用 200 ℃ 左右回火,得到中碳马氏体组织。这也是发展超高强度钢的重要方向之一。

若零件表层要求有很高的耐磨性,可在调质后再进行表面淬火或化学热处理等。

(5)应用实例

某发动机涡轮轴如图 5.5 所示。选用材料为 40CrNiMoA,技术要求为:热处理弯曲变形<1.0 mm,布氏硬度为 320 ~ 375 HBW,纵向性能 R_m>1 100 MPa,R_e>950 MPa,$A \geqslant$ 12% ,Z = 50% ,α_k = 0.8 MJ/m^2。该涡轮轴的制造工艺流程如下:

模锻→860 ℃正火→650 ℃高温回火→机加工→850 ℃淬火(油冷)→550 ℃高温回火(水冷)→精加工

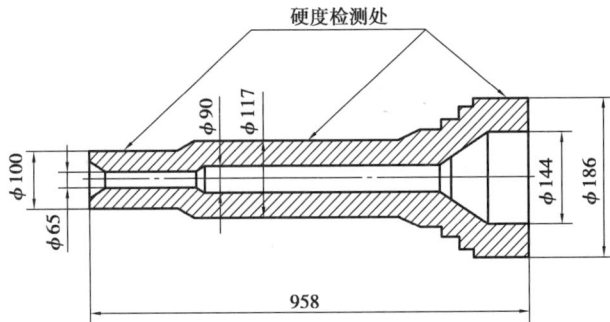

图 5.5 某发动机涡轮轴

正火之后的 650 ℃高温回火是为了将硬度降低至 198 ~ 269 HBW,便于进行切削加工。850 ℃油淬获得马氏体,550 ℃高温回火获得回火索氏体,使材料塑韧性和强硬度配合良好,达到性能要求。

4)合金弹簧钢

弹簧钢是指用于制造各种弹簧和弹性元件的钢。

(1)弹簧钢性能要求

弹簧是各种机器和仪表中的重要零件。它是利用弹性变形吸收能量以缓和振动和冲击,或依靠弹性储存能量起驱动作用。因此,要求制造弹簧的材料具有高的弹性极限(即具有高的屈服点或屈强比)、高的疲劳极限与足够的塑性和韧性。

(2)弹簧钢的成分特点

弹簧钢的含碳量一般为 0.45% ~ 0.70% 。含碳量过高,塑性和韧性降低,疲劳极限也下降。钢中加入的合金元素有 Mn、Si、Cr、V 和 W 等。加入 Si、Mn 主要是提高淬透性,同时也提高屈强比,可使屈强比提高到接近于 1,其中 Si 的作用更为突出。加入 Si、Mn 元素的不足之处是 Si 会促使钢材表面在加热时脱碳,Mn 则使钢易于过热。因此,重要用途的弹簧钢必须加入 Cr、V、W 等。

(3)钢种

常用弹簧钢见表 5.7。60Si2Mn 钢是应用最广的合金弹簧钢,广泛应用于制造汽车、拖拉机上的板簧、螺旋弹簧以及安全阀用弹簧等。

表 5.7　常用弹簧钢的牌号、热处理、性能及用途

牌号	热处理/℃		力学性能(≥)				应用举例
	淬火	回火	R_m/MPa	R_e/MPa	A/%	Z/%	
70	830 油	480	1 030	835	8	30	直径小于 12 mm 的弹簧
65Mn	830 油	540	980	785	8	30	小截面弹簧
60Si2Mn	870 油	480	1 275	1 180	5	25	低于 250 ℃ 的高应力弹簧
50CrVA	850 油	500	1 275	1 130	10	40	不超过 300 ℃ 的主要弹簧
55SiMnVB	860 油	460	1 375	1 225	5	30	较大截面板簧和螺旋弹簧

根据弹簧钢的生产方式,可分为热成型弹簧和冷成型弹簧两类。当弹簧丝直径或钢板厚度大于 10～15 mm 时,一般采用热成型;对于直径小于 8～10 mm 的弹簧,一般采用冷拔钢丝冷卷而成。

(4)弹簧钢的热处理

对于热成型弹簧,一般可在淬火加热时成型,然后淬火+中温回火,获得回火屈氏体组织,具有很高的屈服强度和弹性极限,并有一定的塑性和韧性。

对于冷成型弹簧,通过冷拔(或冷拉)、冷卷成型。冷卷后的弹簧不必进行淬火处理,只需要进行一次消除内应力和稳定尺寸的定型处理,即加热到 250～300 ℃,保温一段时间,从炉内取出空冷即可使用。钢丝的直径越小,则强化效果越好,强度极限可达 1 600 MPa 以上,而且表面质量很好。

如果弹簧钢丝直径太大(>15 mm)或板材厚度大于 8 mm,则会出现淬不透现象,导致弹性极限下降、疲劳强度降低,所以弹簧钢的淬透性必须和弹簧选材直径尺寸相适应。弹簧钢经热处理后,一般进行喷丸处理,使表面强化并在表面产生残余压应力,以提高疲劳强度。

5)滚动轴承钢

用于制造滚动轴承(滚动体、内外圈)的钢称为滚动轴承钢。

（1）滚动轴承钢的性能要求

滚动轴承是一种高速转动的零件,工作时接触面积很小,不仅有滚动摩擦,而且有滑动摩擦,承受很高、很集中的周期性交变载荷,所以常常发生接触疲劳破坏。因此,要求滚动轴承钢具有高且均匀的硬度,高的弹性极限和接触疲劳强度,足够的韧性和淬透性,一定的抗腐蚀能力。

（2）滚动轴承钢的成分特点

滚动轴承钢是一种高碳低 Cr 钢,含碳量为 0.95% ~ 1.10%,含 Cr 量为 0.4% ~ 1.65%。高碳是为了保证钢有高的淬硬性,同时可形成 Cr 的碳化物。Cr 的主要作用是提高钢的淬透性,使淬火、回火后整个截面上获得较均匀的组织。Cr 可形成合金渗碳体,加热时得到细小的奥氏体组织。溶入奥氏体中的 Cr,还可提高马氏体的回火稳定性。经正常热处理后获得较高且均匀的硬度、强度和较好的耐磨性。对于大型滚动轴承,其材料成分中需加入 Si、Mn 等元素,以进一步提高淬透性,适量的 Si（0.4% ~ 0.6%）还能明显提高钢的强度和弹性极限。

（3）钢种

常用滚动轴承钢的牌号、热处理、性能及用途见表 5.8。应用最多的轴承钢种是 GCr15、GCr15SiMn。GCr15 多用作中、小型滚动轴承,GCr15SiMn 用作较大型滚动轴承。

表 5.8　常用滚动轴承钢的牌号、热处理、性能及用途

牌号	热处理/℃	HRC	应用举例
GCr6	850 油 160 回火	62 ~ 65	球直径大于 13.5 mm,柱直径小于 10 mm
GCr9	850 油 160 回火	62 ~ 65	球直径大于 13.5 mm,柱直径小于 20 mm
GCr9SiMn	850 油 160 回火	62 ~ 65	球直径为 22.5 ~ 50 mm,柱直径为 22.5 ~ 50 mm,套圈厚度小于 20 mm
GCr15	845 油 160 回火 845 油 250 回火	62 ~ 65 56 ~ 61	球直径为 22.5 ~ 50 mm,柱直径为 22.5 ~ 50 mm,套圈厚度小于 20 mm
GSiMnVRE	790 油 160 回火	62	无 Cr,代替 GCr15

从化学成分看,滚动轴承钢属于工具钢范畴,所以这类钢也常用于制造各种精密量具、冷冲模具、丝杠、冷轧辊和高精度的轴类等耐磨零件。

（4）滚动轴承钢的热处理

滚动轴承钢的预备热处理是球化退火,钢经下料、锻造后的组织是索氏体+少量粒状二次渗碳体,硬度为 255 ~ 340 HBW,采用球化退火的目的在于获得粒状珠光体组织,调整硬度（207 ~ 229 HBW）便于切削加工及得到高质量的表面。一般加热到 790 ~ 810 ℃,烧透后再降低至 710 ~ 720 ℃,保温 3 ~ 4 h,使组织全部球化。

滚动轴承钢的最终热处理为淬火+低温回火。淬火切忌过热,淬火后应立即回火,

经 150～160 ℃，回火 2～4 h，以去除内应力，提高韧性和稳定性。滚动轴承钢淬火、回火后得到极细的回火马氏体、分布均匀细小的粒状碳化物(5%～10%)以及少量残余奥氏体(5%～10%)，硬度为 62～66 HRC。

生产精密轴承或量具时，由于低温回火不能彻底消除内应力和残余奥氏体，在长期保存及使用过程中，因内应力释放、残余奥氏体转变等原因造成尺寸变化。所以淬火后应立即进行一次冷处理，减少残留奥氏体的量，并在低温回火及磨削加工后，于 120～130 ℃进行 10～20 h 的人工时效，消除磨削产生的内应力，并进一步稳定尺寸。

5.3.4 合金工具钢

合金工具钢是在碳素工具钢的基础上，加入合金元素(Si、Mn、Cr、V 等)制成的。由于合金元素的加入，提高了材料的热硬性、耐磨性，改善了材料的热处理性能。合金工具钢常用来制造各种切削刃具、模具、量具和其他耐磨工具，因而就有刃具钢、模具钢和量具钢之分。

1)刃具钢

(1)切削刃具的性能要求

鉴于刃具的特殊工况条件，对刃具钢的基本性能要求是：高的切断抗力、高的耐磨性、高的弯曲强度和足够的韧性、高的热稳定性。用于刃具的工具钢有碳素工具钢、低合金工具钢、高速钢和硬质合金等。

(2)低合金工具钢

为了克服碳素工具钢淬透性差、易变形和开裂以及热硬性差等缺点，在碳素工具钢的基础上加入少量的合金元素，一般不超过 3%～5%，就形成了低合金工具钢。

①低合金工具钢的成分特点。低合金工具钢的含碳量一般为 0.75%～1.50%，高的含碳量可保证钢的高硬度及形成足够数量的合金碳化物，以提高耐磨性。钢中常加入的合金元素有 Si、Mn、Cr、Mo、W、V 等。Si、Mn、Cr、Mo 的主要作用是提高淬透性；Si、Mn、Cr 可强化铁素体；Cr、Mo、W、V 可细化晶粒使钢进一步强化，提高钢的强度；作为碳化物形成元素的 Cr、Mo、W、V 等在钢中形成合金渗碳体和特殊碳化物，从而提高钢的硬度和耐磨性。

②常规合金工具钢用的钢种。部分常用的低合金工具钢见表 5.9。

表 5.9 部分常用低合金工具钢的牌号、热处理、性能及用途

牌号	试样淬火		退火状态/HBW	性能特点	应用举例
	淬火温度/℃	HRC(≥)			
Cr06	780～810 水	64	241～187	低合金 Cr 工具钢，其差别在于 Cr、C 含量，Cr06 含 C 最高，含 Cr 最低，硬度、耐磨性高，但较脆；9Cr2 含 C 较低，韧性好	Cr06 可用作锉刀、刮刀、刻刀、剃刀；Cr2 和 9Gr2 除用作刀具外，还可用作量具、模具、轧辊等
Cr2	830～860 油	62	229～179		
9Cr2	820～850 油	62	217～179		

续表

牌号	试样淬火		退火状态/HBW	性能特点	应用举例
	淬火温度/℃	HRC(≥)			
9SiCr	820~860 油	62	241~197	应用最广泛的低合金工具钢之一,其淬透性较高,回火稳定性较好;8MnSi 可节省 Cr 资源	常用于制造形状复杂、切削速度不高的刀具,如丝锥板牙、梳刀、搓丝板、钻头及冷作模具等
8MnSi	800~820 油	62	≤229		
CrWMn	800~830 油	62	255~207	淬透性高、变形小、尺寸稳定性好,是微变形钢;缺点是易形成网状碳化物	可用作尺寸精度要求较高的成型刀具,但主要适用于量具和冷作模具
9CrWMn	800~830 油	62	241~197		

低合金工具钢中常用的有 9SiCr、CrWMn 等。9SiCr 可用于制作丝锥、板牙等。由于 Cr、Si 同时加入,淬透性明显提高,油淬直径可达 40~50 mm。9SiCr 可采用分级或等温淬火,以减少变形,因而常用于制作形状复杂、要求变形小的刀具,Si 使钢在加热时容易脱碳,退火后硬度偏高,217~241 HBW,造成切削加工困难,热处理时要予以注意。

CrWMn 钢的含碳量为 0.90%~1.05%,具有更高的硬度(64~66 HRC)和耐磨性,但热硬性不如 9SiCr。由于 CrWMn 经钢热处理后变形小,故称其为微变形钢。主要用来制造较精密的低速刀具,如长铰刀、拉刀等。

③低合金工具钢的热处理。低合金工具钢的预备热处理通常是锻造后进行球化退火。最终热处理为淬火+低温回火,其组织为回火马氏体+未溶碳化物+残余奥氏体。

(3)高速钢

高速钢是高速切削用钢的代名词。高速钢是一种含有 W、Cr、V 等多种合金元素的高合金工具钢。

①高速钢的成分特点。钢中加入较多的 C 既可保证它的淬硬性,又可保证淬火后有足够多的碳化物相。一般含碳量在 1% 左右,最高可达 1.6%,如 W12Cr4V5Co5 钢,含碳量在 1.50%~1.60%。

高速钢中一般含有较多数量的 W,它是提高钢热硬性的主要元素,由于 W 资源的缺乏,人们找到了以 Mo、Co 元素代替 W 而保持热硬性的方法。

Cr 的加入可提高钢的淬透性,并能形成碳化物强化相。同时在高温下可形成 Cr_2O_3,能起到氧化膜的保护作用。Cr 含量以 4% 左右为宜,高于 4%,使 M_S 下降,淬火后残余奥氏体量增多。

V 的作用是形成有很高稳定性的 VC,即使淬火温度在 1 260~1 280 ℃时,VC 也不会全部溶于奥氏体中。VC 硬度可达到 83~85 HRC,多次高温回火后呈弥散状析出,提高硬度、强度和耐磨性。

为了提高高速钢某些方面的性能,还可以加入适量的 Al、Co、N 等合金元素。

②高速钢的常用钢种。部分常用高速钢的牌号、成分、热处理和力学性能见表 5.10。

表 5.10　部分常用高速钢的牌号、成分、热处理和力学性能

| 牌号 | 化学成分/% | | | | | | 热处理 | | 硬度 | | 热硬性/HRC |
	C	Cr	W	Mo	V	其他	淬火温度/℃	回火温度/℃	退火HBW	淬火回火/HRC（≥）	
W18Cr4V (18-4-1)	0.70 ~ 0.80	3.80 ~ 4.40	17.50 ~ 19.00	≤0.30	1.00 ~ 1.40	—	1 270 ~ 1 285	550 ~ 570	≤255	63	61.5 ~ 62
W6Mo5Cr4V2 (6-5-4-2)	0.80 ~ 0.90	3.80 ~ 4.40	5.50 ~ 6.75	4.50 ~ 5.50	1.75 ~ 2.20	—	1 210 ~ 1 230	540 ~ 560	≤255	64	60 ~ 61
W6Mo5Cr4V3 (6-5-4-3)	1.10 ~ 1.20	3.80 ~ 4.40	6.00 ~ 7.00	4.50 ~ 5.50	2.80 ~ 3.30	—	1 200 ~ 1 240	560	≤255	64	64
W13Cr4V2Co8	0.75 ~ 0.85	3.80 ~ 4.40	17.50 ~ 19.00	0.50 ~ 1.25	1.80 ~ 2.40	Co7.00 ~ 9.50	1 270 ~ 1 290	540 ~ 560	≤258	65	64
W6Mo5Cr4V2Al	1.05 ~ 1.20	3.80 ~ 4.40	5.50 ~ 6.75	4.50 ~ 5.50	1.75 ~ 2.20	Al0.80 ~ 1.20	1 220 ~ 1 250	540 ~ 560	≤269	65	65

我国最常用的高速钢种类包括 W18Cr4V 和 W6Mo5Cr4V2,通常简称为 18-4-1 和 6-5-4-2。W 系高速钢 W18Cr4V 是发展最早、应用最广泛的高速钢之一,具有过热敏感性小和磨削加工性好的优点。但由于其热塑性较差,只适合用于制造一般的高速切削刀具,如车刀、铣刀和铰刀等。随着 W 元素的缺乏,钨钼系高速钢逐步取代了钨系高速钢,其中 W6Mo5Cr4V2 用 Mo 部分替代了 W,具有更好的耐磨性、韧性和热塑性,适合制造耐磨性和韧性要求较高的高速刀具,如丝锥、齿轮铣刀和插齿刀等。

③高速钢的热处理。由于高速钢中合金元素的含量较高,所以其 C 曲线右移,淬火临界冷却速度大幅降低,因此在空气中冷却即可获得马氏体组织,因此高速钢也被称为风钢(锋钢)。同样,由于合金元素的作用,其铸态组织中会出现大量的共晶莱氏体组织,鱼骨状的莱氏体以及分布不均的大块碳化物,使得铸态高速钢既脆又硬,无法直接使用。

高速钢铸造后的组织不能通过热处理来矫正,必须借助反复的热压力加工。一般选择多次轧制和锻压,以破碎粗大的共晶碳化物和二次碳化物,并使其均匀分布在基体中。锻造或轧制后,钢锭需要缓慢冷却,以防止产生过高的应力甚至开裂。

高速钢锻造后必须进行退火,采用球化退火的方式,目的是调整硬度以便于切削加工,同时为淬火做准备。退火后的组织应为索氏体基体和均匀细小的粒状碳化物。

高速钢的淬火加热温度应尽量高,以使更多的 W 和 V 等提高热硬性的元素溶入奥氏体中。在 1 000 ℃ 以上加热淬火时,W 和 V 在奥氏体中的溶解度急剧增加;在 1 300 ℃ 左右加热时,各合金元素在奥氏体中的溶解度也大幅提高。此外,高碳和高合金元素的存在使得高速钢的导热性较差,因此在淬火加热时采用分级预热工艺,第一次预热温度为 600 ~ 650 ℃,第二次预热温度为 800 ~ 850 ℃,这种加热工艺可以避免因热应力造成的变形或开裂。淬火冷却采用油冷分级淬火法。

高速钢的回火一般进行三次,回火温度为 560 ℃,每次持续 1 ~ 1.5 h。第一次回火主要针对淬火奥氏体进行回火,使残余奥氏体发生转变,同时产生新的内应力。经过第二次回火后,未转变的残余奥氏体继续发生转变,产生新的内应力,因此需要进行第三次回火。经过三次回火后,淬火后残余的约 30% 奥氏体仍保留有 3% ~ 4%。与此同时,碳化物析出量增加,产生二次硬化现象,从而提高刀具的使用性能。为了将高速钢中的残余奥氏体量减少到最低程度,通常还需要进行冷处理。高速钢 W18Cr4V 的热处理工艺曲线如图 5.6 所示。

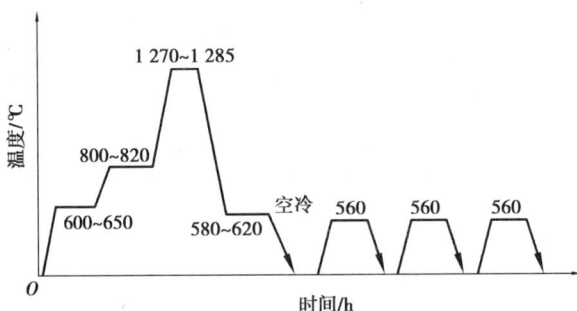

图 5.6 W18Cr4V 钢的热处理工艺曲线

2)模具钢

根据模具的工作条件不同,模具钢一般分为冷作模具钢(冷变形模具钢)和热作模具钢(热变形模具钢)两大类。前者用于制造冷冲模和冷挤压模等,工作温度大都接近室温,不超过 300 ℃;后者用于制造热锻模和压铸模等,工作时型腔表面温度可达 600 ℃以上。

(1)冷作模具钢

①冷作模具钢的性能要求。冷作模具钢用于制造在冷态下变形的模具,如冷冲模、冷镦模和冷轧辊等,从工作条件出发,对其性能的基本要求是:高的硬度和耐磨性;较高的强度和韧性;良好的工艺性(热处理时变形小,淬透性高)。

②冷作模具钢的成分特点。这类钢的含 C 量为 1.4% ~ 2.3%,含 Cr 量为 11% ~ 12%。含 C 量高是为了保证与 Cr 形成碳化物,在淬火时,溶于奥氏体中,以保证马氏体有足够的硬度,而未溶的碳化物,则起到细化晶粒的作用,提高耐磨性。含 Cr 量高,其主要作用是提高淬透性和细化晶粒,截面尺寸为 200 ~ 300 mm 时,在油中可以淬透;形

成 Cr 的碳化物,提高钢的耐磨性。Mo 和 V 的加入,能进一步提高淬透性,细化晶粒。Cr12MoV 钢较 Cr12 钢的碳化物分布均匀,强度和韧性高,淬透性高,用于制作截面大、负荷大的冷冲模、挤压模、滚丝模、冷剪刀等。

③冷作模具钢的钢种。

a. 低合金工具钢。对于尺寸小、形状简单、工作负荷不大的模具采用这类钢,钢种有 Cr2、9Mn2V、9SiCr、CrWMn、Cr6WV 等。这类钢的优点是价格便宜、加工性能好,基本上能满足模具的工作要求。缺点是这类钢的淬透性差,热处理变形大,耐磨性较差,使用寿命较短。

b. 高碳高 Cr 模具钢。其主要是指 Cr12 型冷作模具钢。这类钢由于淬透性好、淬火变形小、耐磨性好,广泛用于制造负荷大、尺寸大和形状复杂的模具。常见钢号有 Cr12、Cr12MoV 等,牌号、热处理和用途见表 5.11。

表 5.11　常用冷作模具钢的牌号、热处理和用途

| 牌号 | 淬火温度/℃ | 达到下列硬度的回火温度/℃ | | 应用举例 |
		58 ~ 62 HRC	55 ~ 60 HRC	
Cr12	950 ~ 1 000	180 ~ 280	280 ~ 550	重载的压弯模、拉丝模等
Cr12MoV	950 ~ 1 000	180 ~ 280	280 ~ 550	复杂或重载的冲孔落料模、冷挤压模、冷镦模、拉丝模等

④冷作模具钢的热处理。Cr12 型钢的预备热处理是球化退火。球化退火的目的是消除应力,降低硬度,便于切削加工,退火后硬度为 207 ~ 255 HBW。退火组织为球状珠光体+均匀分布的碳化物。

Cr12 型钢的最终热处理一般是淬火+低温回火,经淬火、低温回火后的组织为回火马氏体+碳化物+少量残余奥氏体。

(2)热作模具钢

热作模具钢用于制造使金属热成型的模具,如热锻模、热挤压模和压铸模等。

①热作模具钢的性能要求。这类模具是在反复受热和冷却的条件下工作的,所以比冷作模具钢有更高要求。对热作模具钢的性能要求:综合力学性能好;抗热疲劳能力强;淬透性高。

②热作模具钢的成分特点。热作模具钢的含碳量为中碳(0.50% ~ 0.60%),这一含碳量既可保证钢淬火后的硬度,同时还具有较好的韧性。Cr、Ni、Mn、Mo 的作用是提高淬透性,使模具表里的硬度趋于一致。Cr、Mo 还有提高回火稳定性、提高耐磨性的作用;Cr、W、Mo 还通过提高共析温度,使模具在反复加热和冷却过程中不发生相变,提高抗热疲劳的能力。

③热作模具钢的钢种。对于中小尺寸(截面尺寸≤300 mm)的模具,一般选用

5CrMnMo,对于大尺寸(截面尺寸>400 mm)的模具,一般选用5CrNiMo。常用热作模具钢见表5.12。表中的H13为国外牌号,相当于国内牌号4Cr5MoSiV1。

表5.12 常用热作模具钢的牌号、热处理、性能及用途

牌号	淬火处理		回火后硬度/HRC	应用举例
	温度/℃	冷却剂		
5CrMnMo	820 ~ 850	油	39 ~ 47	中小型热锻模
5CrNiMo	830 ~ 860	油	35 ~ 39	压模、大型热锻模
3Cr2W8V	1 075 ~ 1 125	油	40 ~ 54	高应力热压模、精密锻造或高速锻模
4Cr5MoSiV	980 ~ 1 030	油或空	39 ~ 50	大中型锻模、挤压模
4Cr5W2VSi	1 030 ~ 1 050	油或空	39 ~ 50	大中型锻模、挤压模
H13	1 000 ~ 1 050	油或空	50 ~ 54	压铸、挤压、塑料模

④热作模具钢的热处理。对于热作模具钢,需要反复锻造,其目的是使碳化物均匀分布。锻造后的预备热处理一般是完全退火,其目的是消除锻造应力,降低硬度(197 ~ 241 HBW),以便于切削加工。最终热处理根据其用途有所不同:热锻模是淬火后模面中温回火,模尾高温回火;压铸模是淬火后在略高于二次硬化峰值的温度多次回火,以保证热硬性。

3)量具钢

量具钢是用于制造量具的钢,如卡尺、千分尺、块规和塞尺等。

(1)量具钢的性能要求

量具在使用过程中主要是受到磨损,因此对量具钢的主要性能要求是:工作部分有高的硬度和耐磨性,以防止在使用过程中因磨损而失效;要求组织稳定性高,在使用过程中尺寸保持不变,以保证高的尺寸精度;还要求有良好的磨削加工性。

(2)量具钢的钢种及成分特点

一般都采用含碳量高的钢,通过淬火得到马氏体,满足高硬度、高耐磨性的要求。最常用的量具钢为碳素工具钢和低合金工具钢。

碳素工具钢常用于制作尺寸小、形状简单、精度要求低的量具。

低合金工具钢中,GCr15用得最多,耐磨性和尺寸稳定性都较好。还可采用低变形钢,如铬锰钢、铬钨锰钢等,淬火变形少。

(3)量具钢的热处理

作为精密量具,要使其在热处理和使用过程中变形小是一个很复杂的问题,可以从选材方面来考虑。在淬火后,一般尺寸是膨胀的,可在淬火前进行调质处理,得到回火索氏体组织,淬火后的变形减小。还可在淬火后进行冷处理以降低残余奥氏体含量。长时间的低温回火(低温时效),也可使马氏体趋于稳定,进一步降低内应力。用GCr15

制作量规,其工艺路线为:

锻造→球化退火→机加工→粗磨→淬火+低温回火→精磨→时效→涂油

此外,有时也用渗碳钢经渗碳淬火或氮化处理后制作精度不高、耐冲击的量具;用冷作模具钢制作要求精密的量具;用不锈钢制作在腐蚀性介质中使用的量具。表 5.13 所示为量具钢的选用举例。

表5.13　量具钢的选用举例

用途	牌号选用举例	
	钢的类别	牌号
尺寸小、精度不高、形状简单的量规、塞规、样板	碳素工具钢	T10A、T11A、T12A
精度不高,耐冲击的卡板、样板、直尺等	渗碳钢	15、20、15Cr
块规、螺纹塞规、环规、样套等	低合金工具钢	CrMn、9CrWMn、CrWMn
块规、塞规、样柱等	滚动轴承钢	GCr15
各种要求精度的量具	冷作模具钢	9Mn2V、Cr12
各种要求精度的量具和耐腐蚀的量具	不锈钢	40Cr13、95Cr18

5.3.5　特殊性能钢

特殊性能钢是指具有特殊的物理、化学性能的钢,它的种类很多,并且正在迅速发展,其中最主要的是不锈钢和耐热钢等。

1)不锈钢

不锈钢是指能抵抗大气或酸等化学介质腐蚀的钢种。在空气中生锈的钢,不一定耐酸蚀;耐酸蚀钢一般具有良好的抗大气腐蚀的性能。不锈钢并非不生锈,只是在不同介质中的腐蚀行为不一样。

(1)金属腐蚀的概念

腐蚀通常可分为化学腐蚀和电化学腐蚀两种类型。前者是金属在干燥气体或非电解质溶液中的腐蚀,腐蚀过程不产生电流,钢在高温下的氧化属于典型的化学腐蚀;后者是金属与电解质溶液接触时所发生的腐蚀,腐蚀过程中有电流产生,钢在室温下的锈蚀主要属于电化学腐蚀。

Cr 是不锈钢合金化的主要元素。钢中加入 Cr,提高基体的电极电位,从而提高钢的耐腐蚀性能。由于含 Cr 量较高,而且绝大部分都溶于固溶体中,使电极电位跃增,基体的电化学腐蚀过程变缓。同时,在金属表面被腐蚀时,形成一层与基体金属结合牢固的钝化膜,使腐蚀过程受阻,从而提高钢的耐蚀性,

(2)常用不锈钢

常用的不锈钢根据其组织特点,可分为马氏体不锈钢、铁素体不锈钢和奥氏体不锈

钢等几种类型。常用不锈钢见表 5.14。

表 5.14　常用不锈钢的类型、牌号、成分、热处理、性能及用途

类型	新牌号	旧牌号	化学成分/%			热处理	力学性能					应用举例
			C	Cr	其他		R_m /MPa	$R_{p0.2}$ /MPa	A /%	Z /%	HBW	
马氏体型	12Cr13	1Cr13	0.08 ~ 0.15	11.50 ~ 13.50	Si1.00 Mn1.00 Ni≤0.06	950 ~ 1 000 ℃ 油冷, 700 ~ 750 ℃回火	540	345	22	55	≥159	制作能抗弱腐蚀性介质、能承受冲击载荷的零件, 如汽轮机叶片、水压机阀、结构架、螺栓、螺母等
	20Cr13	2Cr13	0.16 ~ 0.25	12.00 ~ 14.00	Si1.00 Mn1.00 Ni≤0.06	920 ~ 980 ℃油冷,600 ~ 750 ℃回火	640	440	20	50	≥192	
	30Cr13	3Cr13	0.26 ~ 0.35	12.00 ~ 14.00	Si1.00 Mn1.00 Ni≤0.06	920 ~ 980 ℃油冷,600 ~ 750 ℃回火	735	540	12	40	≥217	
	40Cr13	4Cr13	0.36 ~ 0.45	12.00 ~ 14.00	Si0.60 Mn0.80 Ni≤0.06	1 050 ~ 1 100 ℃油淬, 200 ~ 300 ℃回火	—	—	—	—	≥50 HRC	制作具有较高硬度和耐磨性的医疗器具、量具、滚珠轴承等
	95Cr18	9Cr18	0.90 ~ 1.00	17.00 ~ 19.00	Si0.80 Mn0.80 Ni≤0.06	950 ~ 1 050 ℃油淬, 200 ~ 300 ℃回火	—	—	—	—	≥55 HRC	不锈切片机械刃具、剪切刃具、手术刀片,高耐磨、耐蚀零件
铁素体型	10Cr17	1Gr17	0.12	16.00 ~ 18.00	Si1.00 Mn1.00 Ni≤0.06	退火780 ~ 850 ℃空冷或缓冷	450	205	22	50	≤183	制作硝酸工厂设备, 如吸收塔、热交换器、酸槽、输送管道以及食品工厂设备等
奥氏体型	06Cr19 Ni10	0Cr18 Ni9	0.08	18.00 ~ 20.00	Ni8.00 ~ 11.00 Si1.00 Mn2.00	固溶 1 010 ~ 1 150 ℃快冷	520	205	40	60	≤187	具有良好的耐蚀及耐晶间腐蚀性能,为化学工业用的良好耐蚀材料

续表

类型	新牌号	旧牌号	化学成分/%			热处理	力学性能					应用举例
			C	Cr	其他		R_m /MPa	$R_{p0.2}$ /MPa	A /%	Z /%	HBW	
奥氏体型	12Cr18 Ni9	1Cr18 Ni9	0.15	17.00 ~ 19.00	Ni8.00 ~ 10.00 Si1.00 Mn2.00	1 100 ~ 1 150 ℃ 水淬（固溶处理）	520	205	40	60	≤187	制作耐硝酸、冷磷酸、有机酸及盐、碱溶液腐蚀的设备零件
	06Cr18 Ni11Ti	0Cr18 Ni10Ti	0.08	17.00 ~ 19.00	Ni9.00 ~ 12.00 Si1.00 Mn2.00 Ti5C 0.70	固溶 920 ~ 1 150 ℃ 快冷	520	205	40	60	≤187	耐酸容器及设备衬里，抗磁仪表，医疗器械，具有较好的耐晶间腐蚀性

①马氏体不锈钢。常用马氏体不锈钢的含碳量为 0.08% ~ 0.45%，含 Cr 量为 11.5% ~ 14.0%，属于铬不锈钢，通常指 Cr13 型不锈钢。典型牌号有 12Cr13、20Cr13、30Cr13、40Cr13 等。这类钢一般用来制作既能承受载荷又要求耐蚀性的各种阀、机泵等零件以及一些不锈工具等。

40Cr13 的强度、硬度优于 12Cr13，但其耐蚀性却不如 12Cr13。12Cr13、20Cr13 和 30Cr13 具有抗大气、蒸汽等介质腐蚀的能力，常作为耐蚀的结构钢使用。为了获得良好的综合性能，常采用淬火+高温回火（600 ~ 750 ℃），得到回火索氏体，用来制造汽轮机叶片、锅炉管附件等。40Cr13 钢，由于含碳量相对较高，耐蚀性相对差一些，通过淬火+低温回火（200 ~ 300 ℃），得到回火马氏体，具有较高的强度和硬度（达 50 HRC），因此常作为工具钢使用，用于制造医疗器械、刃具和热油泵轴等。

②铁素体不锈钢。常用铁素体不锈钢的含碳量低于 0.15%，含 Cr 量为 11.5% ~ 27.5%，也属于铬不锈钢，典型牌号有 10Cr17 等。其耐蚀性、塑性和焊接性均优于马氏体不锈钢，且随含 Cr 量增加，耐蚀性进一步提高。

铁素体不锈钢，由于在加热和冷却时不发生相变，因此不能采用热处理方法使钢强化。在加热过程中容易使晶粒粗化，故只能通过冷塑性变形及再结晶来改善组织与性能。

这类钢的强度显然比马氏体不锈钢低，主要用于制造耐蚀零件，广泛用于硝酸和氮肥工业中。

③奥氏体不锈钢。在含 18% Cr 的钢中加入 8% ~ 11% Ni，就成为奥氏体不锈钢。

如 12Cr18Ni9 是最典型的牌号。奥氏体不锈钢具有比铬不锈钢更高的化学稳定性及更好的耐腐蚀性，是目前应用最广泛的一类不锈钢。

18-8 不锈钢在退火状态下为奥氏体+碳化物的组织，碳化物的存在，对钢的耐腐蚀性有很大损伤，故通常采用固溶处理方法，即把钢加热到 1 100 ℃后水冷，使碳化物溶解在高温下所得到的奥氏体中，再通过快冷，就能在室温下获得单相奥氏体组织。这类钢不仅耐腐蚀性能好，而且钢的冷热加工性和焊接性也很好，广泛用于制造化工生产中的某些设备及管道等。

应该指出，尽管奥氏体不锈钢是一种优良的耐蚀钢，但在有应力作用的情况下，在某些介质中，特别是在含有氯化物的介质中，常产生应力腐蚀破裂，而且介质温度越高越敏感。这也是奥氏体不锈钢的一个缺点，在使用中需引起注意。

2）耐热钢

耐热钢是指在高温下工作并具有一定强度和抗氧化、耐腐蚀性能的合金钢，包括热稳定钢和热强钢。热稳定钢是指在高温下抗氧化或抗高温介质腐蚀而不破坏的钢。热强钢是指在高温下具有足够强度，而不产生大量变形且不开裂的钢。

耐热钢主要用于石油化工的高温反应设备和加热炉、火力发电设备的汽轮机和锅炉、汽车和船舶的内燃机、飞机的喷气发动机以及热交换器等设备。

耐热钢按组织的不同可分为奥氏体型耐热钢和马氏体型耐热钢。

奥氏体型耐热钢含有较高的 Ni、Mn、N 等奥氏体成型元素，高温下有较高的强度和组织稳定性，一般工作温度在 600 ~ 700 ℃ 范围内。常用牌号有 06Cr19Ni10N、45Cr14Ni14W2Mo 等。奥氏体型耐热钢的切削加工性差，但其耐热性、焊接性、冷作成型性较好，得到了广泛的应用。奥氏体型耐热钢常用于制造一些比较重要的零件，如燃气轮机轮盘和叶片发动机气阀、喷气发动机的某些零件等。这类钢在使用前一般需要进行固溶处理和时效处理。

马氏体型耐热钢的工作温度在 550 ~ 750 ℃ 范围内。向 Cr13 型不锈钢中加入 Mo、W、V 等合金元素，形成马氏体耐热钢。常用牌号有 13Cr13Mo、12Cr13、14Cr11MoV、42Cr9Si2 等，常用于制作汽车发动机、柴油机的排气阀，故被称为气阀用钢。

3）耐磨钢

耐磨钢主要用于制造承受严重磨损和强烈冲击的零件，如车辆履带板、挖掘机铲斗、破碎机颚板和铁轨分道岔、防弹板等。对耐磨钢的主要要求是具有很好的耐磨性和韧性。

高锰钢能很好地满足这些要求，它是重要的耐磨钢。高锰钢一般含有较高的碳和锰，碳的质量分数一般为 1.0% ~ 1.3%，并含有 11% ~ 14% 的 Mn，还含有一定量的 Si 以改善钢的流动性。其牌号主要有 ZG120Mn7Mo1、ZG100Mn13 等。

高锰钢在室温时为奥氏体组织，加热冷却并无相变。其处理工艺一般都采用水韧处理,即将钢加热到 1 000 ~ 1 100 ℃,保温一段时间,使碳化物全部溶解,然后迅速水淬,在室温下获得均匀单一的奥氏体组织。此时钢的硬度很低而韧性很好,当在工作中受到强烈冲击或强大压力而变形时,表面层产生强烈的形变硬化,并且还发生马氏体转变,使硬度显著提高,心部则仍保持为原来的高韧性状态。

除高锰钢外,还有其他种类的马氏体中低合金耐磨钢。

5.4　复习思考题

1. 分析钢中的杂质元素对钢的影响。

2. 说明 Q235A、10、45、65Mn、T8、T12A 各属什么钢,分析其碳含量及性能特点,并分别举一个应用实例。

3. 现用 T12 钢制造锉刀,成品硬度要求 60 HRC 以上,该零件在加工过程中要进行哪些热处理工艺?

4. 有一凸轮轴,要求表面有高的硬度(50 HRC),心部具有良好的韧性;原用 45 钢制造,经调质处理后,高频淬火、低温回火可满足要求。现因工厂库存的 45 钢已用完,拟改用 15 钢代替,试问:

(1)改用 15 钢后,若仍按原热处理方法进行处理,能否达到性能要求? 为什么?

(2)若用原热处理方法不能达到性能要求,应采用何种热处理方法才能达到性能要求?

5. 合金元素在钢中的基本作用有哪些?

6. 合金结构钢按其用途和热处理特点可分为哪几种? 试说明它们的碳含量范围及主要用途。

7. 试比较碳素工具钢、低合金工具钢和高速钢的热硬性,并说明高速钢热硬性高的主要原因。

8. 高速钢经铸造后为什么要反复锻造? 为什么选择高的淬火温度和三次 560 ℃ 回火的最终热处理工艺? 这种热处理是否为调质处理?

9. 奥氏体不锈钢和耐磨钢的淬火目的与一般合金钢的淬火目的有何不同?

10. 高锰钢的耐磨机理与一般淬火工具钢的耐磨机理有何不同? 它们的应用场合有何不同?

11. 解释下列现象:

(1)在相同含碳量的情况下,大多数合金钢的热处理加热温度都比碳钢高,保温时间长;

(2)高速钢需经高温淬火和多次回火;

(3)在砂轮上磨各种钢质刀具时,需经常用水冷却;

（4）用 ZGMn13 钢制造的零件，只有在强烈冲击或挤压条件下才耐磨。

12. 说明下列钢号的类别、用途及最终热处理方法：

Q345、ZGMn13、40Cr、20CrMnTi、60Si2Mn、9CrSi、GCr15、W6Mo5Cr4V2、Cr12MoV、1Cr13、0Cr19Ni9、0Cr13A1、5CrMnMo。

第6章

铸　铁

在生产、生活中，铸铁和钢就像两位默契的搭档，在各自的领域发挥着重要的作用。无论是家庭中的厨具、工具，还是工业中的机械、设备，都离不开这两种材料。在图6.1的减速器中箱体就采用了铸铁材料制造。铸铁还常用于制造机床床身、工作台、齿轮箱、气缸体等零部件，这些零件从结构上来说形状复杂，适合用铸铁生产。

6.1　铸铁概述

铸铁是历史上使用较早的材料之一，也是最便宜的金属材料之一，具有许多优点。铸铁的主要成分包括 Fe、C 和 Si，属于具有共晶转变的工业铸造合金。与钢材类似，铸铁也是以铁（Fe）和碳（C）为主要元素的铁基材料，但其含碳量较高（$\omega_C > 2.11\%$），通常达到亚共晶、共晶或过共晶的成分。在实际生产中，铸铁的化学成分范围通常为：$\omega_C = 2.4\% \sim 4.0\%$，$\omega_{Si} = 0.6\% \sim 3.0\%$，$\omega_{Mn} = 0.2\% \sim 1.2\%$，$\omega_P = 0.1\% \sim 1.2\%$，$\omega_S = 0.008\% \sim 0.15\%$。有时还会添加其他合金元素，以获得特定性能的铸铁。

铸铁具有良好的铸造性、耐磨性、减振性和切削加工性，生产工艺简单且成本低廉，因此在工业生产中得到了广泛应用。经过合金化处理后，铸铁还可以展现出良好的耐热性、耐磨性或耐腐蚀性等特殊性能。但是，铸铁成型制成的零件毛坯只能通过铸造方法制造，而无法采用锻造或轧制的方法。

6.1.1　铸铁的分类

铸铁的种类很多，如根据铸铁的强度，可分为低强度铸铁和高强度铸铁；按照化学成分可分为普通铸铁和合金铸铁；根据金相组织又可分为珠光体铸铁、铁素体铸铁等。目前，工业生产中通常是按照铸铁中碳的存在形式和石墨（G）的形态来划分的。碳在铸铁中，除少量溶于基体外，绝大部分以石墨或碳化物的形式存在。根据碳的存在形式及石墨的形态，可将铸铁分为白口铸铁、灰口铸铁、可锻铸铁、球墨铸铁、蠕墨铸铁、麻口铸铁。铸铁中的石墨形态如图6.1所示。

6.1.2　铸铁的性能

铸铁的力学性能取决于铸铁的组织和成分。铸铁的力学性能主要取决于基体组织以及石墨的数量、形状、大小及分布特点。石墨的力学性能很低,硬度仅为 3 ~ 5 HBW,抗拉强度约为 20 MPa,断后伸长率近于零。石墨与基体相比强度和塑性都要小得多,故分布于金属基体中的石墨可视为空洞,减小了铸铁的有效承载面积。所以铸铁的强度、塑性和韧性要比碳素钢低。

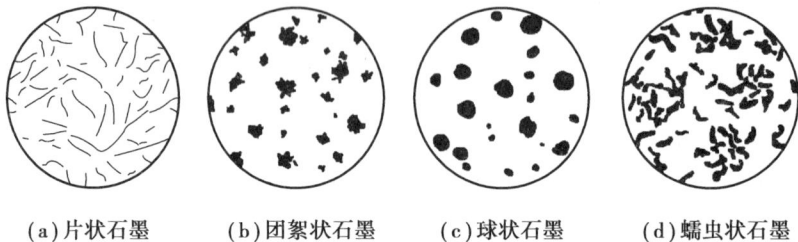

(a)片状石墨　　　(b)团絮状石墨　　　(c)球状石墨　　　(d)蠕虫状石墨

图 6.1　铸铁中的石墨形态

石墨的存在使铸铁的力学性能不如钢,但是铸铁具有良好的减摩性、高的消振性、低的缺口敏感性以及优良的切削加工性等。此外,铸铁含碳量高,熔点比钢要低,铸造流动性好,铸造收缩小,故其铸造性能优于钢。因其含碳量高故金属液不易吸气及氧化,并且熔炼设备及熔炼工艺简单。

在工业上,由于铸铁具备优良的工艺性能和使用性能、生产工艺简单、成本低廉,因此,被广泛用于机械制造、冶金、矿山、石油化工、交通运输、建筑和国防等领域。在各类机械中,铸铁件占机器总质量的 45% ~ 90%。

6.1.3　铸铁的石墨化过程

1)铁碳合金双重相图

碳含量超过在 α-Fe、γ-Fe 中的溶解度后,过饱和的碳可以有两种存在形式:渗碳体和石墨。在通常情况下,铁碳合金按铁-渗碳体系进行转变。但是,渗碳体是一个亚稳定相,在一定的条件下可以分解成铁基固溶体和石墨,因此,铁-石墨系是更稳定的状态。反映铁碳合金结晶过程和组织转变规律的相图有两种:Fe-Fe$_3$C 系(亚稳定系)相图和 Fe-G 系(稳定系)相图。为了方便研究,将两种相图叠加在一起,表示为 Fe$_3$C 和 Fe-G 的双重相图,如图 6.2 所示。图中实线表示 Fe-Fe$_3$C 相图,虚线表示 Fe-G 相图,凡虚线与实线重合的线条都用实线表示。

2)石墨化过程

铸铁中的碳主要以石墨形式存在,石墨的数量、形状、大小和分布对铸铁的性能有重要影响。铸铁中石墨的形成过程称为石墨化过程。

按照 Fe-G 相图分析铁液由高温到室温的冷却过程,可以将铸铁的石墨化过程分为以下三个阶段:

第一阶段:液相至共晶阶段。包括从过共晶成分的液相中直接结晶出一次石墨和共晶石墨。

第二阶段:共晶至共析转变阶段。此时从奥氏体中直接析出二次石墨。

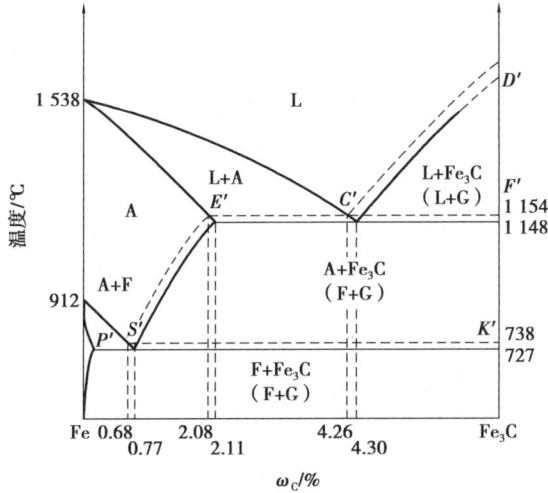

图 6.2　铁碳合金双重相图

第三阶段:共析转变阶段。包括共析转变时奥氏体转变为铁素体+石墨。

另一种类型的石墨化是按 Fe-Fe_3C 相图进行上述三个阶段的石墨化过程。不同的是,先结晶或析出 Fe_3C,然后 Fe_3C 在高温下分解出石墨。

3) 影响石墨化的因素

通过控制铸铁的石墨化过程可以获得所需的组织和性能。铸铁的石墨化过程受化学成分、熔炼条件以及铸造时的冷却速度等一系列因素的影响,其中主要因素为化学成分和结晶时的冷却速度。

(1) 化学成分的影响

铸铁中常见的元素为 C、Si、Mn、S、P 五大元素,对铸铁的石墨化过程和组织均有较大影响。

①C 和 Si:强烈促进石墨化的元素。正确控制 C、Si 含量可以获得所需组织和性能,这是生产实际常采用的措施之一。随着 C、Si 含量的增加,铸铁的基体组织由珠光体向珠光体和铁素体转变,增加一定量后可以获得铁素体基体。

②Mn:阻碍石墨化的元素。它能溶于铁素体和渗碳体中,起固碳作用,从而阻碍石墨化,有利于获得珠光体基体铸铁。

③S:强烈阻碍石墨化,降低铸铁的铸造性能和力学性能并使铸铁热脆性增大。

④P:促进石墨化但效果不显著。

(2) 冷却速度的影响

铸铁结晶过程中的冷却速度对石墨化影响较大。若冷速较大,因碳原子来不及扩散而使石墨化难以充分进行,有利于按 Fe-Fe_3C 亚稳定系进行结晶,易得到白口组织。若冷速较小,碳原子有充分的时间进行扩散,有利于按 Fe-G 稳定系结晶与转变,充分进行石墨化,因而易获得灰口组织。

铸造时的冷却速度是一个综合因素,它与浇注温度、铸型材料的导热能力以及铸件的壁厚等因素有关。在铸铁生产中,同一铸件,厚壁处易获得灰口组织而薄壁处易得到白口组织。化学成分、铸件壁厚(冷却速度)对铸件组织的影响如图 6.3 所示。

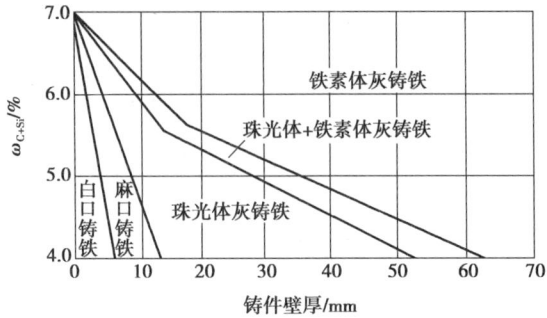

图 6.3　化学成分、铸件壁厚(冷却速度)对铸件组织的影响

6.2　常用铸铁

6.2.1　灰口铸铁

1)灰口铸铁的化学成分、组织和性能

灰口铸铁的化学成分大致范围是:$\omega_C = 2.6\% \sim 3.6\%$,$\omega_{Si} = 1.1\% \sim 3.0\%$,$\omega_{Mn} = 0.4\% \sim 1.4\%$,$\omega_P \leq 0.2\%$,$\omega_S \leq 0.15\%$,具有上述成分范围的液体铁水经过简单的炉前处理,在进行缓慢冷却凝固时,将发生石墨化,析出片状石墨,其断口的外貌呈浅烟灰色,所以称为灰口铸铁。

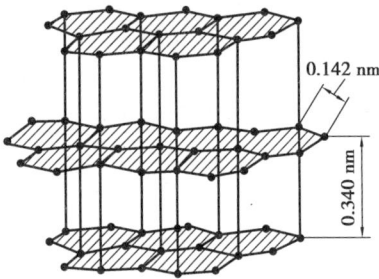

图 6.4　石墨的晶体结构

石墨为简单六方晶格(图 6.4)。石墨六方层面内原子结合力较强,但由于两基面之间的原子间距相差较大,因此原子结合力较弱。由于石墨基面间的结合力弱,易滑移,故石墨的强度、塑性和韧性极低,几乎为零,硬度仅为 3 HBW。

研究表明,灰铸铁中的石墨是呈花瓣状的多晶集合体。在金相显微镜下,花瓣状的石墨呈细条状,每一细条石墨就是花瓣状石墨多晶集合体的一片石墨。

灰口铸铁的性能取决于基体组织和石墨的数量、形态、大小和分布状态。普通灰口铸铁的组织是由片状石墨和钢的基体两部分组成的。根据不同阶段石墨化程度的不同,灰口铸铁有三种不同的基体组织:铁素体、珠光体+铁素体、珠光体,如图 6.5 所示。

铁素体基体强度、硬度低,珠光体基体强度、硬度较高。当石墨状态相同时,珠光体的量越多,铸铁的强度就越高。石墨的强度、塑性、韧性几乎为零,当它以片状形态分布于基体之上时,可以近似看为许多裂纹和空隙,因此灰口铸铁的抗拉强度、疲劳强度都很差,塑性、冲击韧度几乎为零。当基体组织相同时,其石墨越多、片越粗大、分布越不均匀,铸铁的抗拉强度和塑性越低。因此珠光体铸铁应用广泛。

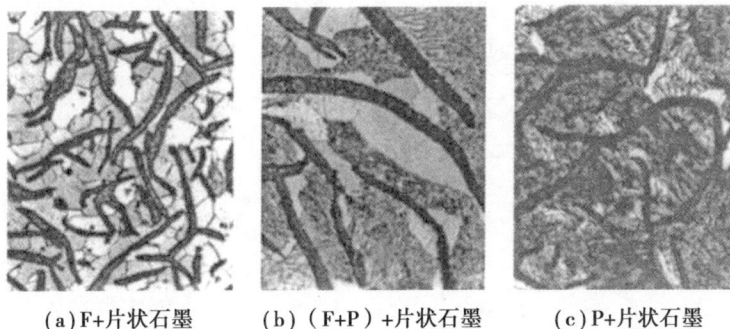

(a)F+片状石墨   (b)（F+P）+片状石墨   (c)P+片状石墨

图 6.5 灰口铸铁的显微组织

石墨虽然降低了铸铁的力学性能,但却使铸铁获得了许多钢所得不到的优良性能,如良好的减摩性、减振性、缺口敏感性低、良好的切削加工性、熔点低、流动性好、铸造工艺性好,能够铸造形状复杂的零件。

在生产中,为浇注出合格的灰铸铁件,一般应根据所生产的铸铁牌号、铸铁壁厚、造型材料等因素来调节铸铁的化学成分,这是控制铸铁组织的基本方法。

2) 灰口铸铁的牌号和用途

灰口铸铁的牌号以"HT"和其后的一组数字表示。其中"HT"是"灰铁"二字的汉语拼音首字母,其后一组数字表示直径 30 mm 试棒的最小抗拉强度值。常用的灰口铸铁见表 6.1。

表 6.1 灰口铸铁的牌号、力学性能和用途

铸铁类型	牌号	铸件壁厚/mm	力学性能		用途举例
			R_m/MPa	HBW	
F 灰口铸铁	HT100	2.5 ~ 10 10 ~ 20 20 ~ 30 30 ~ 50	130 100 90 80	110 ~ 160 93 ~ 140 87 ~ 131 82 ~ 122	适用于载荷小、对摩擦和磨损无特殊要求的不重要零件,如防护罩、盖、油盘、手轮、支架、底板、重锤、小手柄、镶导轨的机床底座等
F+P 灰口铸铁	HT150	2.5 ~ 10 10 ~ 20 20 ~ 30 30 ~ 50	175 145 130 120	137 ~ 205 119 ~ 179 110 ~ 166 105 ~ 157	承受中载荷的零件,如机座、支架、箱体、刀架、床身、轴承座、工作台、带轮、法兰、泵体、阀体、管路附件、飞轮、电动机座等
P 灰口铸铁	HT200	2.5 ~ 10 10 ~ 20 20 ~ 30 30 ~ 50	220 195 170 160	157 ~ 236 148 ~ 222 134 ~ 200 129 ~ 192	承受较大载荷和要求一定的气密封性或耐蚀性等较重要零件,如汽缸、齿轮、机座、飞轮、床身、汽缸体、活塞、齿轮箱、刹车轮、联轴器盘、中等压力(80 MPa 以下)阀体、泵体、液压缸、阀门等

续表

铸铁类型	牌号	铸件壁厚/mm	力学性能		用途举例
			R_m/MPa	HBW	
孕育铸铁	HT300	10~20 20~30 30~50	290 250 230	182~272 168~251 161~241	承受高载荷、耐磨和高气密性重要零件,如重型机床、剪床、压力机、自动机床的床身、机座、机架、高压液压件、活塞环、齿轮、凸轮、车床卡盘、衬套,大型发动机的汽缸体、缸套、汽缸盖等

3)灰口铸铁的孕育处理

为了改善灰口铸铁的组织和力学性能,生产中常采用孕育处理,即在浇注前向铁水中加入少量孕育剂(如硅铁、硅钙合金等),改变铁水的结晶条件,从而得到细小、均匀分布的片状石墨和细小的珠光体组织,铸件的结晶几乎是在整个体积内同时进行的,使铸件在各个部位获得均匀一致的组织。因而孕育铸铁用于制造力学性能要求较高、截面尺寸变化较大的大型铸件。

4)灰口铸铁的热处理

由于热处理只能改变灰口铸铁的基体组织,不能改变石墨的形状、大小和分布,故灰口铸铁的热处理一般只用于消除铸件内应力和白口组织,以稳定尺寸、改变工件表面的硬度和耐磨性等。

①消除应力退火。缓慢加热到 500~600 ℃,保温一段时间,随炉降至 200 ℃后出炉空冷。

②消除白口组织的退火。将铸件加热到 850~950 ℃,保温 2~5 h,然后随炉冷却到 400~500 ℃,出炉空冷,用以消除白口,降低硬度,改善切削加工性。

③表面淬火。为了提高某些铸件的表面耐磨性,常采用高(中)频表面淬火或接触电阻加热表面淬火等方法,使工作面(如机床导轨)获得细马氏体基体+石墨的组织。

6.2.2 球墨铸铁

改变石墨形态是大幅度提高铸铁机械性能的根本途径,而球状石墨则是最为理想的一种石墨形态。为此,在浇注前向铁水中加入球化剂和孕育剂进行球化处理和孕育处理,则可获得石墨呈球状分布的铸铁,称为球墨铸铁,简称"球铁"。

1)球墨铸铁的化学成分、组织和性能

球墨铸铁的化学成分范围是:$\omega_C = 3.0\% \sim 4.0\%$,$\omega_{Si} = 2.0\% \sim 3.2\%$,$\omega_{Mn} = 0.3\% \sim 0.8\%$,$\omega_S \leqslant 0.07\%$,$\omega_P \leqslant 0.1\%$。根据铸态组织的不同,球墨铸铁可分为三种,其显微组织如图 6.6 所示。

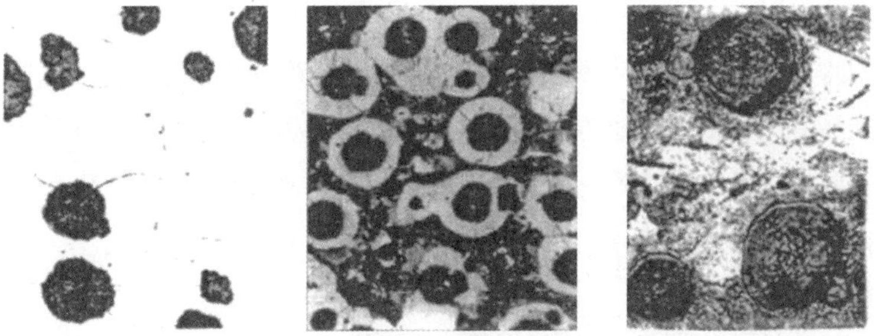

(a)（F+P）+球墨　　　　(b)P+球墨　　　　(c)F+球墨

图 6.6　球墨铸铁的显微组织

常用的球化剂有镁、稀土合金和稀土镁合金三种。由于镁和稀土元素都是强烈阻止石墨化的元素,只加球化剂处理,易使铸铁生成白口,所以,还应加入适量的孕育剂——硅铁,以促进石墨化。

2)球墨铸铁的牌号和用途

球墨铸铁的牌号用"QT"和其后的两组数字表示。其中"QT"是"球铁"二字的拼音首字母,后面的两组数字分别表示最低抗拉强度和最低伸长率。各种球墨铸铁的牌号、力学性能和用途见表6.2。

表 6.2　球墨铸铁的牌号、力学性能和用途

牌号	力学性能				基体组织类型	用途举例
	R_m/MPa	$R_{p0.2}$/MPa	$A/\%$	HBW		
	不大于					
QT400-18	400	250	18	130~180	F	承受冲击、振动的零件,如汽车、拖拉机轮毂、差速器壳、拨叉、农机具零件、中低压阀门、上下水及输气管道、压缩机高低压汽缸、电机机壳、齿轮箱、飞轮壳等
QT400-15	400	250	15	130~180	F	
QT450-10	450	310	10	160~210	F	
QT500-7	500	320	7	170~230	F+P	机器座架、传动轴飞轮、电动机架、内燃机的机油泵齿轮、铁路机车车轴瓦等
QT600-3	600	370	3	190~270	F+P	载荷大、受力复杂的零件,如汽车、拖拉机、曲轴、连杆、凸轮轴、磨床、铣床、车床的主轴、机床蜗杆、轧钢机轧辊、大齿轮、汽缸体等
QT700-2	700	420	2	225~305	P	
QT800-2	800	480	2	245~335	P 或回火组织	
QT900-2	900	600	2	280~360	B 或 $M_回$	高强度齿轮,如汽车后桥锥齿轮、大减速器齿轮、内燃机曲轴、凸轮轴等

球墨铸铁的基体组织上分布着球状石墨,由于球状石墨对基体组织的割裂作用和应力集中作用很小,所以球墨铸铁力学性能远高于灰铸铁,而且石墨球越圆整、细小、均匀则力学性能越高,在某些性能方面甚至可与碳钢媲美。球墨铸铁同时还具有灰铸铁的减振性、耐磨性和低的缺口敏感性等一系列优点。可以用球墨铸铁来代替钢制造某些重要零件,如曲轴、连杆、轴等。

3)球墨铸铁的热处理

在生产中经退火、正火、调质处理、等温退火等不同的热处理,球墨铸铁可获得不同的基体组织:铁素体、珠光体+铁素体、珠光体、贝氏体。

6.2.3 蠕墨铸铁

蠕墨铸铁是近几十年发展起来的新型铸铁。它是在一定成分的铁水中加适量的蠕化剂,获得石墨形态介于片状与球状之间,形似蠕虫状石墨的铸铁。

蠕墨铸铁的化学成分要求与球墨铸铁相近,生产方法与球墨铸铁也相似,在铁水中加入蠕化剂。蠕化剂有镁钛合金、稀土镁钛合金、稀土镁钙合金等。

1)蠕墨铸铁的化学成分和组织特征

蠕墨铸铁的化学成分一般为:$\omega_C = 3.4\% \sim 3.6\%$, $\omega_{Si} = 2.4\% \sim 3.0\%$, $\omega_{Mn} = 0.4\% \sim 0.6\%$, $\omega_S \leqslant 0.06\%$, $\omega_P \leqslant 0.07\%$。对于珠光体蠕墨铸铁,要加入珠光体稳定元素,使铸态珠光体的含量提高。

蠕墨铸铁的石墨形态介于片状和球状石墨之间。其显微组织如图6.7所示。

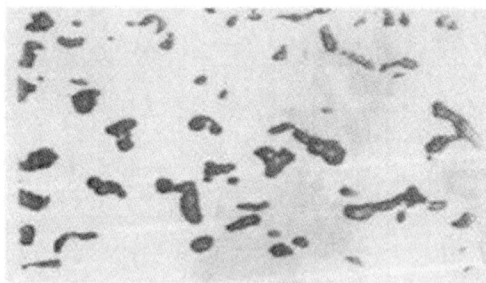

图6.7 蠕墨铸铁的显微组织

2)蠕墨铸铁的牌号、性能特点及用途

蠕墨铸铁的牌号用"RuT"和其后的一组数表示,RuT是"蠕铁"的汉语拼音简写,数字表示最小抗拉强度,例如 RuT340 各牌号蠕墨铸铁的主要区别在于基体组织。表6.3中为常用蠕墨铸铁。

表6.3 蠕墨铸铁的牌号和力学性能(单铸试样、性能、基体组织)

材料牌号	抗拉强度 $R_m(\geqslant)$/MPa	屈服强度 $R_{p0.2}(\geqslant)$/MPa	断后伸长率 A/% 不小于	布氏硬度/HBW	主要基体组织
RuT300	300	210	2.0	140~210	铁素体

续表

材料牌号	抗拉强度 $R_m(\geqslant)$/MPa	屈服强度 $R_{p0.2}(\geqslant)$/MPa	断后伸长率 A/% 不小于	布氏硬度/HBW	主要基体组织
RuT350	350	245	1.5	160~220	铁素体+珠光体
RuT400	400	280	1.0	180~240	铁素体+珠光体
RuT450	450	315	1.0	200~250	珠光体
RuT500	500	350	0.5	220~260	珠光体

注:布氏硬度(指导值)仅供参考。0.2%屈服强度 $R_{p0.2}$ 一般不作为验收依据。需方有特殊要求时,也可以测定。

蠕墨铸铁的力学性能介于相同基体组织的灰铸铁和球墨铸铁之间,其铸造性能和热传导性、耐疲劳性及减振性与灰铸铁相近。蠕墨铸铁已在加工业中广泛应用,主要用来制造大马力柴油机汽缸盖、汽缸套、电动机外壳、机座、机床床身、阀体、玻璃模具、起重机卷筒、纺织机零件、钢锭模等铸件。

6.2.4　可锻铸铁

可锻铸铁是由一定化学成分的白口铸铁通过石墨化退火而获得的具有团絮状石墨的铸铁。

1)可锻铸铁的化学成分和组织特征

可锻铸铁的生产过程可分为两步:先铸成白口铸铁件,再经高温长时间的石墨化退火。由于生产可锻铸铁的先决条件是浇注出白口铸铁,为此必须控制铸件化学成分,使之具有较低的 C、Si 含量。通常化学成分为 $\omega_C = 2.2\%$ ~ 3.4% , $\omega_{Si} = 0.6\%$ ~ 1.6% , $\omega_{Mn} = 0.3\%$ ~ 0.8% , $\omega_S \leqslant 0.25\%$, $\omega_P \leqslant 0.1\%$ 。

铁素体基体+团絮状石墨的可锻铸铁断口呈黑灰色,俗称"黑心可锻铸铁",这种铸铁件的强度与延性均较灰口铸铁的高,非常适合铸造薄壁零件,是最为常用的一种可锻铸铁。珠光体基体或珠光体与少量铁素体共存的基体+团絮状石墨的可锻铸铁件断口呈白色俗称"白心可锻铸铁",这种可锻铸铁应用不多。其显微组织如图 6.8 所示。

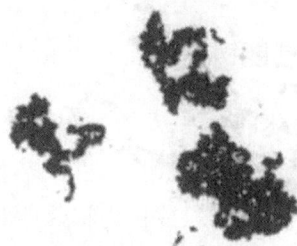

(a)珠光体可锻铸铁(白心)　　**(b)铁素体可锻铸铁(黑心)**

图 6.8　可锻铸铁的显微组织

2)可锻铸铁的牌号和用途

可锻铸铁的牌号分别用"KTH"（黑心可锻铸铁）、"KTZ"（珠光体可锻铸铁）和其后的两组数字表示。其中"KT"是"可铁"二字的汉语拼音首字母，两组数字分别表示最低抗拉强度和最低断后伸长率。常用可锻铸铁见表6.4。

表6.4　常用可锻铸铁的牌号、性能和用途

种类	牌号	试样直径 /mm	力学性能				用途举例
			R_m/MPa	$R_{p0.2}$/MPa	A/%	HBW	
			不大于				
黑心可锻铸铁	KTH300-06	12 或 15	300	—	6	≤150	制弯头、三通管件、中低压阀门等
	KTH330-08		330		8		制机床扳手、犁刀、犁柱、车轮壳等
	KTH350-10		350	200	10		汽车、拖拉机前后轮壳、后桥壳、减速器壳、转向节壳、制动器、铁道零件等
	KTH370-12		370		12		
珠光体可锻铸铁	KTZ450-06		450	270	6	150~200	载荷较高和耐磨零件，如曲轴、凸轮轴、连杆、齿轮、活塞环、摇臂、轴套、耙片、万向节头、牌轮、扳手、传动链条、犁刀、矿车轮等
	KTZ550-04		550	340	4	180~250	
	KTZ650-02		650	430	2	210~260	
	KTZ700-02		700	530	2	240~290	

可锻铸铁生产过程较为复杂，退火时间长，因此，生产率低、能耗大、成本较高。近年来，除管件及建筑脚手架扣件仍采用可锻铸铁外，不少可锻铸铁件已被球墨铸铁件代替。但可锻铸铁韧性和耐蚀性好，适宜制造形状复杂、承受冲击的薄壁铸件及在潮湿环境中工作的零件，与球墨铸铁相比具有质量稳定、铁水处理简易、易于组织流水线生产等优点。

6.2.5　特殊性能铸铁

随着科学技术的发展，对铸铁也提出了更高的要求，除现有的力学性能外，有时还要求具备某些特殊性能，如耐磨性、耐热性及耐蚀性等。为此，可向铸铁中加入某些合金元素，以获得合金铸铁，或称为特殊性能铸铁。

1)耐磨铸铁

为提高铸铁的耐磨性，可在铸铁中加入一些 Cu、Mo、Cr、Mn、Ni、P 等合金元素。表6.5列举了几种耐磨铸铁及其应用举例。

表 6.5 几种耐磨铸铁及应用举例

铸铁名称	化学成分(质量分数)/%	应用举例
高磷铸铁	P:0.4 ~ 0.6	汽车、拖拉机或柴油机的气缸套、机床导轨、活塞环等
铜铬钼铸铁	Cu:0.7 ~ 1.2;Cr:0.1 ~ 0.25;Mo:0.2 ~ 0.5	精密机床铸件、发动机上的气门垫圈、缸套、活塞环等
磷铜钛铸铁	P:0.35 ~ 0.6;Cu:0.6 ~ 1.2;Ti:0.09 ~ 0.15	普通机床及精密机床的床身
钒钛铸铁	V:0.1 ~ 0.3;Ti:0.06 ~ 0.2	机床导轨
硼铸铁	B:0.02 ~ 0.2	汽车发动机的气缸套

2)耐热铸铁

为提高铸铁的耐热性,可在铸铁中加入一些 Al、Si、Cr 等合金元素,见表6.6。

表 6.6 几种耐热铸铁及应用举例

铸铁名称	ω_C/%	ω_S/%	ω_{Mn}/%	ω_p/%	ω_S/%	其他(质量分数)/%	使用温度/℃	应用举例
中硅耐热铸铁	2.2 ~ 3.0	5.0 ~ 6.0	<1.0	<0.2	<0.12	Cr:0.5 ~ 0.9	≤350	烟道挡板、换热器等
中硅球墨铸铁	2.4 ~ 3.0	5.0 ~ 6.0	<0.7	<0.1	<0.03	Mg:0.04 ~ 0.07 Re:0.15 ~ 0.35	900 ~ 950	加热炉底板、熔铝电阻炉坩埚等
高铝球墨铸铁	1.7 ~ 2.2	1.0 ~ 2.0	0.4 ~ 0.8	<0.2	<0.01	Al:21 ~ 24	1 000 ~ 1 100	加热炉底板,渗碳罐、炉子传递链构件等
铝硅球墨铸铁	2.4 ~ 2.9	4.4 ~ 5.4	<0.5	<0.1	<0.02	Al:40 ~ 50	950 ~ 1 050	加热炉底板、炉子传递链构件等
高铬耐热铸铁	1.5 ~ 2.2	1.3 ~ 1.7	0.5 ~ 0.8	≤0.1	≤0.1	Cr:32 ~ 36	1 100 ~ 1 200	加热炉底板、炉子传递链构件等

3)耐蚀铸铁

为提高铸铁的耐蚀性,可在铸铁中加入较多的 Si、Al、Cr 等合金元素,见表6.7。

表 6.7 几种耐蚀铸铁及应用举例

铸铁名称	化学成分(质量分数)/%	应用举例
高硅耐酸铸铁	C:0.5 ~ 0.8;Si:14.4 ~ 16.0;Mn:0.3 ~ 0.8	在酸中均有良好的耐蚀性,化工、化肥、石油、医药设备中的零件

续表

铸铁名称	化学成分(质量分数)/%	应用举例
高铝耐蚀铸铁	C:2.8～3.3;Al:4～6;Si:1.2～2.0;Mn:0.5～1.0	氯化铵及碳酸氢铵设备中的零件

表6.8中所列为几种常用特殊铸铁的代号及牌号。

表6.8 几种常用特殊铸铁的代号及牌号

分类	名称	代号	牌号
抗磨类	耐磨灰口铸铁	HTM	HTM Cu1CrMo
	抗磨球墨铸铁	QTM	QTM Mn8-30
	抗磨白口铸铁	BTM	BTM Cr15Mo
耐蚀类	耐蚀灰口铸铁	HTS	HTS Ni2Cr
	耐蚀球墨铸铁	QTS	QTS Ni20Cr2
	耐蚀白口铸铁	BTS	BTS Cr28
耐热类	耐热灰口铸铁	HTR	HTR Cr
	耐热球墨铸铁	QTR	QTR Si5
	耐热白口铸铁	BTR	BTR Cr16

6.3 复习思考题

1. 铸造生产中,为什么铸铁的碳、Si 含量低时易形成白口? 同一铸铁件上,为什么其表层或薄壁处易形成白口?

2. 在铸铁的石墨化过程中,如果第一、第二阶段完全石墨化,而第三阶段分别为完全、部分或未石墨化时,问它们各获得哪种基体组织的铸铁?

3. 为什么机床的床身、床脚和箱体大都采用灰铸铁铸造? 能否用钢板焊接制造? 试将两者的实用性和经济性作简要比较。

4. 生产中出现下列不正常现象,应采取什么措施予以防止或改善?

(1)灰铸铁精密床身铸造后即进行切削,在切削加工后发现变形量超差;

(2)灰铸铁件薄壁处出现白口组织,造成切削加工困难。

5. 现有铸态球墨铸铁曲轴一根,按技术要求,其基体应为珠光体组织,轴颈表层硬度为 50～55 HRC,试确定其热处理方法。

6. 列表比较灰铸铁、球墨铸铁、蠕墨铸铁和可锻铸铁在牌号表示、显微组织、生产方法、性能和用途等方面的特点和区别。

7. 下列说法是否正确？为什么？

（1）采用球化退火可获得球墨铸铁。

（2）可锻铸铁可锻造加工。

（3）白口铸铁硬度高，故可作刀具材料。

（4）灰铸铁不能淬火。

8. 下列工件宜选用何种合金铸铁制造？

磨床导轨、高温加热炉底板、硝酸盛储器、汽车后桥外壳（要求较高强度、较高塑性和韧性，能承受较大冲击载荷，铸件壁较薄）、柴油机曲轴（要求较高强度、耐磨性及一定的韧性，铸件截面较厚）

第7章

有色金属及其合金

　　有色金属材料是指除钢铁材料外的其他金属及合金的总称。有色金属及其合金具有多种独特的性能，在众多领域都有广泛而重要的应用。利用铝合金、钛合金的密度小、强度高的特点制造飞机结构件或发动机零件；利用铜合金良好的导电性、导热性和耐腐蚀性，制造汽车电气系统中的发电机、电动机、电线电缆。有色金属材料种类繁多，应用较广的是 Al、Cu 及其合金以及滑动轴承合金。

7.1　铝及铝合金

7.1.1　纯铝

　　铝是目前工业中用量最大的非铁金属材料之一。纯铝为面心立方晶格，塑性好，强度、硬度低，一般不宜作结构材料使用。纯铝为银白色金属，其密度为 2.7 g/cm³，仅为钢的 1/3，熔点 660 ℃，基本无磁性，导电、导热性优良，仅次于银和铜。铝在大气中表面会生成致密的 Al_2O_3 薄膜而阻止其进一步氧化，所以抗大气腐蚀能力强。

　　纯铝主要用于制作电线、电缆、电气元件及换热器件。纯铝的导电、导热性随其纯度降低而变低，故纯度是纯铝材料的重要指标。纯铝的牌号中数字表示纯度高低。例如工业纯铝旧牌号有 L1、L2、L3，符号 L 表示铝，后面的数字越大纯度越低。对应新牌号为 1070、1060、1050。

7.1.2　铝合金的分类

　　Al 中加入 Si、Cu、Mg、Zn、Mn 等元素制成合金，既可提高强度，还可通过变形、热处理等方法进一步强化。所以铝合金可以制造某些结构零件。

　　二元铝合金一般形成固态下局部互溶的共晶相图，如图 7.1 所示。依据其成分和加工方法，铝合金可划分为变形铝合金和铸造铝合金两大类。前者塑性优良，适用于压力加工；后者塑性低，更适用于铸造成型。

　　(1)变形铝合金

　　由图 7.1 可知，凡成分在 D 点以左的合金加热时能形成单相固溶体组织，具有良好的塑性，适合压力加工，均称变形铝合金。变形铝合金又可分为两类：不能热处理强化的铝合金，成分在 F 点以左的合金，在固态范围内加热、冷却无相变，不能热处理强化，其常用的强化方法是冷变形,即形变强化,如冷轧、压延等方法。主要包括高纯铝、工业高纯铝、工业纯铝以及防锈铝等。能热处理强化的铝合金——成分在 F 点与 D 点之间的铝合金,不但可形变强化,还能够通过固溶处理(也称淬火)和时效强化等热处理手段来进一步强化,以提高机械性能。

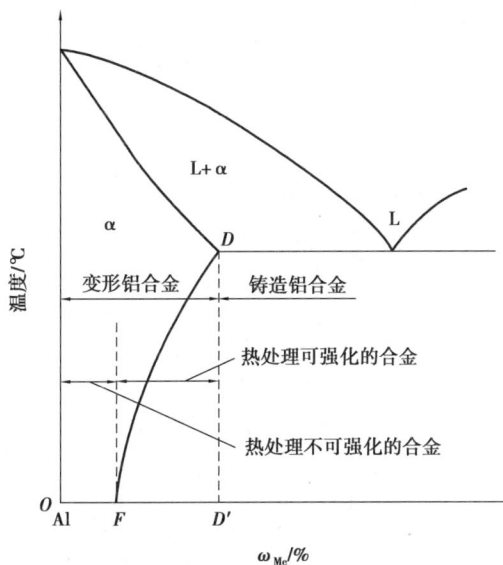

图 7.1　铝合金相图的一般类型

(2)铸造铝合金

成分在 D 点以右的铝合金,具有共晶组织,塑性较差,但熔点低,流动性好,适宜铸造,称为铸造铝合金,主要有 Al-Si 合金、Al-Cu 合金、Al-Mg 合金和 Al-Zn 合金等。

7.1.3　铝合金强化的途径

(1)固溶处理

将铝合金加热到 α 单相区某一温度,经保温,使第二相溶入 α 中,形成均匀的单相 α 固溶体,随后迅速水冷,在室温下得到过饱和的 α 固溶体,这种处理方法称为固溶处理或固溶(俗称淬火)。固溶处理的性能特点:硬度、强度无明显升高,而塑性、韧性得到改善;组织不稳定,有向稳定组织状态过渡的倾向。

(2)时效强化

固溶处理后的铝合金,随时间延长或温度升高而发生硬化的现象,称为时效(即时效强化)。在室温下进行的称为自然时效;在加热条件下进行的称为人工时效。合金时效强化的前提条件是合金在高温能形成均匀的固溶体,同时在冷却中,固溶体溶解度随之下降,并能析出强化相粒子。

7.1.4　铝及铝合金的牌号

铸造有色金属合金牌号由 Z 和基体金属元素符号、主要合金元素符号以及表明合金元素名义百分含量的数字组成,优质合金在牌号后面标注 A,压铸合金在合金牌号前面标字母"YZ"。

我国变形铝及铝合金采用国际四位数字体系牌号和四位字符体系牌号的命名方法。按化学成分以在国际牌号注册组织注册命名的铝及铝合金,直接采用四位数字体系牌号;国际牌号注册组织未命名的,则按四位字符体系牌号命名。两种牌号命名方法的区别仅在第二位。

牌号第一位数字表示铝及铝合金组别,1×××,2×××,3×××,9×××,分别按顺序1代表纯铝(ω_{Al}>99.00%),其余为以Cu、Mn、Si、Mg、Si、Zn、其他合金元素为主要合金元素的铝合金及备用合金组。

常用变形铝合金的牌号、性能和用途见表7.1。

表7.1 常用变形铝合金的牌号、性能和用途

类别	原牌号	新牌号	半成品种类	状态	力学性能		用途举例
					R_m/MPa	A/%	
防锈铝合金	LF2	5A02	冷轧板材 热轧板材 挤压板材	O H112 O	167~226 117~157 ≤226	16~18 7~6 10	在液体下工作的中等强度焊接件、冷冲压件和容器、骨架零件等
硬铝合金	LY12	2A12	冷轧板材(包铝) 挤压棒材 拉挤压管材	T4 T4 O	407~427 255~275 ≤245	10~13 8~12 10	用量最大、用作各种要求高载荷的零件和构件(不包括冲压件和锻件),如飞机上的骨架零件、蒙皮、翼梁、铆钉等
	LY8	2B11	铆钉线材	T4	225	—	用作铆钉材料
超硬铝合金	LC3	7A03	铆钉线材	T6	284	—	制作受力结构的铆钉
	LC4 LC9	7A04 7A09	挤压棒材 冷轧板材 热轧板材	T6 O T6	490~510 ≤240 490	5~7 10 3~6	用作承力构件和高载荷零件,如飞机上的大梁、桁条、加强框、蒙皮、翼肋、起落架零件等,通常多用于取代2A12
锻铝合金	LD5 LD7 LD8	2A50 2A70 2A80	挤压棒材 挤压棒材 挤压棒材	T6 T6 T6	353 353 441~432	12 8 8~10	形状复杂和中等强度的锻件和冲压件,内燃机活塞、气压机叶片、叶轮、圆盘以及其他在高温下工作的复杂锻件,2A70耐热性好
	LD10	2A14	热轧板材	T6	432	5	高负荷和形状简单的锻件和模锻件

注:状态符号采用 GB/T 16475—2023 规定代号:O——退火,T4——淬火+自然时效,T6——淬火+人工时效,H112——热加工。

7.1.5　变形铝合金

目前我国生产的变形铝合金分为防锈铝合金、硬铝合金、超硬铝合金及锻铝合金四大类。其中防锈铝合金是不可热处理强化的铝合金,其余三类合金是可热处理强化的铝合金。

1) 防锈铝合金

防锈铝合金主要是 Al-Mn 系和 Al-Mg 系合金。Mn 或 Mg 的添加使此类合金具有较高的耐蚀性。防锈铝合金有很好的塑性加工性能和焊接性,但强度较低且不能热处理强化,只能采用冷变形加工提高其强度。主要用于制作需要弯曲或拉深的高耐蚀性容器以及受力小、耐蚀的制品与结构件。

2) 硬铝合金

硬铝合金是 Al-Cu-Mg 系合金。经固溶与时效处理后,强度显著提高。硬铝的耐蚀性差,尤其不耐海水腐蚀,因此常用表面包覆纯铝的方法来提高其耐蚀性。此外,向硬铝中加入少量 Mn 也可改善合金的耐蚀性,同时还有固溶强化和提高耐热性的作用。

3) 超硬铝合金

超硬铝合金属于 Al-Zn-Mg-Cu 系合金,是目前强度最高的一类铝合金。这类合金有较好的热塑性,适宜压延、挤压和锻造,焊接性也较好。一般不用自然时效,只进行人工时效。缺点是耐热性低,耐蚀性较差,且应力腐蚀倾向大。它主要用作要求质量轻、受力较大的结构件,如飞机大梁、起落架等,典型超硬铝合金为 7A04。

4) 锻铝合金

锻铝合金包括 Al-Mg-Si-Cu 系普通锻造铝合金和 Al-Cu-Mg-Ni-Fe 系耐热锻造铝合金。这类合金有良好的热塑性和可锻性,可用于制作形状复杂或承受重载的各类锻件和模锻件,并且在固溶处理和人工时效后可获得与硬铝相当的力学性能。典型锻铝合金为 2A50。

7.1.6　铸造铝合金

用来制造铸件的铝合金称为铸造铝合金。按主加合金元素的不同,铸造铝合金分为 Al-Si 系、Al-Cu 系、Al-Zn 系和 Al-Mg 系四类。铸造铝合金的代号用 ZL("铸铝"的汉语拼音字首)和三位数字表示,第一位数字表示合金类别(以 1、2、3、4 顺序号分别代表 Al-Si 系、Al-Cu 系、Al-Mg 系和 Al-Zn 系),第二、三位数字表示合金顺序号。铸造铝合金的牌号由"ZAl"与合金元素符号及合金的质量分数(%)组成。

1) 铝硅铸造合金

铝硅铸造合金又称为硅铝明,是以上四类铸造铝合金中铸造性能最好的,具有中等强度和良好的耐蚀性,因而应用最广。

具有共晶成分($\omega_{si}=11.7\%$)的铝硅合金 ZAlSi12 具有优良的铸造性能,铸造后的组织几乎都是由粗大针状 Si 晶体和 α 固溶体组成的共晶体。粗大针状 Si 晶体严重降低了合金的力学性能,在浇注前应加入一定量的含钠或锶的变质剂进行变质处理,使共晶硅呈细小点状,同时使共晶点右移而得到亚共晶合金组织,从而使力学性能显著提高($R_m \geq 180$ MPa,$A = 6\%$),如图7.2所示。

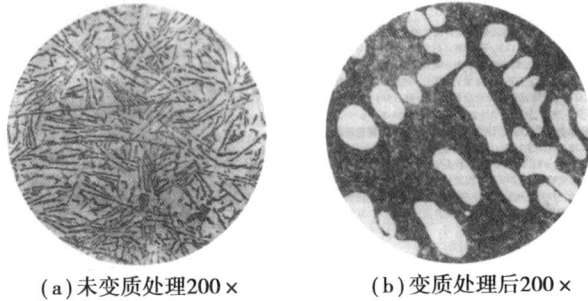

(a)未变质处理200×　　　(b)变质处理后200×

图7.2　共晶成分铝硅合金的铸态组织

铸造铝硅合金一般常用于发动机气缸以及仪表外壳等。同时加入 Mg、Cu 的铝硅合金(如 ZAlSi12Cu2Mg1),还具有良好的耐热性和耐磨性,是制造内燃机活塞的合适材料。

2)其他铸造铝合金

表7.2 所列为部分常用铸造铝合金。

铝铜铸造合金中铜的质量分数一般为4% ~14%,时效强化效果好,在铸造铝合金中具有最高的强度和耐热性。但故铸造性能不好,耐蚀性也较差。可用于制作要求高强度或在高温(200 ~300 ℃)条件下工作的零件。

表7.2　部分常用铸造铝合金的牌号(代号)、化学成分、力学性能及用途

类别	牌号(代号)	化学成分(质量分数)/%						铸造方法与热处理状态	力学性能			用途举例
		Si	Cu	Mg	Mn	其他	Al		R_m/MPa	A/%	HBW	
铝硅合金	ZAlSi7Mg (ZL101)	6.0 ~ 7.5		0.25 ~ 0.45			余量	JB、T5 S、R、K、T5	205 195	2 2	60 60	形状复杂的零件,如飞机、仪器的零件,抽水机壳体,工作温度不超过185℃的汽化器等
	ZAlSi12 (ZL102)	10.0 ~ 13.0					余量	J、F SB、JB、RB、KB、F SB、JB、RB、KB、T2	155 145 135	2 4 4	50 50 50	形状复杂的零件,如仪表、抽水机壳体,工作温度在 200 ℃ 以下,要求气密性承受低载荷的零件

续表

类别	牌号（代号）	化学成分（质量分数）/%						铸造方法与热处理状态	力学性能			用途举例
		Si	Cu	Mg	Mn	其他	Al		R_m/MPa	A/%	HBW	
铝硅合金	ZAlSi5CuMg (ZL105)	4.5 ~ 5.5	1.0 ~ 1.5	0.4 ~ 0.6			余量	J,T5 R、K、S、T5 S,T6	235 215 225	0.5 1.0 0.5	70 70 70	形状复杂，在225℃以下工作的零件，如风冷发动机的气缸套、机匣、液压泵壳体等
	ZAlSi9Cu2Mg (ZL111)	8.0 ~ 10.0	1.3 ~ 1.8	0.4 ~ 0.6	0.10 ~ 0.35	Ti 0.10 ~ 0.35	余量	SB,T6 J、JB,T6	255 315	1.5 2	90 100	250℃以下工作的承受重载的气密零件，如大马力柴油机气缸体、活塞等
铝铜合金	ZAlCu5Mn (ZL201)		4.5 ~ 5.3		0.6 ~ 1.0	Ti 0.15 ~ 0.35	余量	S、J、R、K、T4 S、J、R、K、T5	295 335	8 4	70 90	在175~300℃以下工作的零件，如支臂、挂架梁、内燃机气缸套、活塞等
	ZAlCu4 (ZI203)		4.0 ~ 5.0				余量	J,T4 J,T5	205 225	6 3	60 70	中等载荷、形状较简单的零件，如托架和工作温度不超过200℃并要求切削加工性能好的小零件
铝镁合金	ZAlMg10 (ZI301)			9.5 ~ 11.0			余量	S、J、R、T4	280	9	60	在大气或海水中的零件，承受大震动载荷、工作温度不超过150℃的零件
	ZAlMg5Si (ZIL303)	0.8 ~ 1.3		4.5 ~ 5.5	0.1 ~ 0.4		余量	S、J、R、K、F	143	1	55	腐蚀介质作用下的中等载荷零件，在严寒天气中以及工作温度不超过200℃的零件，如海轮配件和各种壳体
	ZAlZn11Si7 (ZL401)	6.0 ~ 8.0		0.1 ~ 0.3		Zn 9.0 ~ 13.0	余量	J,T1 S、R、K、T1	245 195	1.5 2	90 80	工作温度不超过200℃、结构形状复杂的汽车、飞机零件，也可制作日用品

注：1. 铸造方法：S—砂型铸造，J—金属型铸造，B—变质处理，K—壳型铸造，R—熔模铸造。

2. 热处理状态：T1—人工时效，T2—退火，T4—固溶处理+自然时效，T5—固溶处理+不完全人工时效，T6—固溶处理+完全人工时效，F—铸态。

铝镁合金的特点是强度高,耐蚀性好,且相对密度小(仅为 2.55),同时有较高的强度和韧性,并可以热处理强化;但铸造性能和耐热性较差。

铝锌合金价格便宜,铸造性能良好,并且既可直接进行人工时效,也可直接使用。铝锌合金在铸造时也需进行变质处理。这类合金的缺点是密度较大,耐蚀性较差,热裂倾向大。

7.2 铜及铜合金

铜是应用最广泛的有色金属材料之一,主要用作具有导电、导热、耐磨、抗磁、防爆等性能并兼有耐蚀性的器件。铜合金主要有黄铜、青铜和白铜。

7.2.1 纯铜

纯铜又称为紫铜,晶体结构是面心立方晶格,密度为 8.96×10^3 kg/m³,熔点为1 083 ℃,无同素异晶转变;导电、导热性优良,有高的化学稳定性,耐大气和水的腐蚀性强,并且是抗磁性金属;塑性好($A = 50\%$)、易于进行冷、热加工,但强度较低($R_m = 230 \sim 250$ MPa),硬度很低($40 \sim 50$ HBW),只能通过冷加工变形强化,经冷变形加工后强度可提高,但塑性显著下降。

工业纯铜分为 T1、T2、T3、T4 四个牌号,序号越大纯度越低,如 T1 含铜量为99.95%,而 T4 含铜量为 99.50%,余量为杂质。

纯铜一般不作结构材料使用,主要用于制造电线、电缆、电子元件及导热器件等。

7.2.2 黄铜

黄铜是以锌为主要添加元素的铜合金。黄铜对海水和大气有优良的耐蚀性,经冷加工强化黄铜可获得良好的力学性能。

1)普通黄铜

铜和锌组成的二元合金称为普通黄铜。锌加入铜中提高了合金的强度、硬度和塑性,并改善了铸造性能。普通黄铜的组织和力学性能与含锌量的关系如图 7.3 所示。

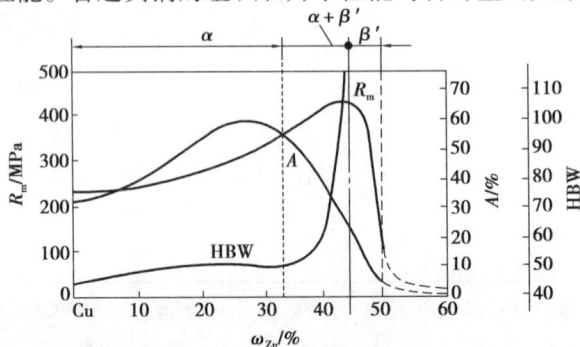

图 7.3 普通黄铜的组织和力学性能与含锌量的关系

由图 7.3 可见,在平衡状态下,$\omega_{Zn}<33\%$ 时,锌可全部溶解于铜中,形成单相 α 固溶体,随着锌含量增加,黄铜强度提高,塑性得到改善,适于冷加工变形;当 $\omega_{Zn}=33\%\sim45\%$ 时,合金中除形成 α 固溶体外,还产生少量硬而脆的 CuZn 化合物,强度继续提高,但塑性下降,不宜进行冷变形加工;当 $\omega_{Zn}>45\%$,黄铜的组织全部为脆性相 CuZn,合金强度、塑性急剧下降,脆性很大,无实用价值。黄铜经淬火后可获得全部是固溶体的单相黄铜($\omega_{Zn}<33\%$ 时)或是(α+CuZn)组织的双相黄铜($\omega_{Zn}\geqslant33\%$ 时)。

加工普通黄铜的牌号用"H"("黄")加数字表示,数字代表 Cu 的平均质量分数(%),例如 H68 表示 $\omega_{Cu}\approx68\%$、其余为 Zn 的普通黄铜。典型的加工普通黄铜有 H68、H62。H68 为单相黄铜,强度较高,冷、热变形能力好,适于用冲压和深冲法加工各种形状复杂的工件,如弹壳等;H62 为双相黄铜,强度较高,有一定的耐蚀性,适宜热变形加工,广泛用于热轧、热压零件。

铸造黄铜的牌号依次由"Z"("铸"),铜、合金元素符号及该元素含量的百分数组成。如 ZCuZn38 为 $\omega_{Zn}\approx38\%$、其余为铜的铸造合金。铸造黄铜的熔点低于纯铜,铸造性能好,且组织致密,主要用于制作一般结构件和耐蚀件。

2)特殊黄铜

为了改善黄铜的耐蚀性、力学性能和切削加工性,在普通黄铜的基础上加入其他元素即可形成特殊黄铜,常用的有锡黄铜、锰黄铜、硅黄铜和铅黄铜等。

加工特殊黄铜的牌号依次由"H"("黄"的汉语拼音字首)、主加合金元素、铜的质量分数(%)、合金元素的质量分数(%)组成。例如,HMn58-2 表示 $\omega_{Cu}\approx58\%$、$\omega_{Mn}\approx2\%$,其余为 Zn 的锰黄铜。铸造特殊黄铜的牌号依次由"Z"("铸"的汉语拼音字首)、Cu、合金元素符号及该元素含量的百分数组成。例如,ZCuZn31Al2 表示 $\omega_{Zn}\approx31\%$、$\omega_{Al}\approx2\%$,其余为铜的铸造黄铜。

为改善黄铜的性能加入少量的 Al、Mn、Sn、Si、Pb、Ni 等元素就得到特殊黄铜,如铅黄铜、锡黄铜、铝黄铜、锰黄铜、铁黄铜、硅黄铜等。其中 Al、Mn、Si 能改善力学性能;Al、Mn、Sn 能提高抗蚀性;Si 和 Pb 共存时能提高耐磨性;Pb 能提高切削加工性;Ni 能降低应力腐蚀的倾向。

常用黄铜的牌号、性能和用途见表 7.3。

表 7.3　常用黄铜的牌号、性能和用途

类别	牌号	制品种类	力学性能		主要特征	用途举例
			R_m/MPa	A/%		
普通加工黄铜	H80	板、带、管、棒	640	5	在大气、淡水及海水中有较高的耐蚀性,加工性优良	造纸网、薄壁管、皱纹管、建筑装饰用品、镀层等
铅黄铜	HPb59-1	板、管、棒、线	550	5	可加工性好,可冷、热加工,易焊接,耐蚀性一般。有应力腐蚀开裂倾向	热冲压和切削加工制作的零件,如螺钉、垫片、衬套、喷嘴等

续表

类别	牌号	制品种类	力学性能		主要特征	用途举例
			R_m/MPa	A/%		
锰黄铜	HMn58-2	板、带、棒、线	700	10	在海水、过热蒸气、氯化物中有高的耐蚀性。有应力腐蚀开裂倾向,导热导电性能低	应用较广的黄铜品种,主要用于船舶制造和精密电器制造工业
铸造黄铜	ZCuZn38	砂型、金属型	295 295	30	良好的铸造性和可加工性;力学性能较高,可焊接,有应力腐蚀开裂倾向	一般结构件,如螺杆、螺母、法兰、阀座、日用五金等

7.2.3 青铜

除黄铜、白钢外的铜合金统称为青铜。青铜种类较多,由锡青铜、铅青铜、硅青铜、铍青铜、钛青铜等。常用青铜的牌号、主要性能和用途见表7.4。

表 7.4 常用青铜的牌号、主要性能和用途

类别	牌号	制品种类	力学性能		主要特征	用途举例
			R_m/MPa	A/%		
压力加工锡青铜	QSn4-3	板、带、棒、线	350	40	有高的弹性和耐磨性,抗磁性良好,能很好地承受冷、热压力加工;在硬态下,切削性好,易焊接,在大气、淡水和海水中耐蚀性好	制作弹簧及其他弹性元件,化工设备上的耐蚀零件以及耐磨零件、抗磁零件、造纸工业用的刮刀
	QSn6.5-0.4	板、带、棒、线	750	9	抗疲劳强度较高,弹性和耐磨性较好,但在热加工时有热脆性	除用作弹簧和耐磨零件外,主要用作造纸工业制作耐磨的铜网和载荷小于980 MPa、圆周速度小于3 m/s的零件
	QSn4-4-2.5	板、带	650	3	高的减磨性和良好的切削性,易焊接,在大气、淡水中耐蚀性良好	轴承、卷边轴套、衬套、圆盘以及衬套的内垫等
铸造锡青铜	ZCuSn10Zn2	砂型	240	12	耐蚀性、耐磨性和切削性好,铸造性好,铸件致密性较高,气密性较好	在中等及较高载荷和小滑动速度下工作的重要管配件及阀、旋塞、泵体、齿轮、叶轮和涡轮等
		金属型	245	6		

续表

类别	牌号	制品种类	力学性能		主要特征	用途举例
			R_m/MPa	A/%		
铸造锡青铜	ZCuSn10Pb1	砂型	200	3	硬度高,耐磨性极好,不易产生咬死现象,有较好的铸造性和切削性,在大气、淡水中耐蚀性良好	可用于高载荷和高滑动速度下工作的耐磨零件,如连杆衬套、轴瓦、齿轮、涡轮等
		金属型	310	2		
		离心	330	4		
		金属型	540	15		

按生产方式不同分类,青铜可分为加工青铜和铸造青铜两类。

青铜的代号依次由"Q"("青")、主加合金元素符号及质量分数(%)、其他合金元素质量分数(%)构成,例如 QSn4-3 表示 $\omega_{Sn} \approx 4\%$、其他合金元素 $\omega_{Zn} \approx 3\%$,其余为 Cu 的锡青铜。如果是铸造青铜,代号之前加"Z"("铸"的汉语拼音字首),如 ZCuAl10Fe3 代表 $\omega_{Al} \approx 10\%$、$\omega_{Fe} \approx 3\%$,其余为铜的铸造铝青铜。

1)锡青铜

锡青铜是以 Sn 为主加元素的铜合金。如图 7.4 所示,$\omega_{Sn} < 8\%$ 的锡青铜组织中形成 α 固溶体,塑性好,适于压力加工;$\omega_{Sn} > 8\%$ 后,组织中出现硬脆相 δ,强度继续提高,塑性急剧下降,适宜铸造;$\omega_{Sn} > 20\%$ 以上时,因 δ 相过多,合金的塑性和强度显著下降,所以工业用锡青铜中 Sn 的质量分数一般为 3% ~ 14%。

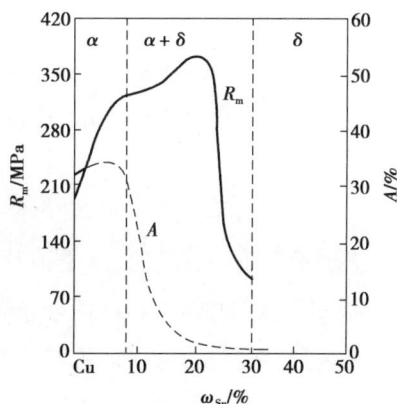

图 7.4 锡青铜的力学性能与 Sn 含量的关系

锡青铜最主要的特点是耐蚀性、耐磨性和弹性好,在大气、海水和蒸气等环境中的耐蚀性优于黄铜。铸造锡青铜流动性差,缩松倾向大,组织不致密,因此凝固时体积收缩率很小,适用于浇注外形尺寸要求严格的铸件。锡青铜多用于制造轴承、轴套、弹性元件以及耐蚀、抗磁零件等。

2)铝青铜

铝青铜是以 Al 为主加元素的铜合金。铝青铜具有高的强度、耐蚀性和耐磨性,并能进行热处理强化。ω_{Al} 为 5% ~7% 的铝青铜塑性好,适合冷加工,而 $\omega_{Al} < 10\%$ 的铝青铜,强度最高,适宜铸造。铝青铜主要用于制造仪器中要求耐蚀的零件和弹性元件,铸造铝青铜常用于制造要求强度高、耐磨性好的摩擦零件。

3)铍青铜

铍青铜是以 Be 为主加元素($\omega_{Be} = 1.7\%$ ~ 2.5%)的铜合金。铍青铜有很好的固溶与时效强化效果,时效后 R_m 可达 1 250 ~ 1 400 MPa。铍青铜不仅强度大、疲劳抗力高、弹性好,而且耐蚀、耐磨、导电、导热性优良,还具有无磁性、受冲击时无火花等优点,可进行冷、热加工和铸造成型,但价格较贵。铍青铜主要用于制造精密仪器或仪表的弹性元件、耐磨零件以及塑料模具等。

7.2.4　白铜

白铜是指以 Ni 为主加元素的铜合金,可分为普通白铜和特殊白铜两类。普通白铜只含 Cu 和 Ni,其编号为 B("白")+Ni 的平均含量,如 B19 表示 $\omega_{Ni} \approx 19\%$ 的普通白铜。

普通白铜的强度高、塑性好,能进行冷、热变形加工。其中冷变形加工能提高强度和硬度。此外普通白铜的耐蚀性好,电阻率较高,主要用于制造医疗器械、化工机械零件等。特殊白铜在普通白铜中添加了其他元素,其性能和用途与普通白铜不同,如含 Mn 高的锰白铜可制作热电偶丝、测量仪器等。

7.3　滑动轴承合金

用来制造滑动轴承的轴瓦及其内衬的合金称为滑动轴承合金。牌号表示方法与铸造有色金属及其合金牌号表示方法相同。

7.3.1　滑动轴承合金的性能要求

当轴承支撑轴旋转时,承受轴颈传递的交变载荷,轴瓦与轴发生强烈的摩擦,使温度升高,体积膨胀,轴承和轴颈可能会产生咬合。轴作为机器中的重要零件,制造困难,成本高,更换不容易,为保证机器长期正常运转,轴承合金应具有以下性能:

①高的抗压强度和疲劳强度,以承受轴颈施加的较大单位压力。

②高的耐磨性、良好的磨合性和较小的摩擦系数,能保持住润滑油,以减少对轴颈的摩擦。

③足够的塑性和韧性,以保证与轴配合良好,并能抵抗冲击和震动。

④有良好的耐蚀性和导热性,较小的膨胀系数,以防止轴瓦与轴颈因强烈摩擦升温而发生咬合,并能抵抗润滑油的侵蚀。

⑤加工工艺性能良好,制造简便,价格低廉。

7.3.2　轴承合金的组织要求

根据滑动轴承的工作条件和性能要求,轴承合金的组织通常是由软基体上均匀分布一定数量和大小的硬质点组成,或者由硬基体加软质点组成。当轴运转时,轴瓦的软基体易磨损而发生凹陷,能容纳润滑油,硬质点则相对突起支撑着轴颈。这就减少了轴颈和轴瓦之间的接触面积,降低了摩擦系数。软基体还可承受冲击和振动,使轴颈和轴瓦之间能很好地磨合,从而使偶然进入的外来硬质点能嵌入软基体中。

7.3.3 常用的轴承合金

滑动轴承合金按基体组织可分为锡基轴承合金(锡基巴氏合金)、铅基轴承合金(铅基巴氏合金)、铜基轴承合金和铝基轴承合金四种。

1) 软基体硬质点的轴承合金

这类合金中应用最广的是锡基和铅基轴承合金(又称巴氏合金)。铸造轴承合金的牌号由基体金属元素及主要合金元素的化学符号组成。主要合金元素后面跟有表示其名义百分含量的数字。如果合金元素的名义百分含量不小于1,用整数表示,如果小于1,则一般不标数字。在合金牌号前面冠以"Z"("铸")。例如 ZSnSb11Cu6,表示主加元素 Sb 的质量分数为11%,辅加元素 Cu 的质量分数为6%,其余为 Sn。

(1)锡基轴承合金(锡基巴氏合金,Sn-Sb-Cu 系合金)

锡基轴承合金软基体是 Sb 溶于 Sn 的 α 固溶体,硬质点是以 SnSb 化合物为基的 β 固溶体。其膨胀系数和摩擦系数小,导热性、耐蚀性和工艺性好,但疲劳强度较差,成本高,工作温度<150 ℃,适于制造拖拉机、汽轮机、车床主轴等高速轴瓦。

(2)铅基轴承合金(铅基巴氏合金,Pb-Sb-Sn-Cu 系合金)

铅基轴承合金软基体是 α+β 共晶体(α 是 Sb 在 Pb 中的固溶体,β 是 Pb 在 Sb 中的固溶体),硬质点为初生 β 相、SnSb 和 Cu_3Sn。铅基轴承合金的性能低于锡基轴承合金,但价格便宜,工作温度<120 ℃。在中、低载荷下工作的轴瓦应用较多。

常见的锡基、铅基轴承合金牌号、性能特点和用途见表 7.5。

表 7.5 常见的锡基、铅基轴承合金牌号、性能特点和用途

牌号	熔化温度/℃	力学性能(不小于)			主要特征	用途举例
		R_m/MPa	A/%	HBW		
ZSnSb12Pb10Cu4	185	—	—	29	软而韧,耐压,硬度较高,热强度较低,浇注性差	一般中速、中压发动机的主轴承,不适于高温
ZSnSb11Cu6	241	90	6.0	27	硬度适中,减摩性和抗磨性较好,膨胀系数比其他合金都小,优良的导热性和耐蚀性,疲劳强度低,不宜浇注很薄且承受振动载荷大的轴承	重载、高速的蒸汽机、涡轮机、柴油机,高速机床主轴的轴承和轴瓦
ZSnSb4Cu4	225	80	4.0	20	韧性为巴氏合金中最高者,与 ZSnSb11Cu6 相比强度、硬度较低	韧性高,浇注层较薄的重载荷高速轴承,如涡轮内燃机轴承

2) 硬基体软质点的轴承合金

属于这类轴承合金的有铜基轴承合金(铅青铜)和高锡铝基轴承合金等。

（1）铜基轴承合金（铅青铜）

它是以 Pb 为基本元素的铜基合金，常见牌号是 ZCuPb30。因 Cu 和 Pb 在固态时互不溶解，所以合金组织为 Cu+Pb，铜为硬基体，粒状铅为软质点。该合金具有高耐磨性、高耐疲劳性、高导热性和低的摩擦因数，工作温度较高（300～320 ℃），可用于制作在高速、重载、高温下工作的滑动轴承。

（2）高锡铝基轴承合金

常用的高锡铝基轴承合金的化学成分为 $\omega_{Sn} \approx 20\%$，$\omega_{Cu} \approx 1\%$，其余为 Al。合金组织中，Al 为硬基体，其上均匀分布着软的球状锡质点。此合金常与低碳钢板一起轧制成双金属材料后使用，均匀承载能力较强，工作寿命较长，可替代巴氏合金、铜基轴承合金和铝锑镁轴承合金。

7.4　粉末冶金材料

将金属粉末与金属或非金属（或纤维）混合，经过成型、烧结和后处理等过程制成的零件或材料，称为粉末冶金材料。粉末冶金既是一种不熔炼的特殊冶金工艺，又是一种少、无切削的精密的零件成型加工技术。

7.4.1　粉末冶金工艺简介

以铁基粉末冶金为例简述其工艺过程，即：粉料制取→粉料混合→成型→烧结→后处理→成品。

为获得必要的性能，在铁粉中加入石墨和合金元素，再加入压制成型的润滑剂（少量硬质酸锌和机油），并按一定比例配制成混合料；将配制好的粉末原料放入模具中加压，在巨大压力下混合料粉状颗粒间借助原子间吸引力与机械咬合作用，使制件结合为一定尺寸、形状并具有一定结构强度的压坯；压坯强度和密度很低，不能直接使用，还必须进行高温下的烧结；烧结是在保护气氛下加热的，材料中至少有一种组元处于固相，在高温下吸附在粉末表面的气体被清除，增加了颗粒间的接触表面，使粉末颗粒结合得更紧密；再通过原子的扩散、变形，粉末再结晶且晶粒长大，如此就得到了金相组织与钢铁类似的铁基粉末冶金制品。经烧结后的制品即可使用，对于有更高要求的制品需要进行后处理。例如，对精度要求高、表面光洁的制品可再进行精压加工；对要改善力学性能的制品，可进行淬火或表面淬火等热处理；对于轴承等制品，为达到润滑或耐蚀的目的，可进行浸油或浸渍其他液态润滑剂等处理。

7.4.2　粉末冶金的应用

与一般零件生产方法相比，粉末冶金法具有少切削或无切削、材料利用率高、生产率高、减少机械加工设备、降低成本等特点。这使得粉末冶金技术发展得异常迅速，被广泛用于制造各种衬套和轴套、齿轮、凸轮、含油轴承、摩擦片等。而粉末冶金材料也越来越多地应用于各种行业。在普通机械制造业中,粉末冶金材料常用作减摩材料、结构材料、摩擦材料及硬质合金等。在其他工业中,粉末冶金材料则被用于制造难熔金属材料(高温合金、钨丝等)、特殊电磁性能材料(如电器触头、硬磁材料、软磁材料等)、过滤材料(如空气的过滤、水的净化、液体燃料和润滑油的过滤以及细菌的过滤等)。

7.4.3 硬质合金

硬质合金是将一些难熔金属化合物粉末混合加压成型,再经烧结而成的一种粉末冶金产品。它主要用来制造高速切削的刀具、冷作或热作模具、量具以及不受冲击与震动的高耐磨零件。

由于机械加工的切削速度不断提高,大量高硬度或高韧性材料的切削加工,使切削刀具的刃部工作温度超过了 700 ℃,一般高速钢很难胜任,而需要材料热硬性更高的硬质合金。

1)硬质合金的性能特点

①具有高硬度(86～93 HRA,相当于69～81 HRC)、高热硬性(可达900～1 000 ℃)和高耐磨性。用作刀具使用时,切削速度、耐磨性与寿命比高速工具钢有显著提高。

②具有高的弹性模量、高的抗压强度,但抗弯强度较低。

③具有良好的耐蚀性和抗氧化性,较小的线胀系数,但导热性差。

④主要缺点是脆性大,且加工性能差。它们既不能进行锻造,也不能用一般的切削方法加工,只能采用电加工或专门的砂轮磨削。因此,一般都是将已成型的硬质合金制品通过钎焊、黏结或机械装夹等方法固定在刀杆或模具体上使用。

2)硬质合金的分类

常用的是以金属 Co 作黏结剂的硬质合金,按成分和性能特点可分为三种。

(1)钨钴类硬质合金

其主要化学成分是碳化钨(WC)及 Co,牌号用"YG"("硬""钴")和 Co 的质量分数(%)表示。例如 YG6 表示 $\omega_{Co} \approx 6\%$,其余为 WC 的钨钴类硬质合金。这类硬质合金的韧性好,但硬度和耐磨性较差,适用于制作切削铸铁、青铜等脆性材料的刀具。

(2)钨钴钛类硬质合金

其主要化学成分为 WC、TiC 及 Co,牌号用"YT"("硬""钛")和 TiC 的质量分数(%)表示,如 YT5。这类硬质合金的硬度和耐磨性高,但韧性差,加工钢材时刀具表面能形成一层氧化钛薄膜,使切屑不易黏附,适用于制作切削高韧钢材的刀具。

(3)钨钛钽(铌)类硬质合金

其成分为 WC、TiC、TaC 或 NbC 和 Co,又称通用硬质合金或万能硬质合金,牌号用"YW"("硬""万")加顺序号表示,如 YW1 等。这类硬质合金主要用于制作切削高锰钢、不锈钢、耐热钢等难加工材料的刀具。

(4)钢结硬质合金

钢结硬质合金以 TiC、WC 为硬质相,以合金钢(高速工具钢、不锈钢等)作黏结剂。

与上述一般硬质合金相比，钢结硬质合金中碳化物粉末的含量少得多(30%～50%)，故其韧性较好，因而成为一种介于钢与一般硬质合金之间的工程材料。它便于加工成型，可以对其进行锻造、焊接、切削加工和热处理，并且有高耐磨性、高刚度、抗氧化和耐腐蚀等优点，适宜制造形状复杂的刀具、模具以及要求刚度大和耐磨性好的机器零件等。

常用硬质合金的牌号、成分和性能见表7.6。根据国家标准的规定，切削加工用硬质合金按被加工材料可分为六个主要类别，分别以字母 P、M、K、N、S、H 表示。此外，再将以上各类硬质合金分成小组，其代号由在 P、M、K、N、S 或 H 后加一组数字表示，如P10、M10、K20 等。同一类别中，数字越大，其耐磨性越低而韧性越高。

表 7.6　常用硬质合金的牌号、成分和性能

| 类别 | 牌号 | 化学成分(质量分数)/% | | | | 物理、力学性能 | | |
		WC	TiC	TaC	Co	$\rho/(g \cdot cm^{-3})$	HRA	R_m/MPa
钨钴类合金	YG3X	96.5	—	<0.5	3	15.0～15.3	≥91.5	≥1 079
	YG6	94.0	—	—	6	14.6～15.0	≥89.5	≥1 422
	YG6X	93.5	—	<0.5	6	14.6～15.0	≥91.0	≥1 373
	YG8	92.0	—	—	8	14.5～14.9	≥89.0	≥1 471
	YG8N	91.0	—	1	8	14.5～14.9	≥89.5	≥1 471
	YG11C	89.0	—	—	11	14.0～14.4	≥86.5	≥2 060
	YG15	85.0	—	—	15	13.0～14.2	—	—
钨钴类合金	YG4C	96.0	—	—	4	14.9～15.2	≥87	≥2 060
	YG6A	92.0	—	—	6	14.6～15.0	≥89.5	≥1 422
	YG8C	92.0	—	2	8	14.5～14.9	≥91.5	≥1 373
							≥88.0	≥1 716
钨钴钛类合金	YT5	85.0	5	—	10	12.5～13.2	≥89.5	≥1 373
	YT14	78.0	14	—	8	11.2～12.0	≥90.5	≥1 177
	YT30	66.0	30	—	4	9.3～9.7	≥92.5	≥883
通用合金	YW1	84～85	6	3～4	6	12.6～13.5	≥91.5	≥1 177
	YW2	82～83	6	3～4	8	12.4～13.5	≥90.5	≥1 324

注：加字母"X"表示为细颗粒合金；加字母"C"表示为粗颗粒合金；不加字母的为一般颗粒合金。

7.5　复习思考题

1.变形铝合金和铸造铝合金是怎样区分的？ 热处理能强化铝合金和热处理不能强

化铝合金是根据什么确定的?

2. 试述各种变形铝合金的特性和用途。

3. 铸造铝合金中哪种系列应用最广泛? 用变质处理提高铸造铝合金性能的原理是什么?

4. 铝合金的强化措施有哪些? 铝合金的淬火与钢的淬火有什么不同?

5. 什么是黄铜? 为什么黄铜中的锌含量不大于 45%?

6. 什么是锡青铜? 它有何性能特点? 为什么工业用锡青铜的 Sn 含量为 3% ~ 14%?

7. 轴承合金应具有哪些性能要求? 为确保这些性能,轴承合金应具有什么样的理想组织?

8. 什么是粉末冶金? 其特点和应用是什么?

9. 试述硬质合金的种类、特点和用途。

第8章
常用非金属材料及新型材料

随着科学技术的发展,传统的金属材料已不能完全满足现代工业的需要。近60年来,非金属材料由于来源丰富、性能优良而得到迅速发展。其中,高分子材料和工业陶瓷材料的发展尤为突出。高分子材料是以高分子化合物为主要成分,在其中加入各种添加剂组成的材料。高分子材料具有很多独特的性能,如高的耐磨性、耐蚀性以及绝缘性好、比强度高、密度小等,在现代工业生产中得到了广泛应用。

8.1 高分子材料

8.1.1 高分子化合物的基本概念

高分子化合物与人们日常接触的低分子化合物有所不同,它是由一种或多种低分子化合物聚合而成的相对分子质量较大的化合物,因此高分子化合物也被称为聚合物或高聚物。一个高分子化合物的长链中可能包含成千上万个原子,这些原子通过共价键相互连接。高分子化合物的相对分子质量可以高达几十万甚至上百万。其长径比通常在 $10^3 \sim 10^5$,因此可以将其视为一条细长且具有柔性的长链。高分子化合物之所以与小分子化合物有所区别,并展现出高强度、高弹性和高耐蚀性等特性,均与其链状结构密切相关。

8.1.2 高分子材料的结构

高分子材料的基本性质是由其主要成分(高分子化合物)的内部结构所决定的。高聚物是由成千上万的原子组成的长链大分子,其结构比常见的低分子物质更为复杂。按其研究单元不同可将其分为高分子链结构和聚集态结构。

8.1.3 常用高分子材料简介

1) 塑料

(1) 塑料的基本组成

塑料是以高聚物(通常称为树脂)为基础,加入各种添加剂,在一定温度、压力下可塑成型的材料。树脂是塑料的主要成分,它粘接塑料中的其他一切组成部分,并使其具有成型性能。绝大多数塑料就是以所用树脂命名。为改善塑料的某些性能而必须加入的物质称为添加剂,常用的有玻璃纤维、石棉、碳酸钙、滑石粉、硅灰石、云母和木粉等。

（2）塑料的分类

根据塑料受热后的性能,可将其分为热塑性和热固性两大类。热塑性塑料加热软化,冷却变硬,可多次重复使用。属于这类塑料的有聚烯烃塑料、聚酰胺、ABS、聚碳酸酯和聚四氟乙烯等。热固性塑料大多以缩聚树脂为基础,通过加入固化剂等添加剂,在一定条件下发生化学反应,固化为不溶不熔的坚硬制品,如酚醛塑料、环氧塑料等。

按塑料的应用范围,可将其分为通用塑料及工程塑料。通用塑料是指产量大、价格低、用途广的塑料,主要是聚烯烃类塑料、酚醛塑料和氨基塑料。它们占塑料总产量的3/4以上,大多数用于生活制品。工程塑料是指在工程技术中用作结构材料使用的塑料。它们的机械强度较高,或具备耐热、耐蚀等特殊性能,因而可部分代替金属制作某些机器构件、零件等。

（3）常用工程塑料

①常用热塑性塑料。

a.聚酰胺(尼龙、锦纶、PA)。它强度较高,耐磨、自润滑性好,且耐油、耐蚀、消声、减震,可替代有色金属及其合金大量用于制造小型零件(如齿轮、蜗轮等)。但尼龙容易吸水,吸水后性能及尺寸会发生很大变化,使用时要特别注意。

b.聚碳酸酯(PC)。它的透光率可达90%,具有优异的冲击韧性和尺寸稳定性,很好的耐高低温性能,长期使用温度范围为-70～120 ℃;有良好的电绝缘性和加工成型性。缺点是耐化学试剂性能差,易受碱、胺、酮、酯、芳香烃等的侵蚀,长期浸在沸水中会发生水解现象,在四氯化碳中会发生"应力开裂"现象。PC主要用于制造大型灯罩、防护玻璃、照相器材、电力工具、防护安全帽等。

c.聚甲醛(POM)。它具有高强度、高弹性模量、耐疲劳、耐磨和耐蠕变等优良的综合物理、力学性能。其强度与金属相近,因而可以代替有色金属及其合金用来制造各类机器零件,如轴承、齿轮、凸轮、阀门、管道、叶轮、汽化器和化工容器等,且其使用范围在不断扩大。

d.ABS塑料。它是一种坚韧、质硬的塑性材料,具有耐热、表面硬度高、尺寸稳定、良好的耐蚀性及电性能,易成型和机械加工等特点;缺点是耐高、低温性能差,易燃、不透明。ABS塑料广泛用于制作齿轮、泵叶轮、轴承、电机外壳、冰箱衬里、仪表壳、容器、管道、飞机舱内装饰板、窗框、隔声板等结构件。

e.聚四氟乙烯(PTFE,特氟龙)。它具有很好的化学稳定性和热稳定性及优越的电性能,突出的耐高、低温性能,摩擦系数小,有自润滑性,吸水性小,在极其潮湿的条件下仍能保持良好的绝缘性。聚四氟乙烯的缺点是热膨胀系数较大、刚性差,机械强度较低,当温度达到390 ℃时开始分解,并放出有毒气体,因此加工时必须严格控制温度。

f.聚甲基丙烯酸甲酯(PMMA,有机玻璃)。它是目前最好的透明材料,透光率达92%以上,有较高的强度和韧性,很好的耐候性、耐紫外线和防大气老化,主要用于制作具有一定透明度和强度的零件,如飞机座舱盖、光学镜片、设备招牌、防弹玻璃、汽车风挡、仪器仪表防护罩及各种文具和日常生活用品。

②常用热固性塑料。

a. 酚醛塑料(PF)。它具有较高的强度和硬度,耐热、耐磨、耐腐蚀及良好的绝缘性,广泛用于机械、电器、电子、航空、船舶、仪表等工业中,如齿轮、轴承、垫圈、带轮等结构件和各种电气绝缘零件,并可代替有色金属制造的金属零件,航空航天工业中作电绝缘材料和耐烧蚀材料。

b. 环氧塑料(EP)。它具有较高的机械强度,优良的电绝缘性、耐蚀性,很高的尺寸稳定性,成型性能好;缺点是成本太高,所使用的某些树脂和固化剂的毒性大。环氧塑料主要用于制作模具、精密量具、电气及电子元件等重要零件。

2)橡胶

橡胶是一类具有高弹性的轻度交联的高分子材料。其在外力作用下很容易发生较大的变形,除去外力后又能恢复到原来的状态,并在很宽的温度范围内($-50 \sim 50$ ℃)具有优异的弹性,所以又称其为高弹体。橡胶的机械强度和弹性模量比塑料低,但它的伸长率比塑料大得多。橡胶还具有较好的抗撕裂、耐疲劳特性,在使用中经多次弯曲、拉伸、剪切和压缩不受损伤,并具有不透气、不透水、耐酸碱和隔声、绝缘等特性。应注意的是,除某些品种外,橡胶一般不耐油、不耐溶剂和强氧化性介质,而且易老化,高温时发黏、低温时变脆。因此工业上使用的橡胶必须添加其他成分并经特殊处理。

(1)橡胶的分类

按照原料来源,橡胶可分为天然橡胶和合成橡胶两大类;按照橡胶的使用性能和环境,又可分为通用橡胶和特种橡胶。通用橡胶主要用于生产各种工业制品和日用杂品;特种橡胶主要用于生产在特殊环境下(高低温、酸碱、油类和辐射等)使用的制品。

(2)常用橡胶材料

①天然橡胶。它具有良好的弹性,较高的力学性能,很好的耐屈挠疲劳性能,滞后损失小,广泛用于制造轮胎。

②丁苯橡胶。其耐磨性、耐热性、耐油性和耐老化性均优于天然橡胶,成本低;缺点是弹性、耐寒性、耐撕裂性和黏着性能不如天然橡胶。丁苯橡胶主要用来制造轮胎、胶带和胶管。

③顺丁橡胶。其弹性好,是当前橡胶中弹性最高的一种,耐低温性能好,耐磨性能优异,与其他橡胶的相容性好;缺点是抗张强度和抗撕裂强度均低于天然橡胶和丁苯橡胶,加工性能和黏着性能较差。顺丁橡胶主要用于制造轮胎、胶带、减振部件、绝缘零件等。

④氯丁橡胶。它具有高弹性、高绝缘性、高强度、耐油、耐溶剂、耐氧化、耐酸、耐热和抗氧化等,有"万能橡胶"之称;缺点是耐寒性差、密度大、稳定性差。氯丁橡胶主要用于制造运输带、风管、电缆和输油管等。

⑤丁腈橡胶。它具有优良的耐油性和耐非极性溶剂性能,其耐热性、耐腐蚀性、耐

老化性、耐磨性及气密性均优于天然橡胶；缺点是耐臭氧性、电绝缘性能和耐寒性较差。丁腈橡胶主要用于各种耐油制品，如油箱的密封垫圈、飞机油箱衬里、劳保手套等。

⑥硅橡胶。它具有高耐热性和耐寒性，能在 -100 ~ 300 ℃很宽的温度范围内使用。有很好的电绝缘性能和良好的耐候、耐臭氧性能，并且无味、无毒。硅橡胶常用于制备各种密封垫圈、防震缓冲层材料和电气绝缘材料，以及食品工业的传送带和医疗用橡胶制品。

⑦氟橡胶。它具有突出的耐热性，可与硅橡胶相媲美，耐候性好，对日光、臭氧等均稳定，以及化学稳定性、耐油、耐有机溶剂及耐腐蚀性介质均优于其他橡胶；主要缺点是弹性和加工性能差，价格昂贵。氟橡胶最主要的用途是密封制品，也是目前高科技部门如航空航天、导弹、火箭等不可缺少的材料。

8.2　陶瓷材料

8.2.1　陶瓷的概念及分类

陶瓷是人类最早利用的材料之一。传统意义上的陶瓷是陶器和瓷器的总称，而现代陶瓷则包括了整个硅酸盐材料（陶瓷、玻璃、水泥和耐火材料等），以及新型的氧化物、氮化物、碳化物等特种陶瓷材料。陶瓷是指以天然硅酸盐或人工合成的各种化合物为原料，经粉碎、配制、成型和高温烧制而成的无机非金属材料。陶瓷已经成为与金属、有机高分子和复合材料并列的四大类现代材料之一。

陶瓷的种类很多，按来源可分为普通陶瓷和特种陶瓷；按用途可分为日用陶瓷和工业陶瓷；按化学组分又可分为氧化物陶瓷、氮化物陶瓷和碳化物陶瓷等；按性能还可分为高强度陶瓷、高温陶瓷和耐酸陶瓷等。陶瓷的具体分类见表8.1。

表8.1　陶瓷的分类

普通陶瓷	特种陶瓷					
	按性能分类	按化学组成分类				其他硅酸盐陶瓷
		氧化物陶瓷	氮化物陶瓷	碳化物陶瓷	复合陶瓷	
日用陶瓷 建筑陶瓷 绝缘陶瓷 化工陶瓷 多孔陶瓷	高强度陶瓷 高温陶瓷 耐磨陶瓷 耐酸陶瓷 压电陶瓷 电介质陶瓷 光学陶瓷 半导体陶瓷 磁性陶瓷 生物陶瓷	氧化铝陶瓷 氧化铍陶瓷 氧化锆陶瓷 氧化镁陶瓷	氮化硅陶瓷 氮化硼陶瓷 氮化铝陶瓷	碳化硅陶瓷 碳化硼陶瓷	金属陶瓷 纤维增强陶瓷	玻璃 铸石 水泥

8.2.2 陶瓷材料的物质结构和显微结构

陶瓷材料的性能主要取决于材料的物质结构和显微结构。物质结构主要是指材料的结合键;显微结构是指在光学显微镜或电子显微镜下观察到的组织结构。

1)物质结构

大多数陶瓷材料的物质结构是由离子键构成的离子晶体和由共价键组成的共价晶体。共价键和离子键有很强的方向性和很高的结合能,因此,陶瓷材料很难像金属那样产生塑性变形,其脆性大、裂纹敏感性强。但由于陶瓷材料具有这些化学键类型使其同时具有许多特殊性能,如高硬度、高熔点和高的化学稳定性,因而其耐磨性、耐热性和耐蚀性优异。

2)显微结构

陶瓷的性能与其显微结构密不可分。陶瓷是一种多晶体材料,尽管各种陶瓷的显微结构各不相同,但都是由晶相、玻璃相和气相三部分组成。

8.2.3 陶瓷材料的性能特点

1)陶瓷的力学性能

与金属相比,陶瓷的力学性能具有以下特点:

①高硬度、高弹性模量、高脆性。大多数陶瓷的硬度比金属高得多,其莫氏硬度都在 7 以上,因而耐磨性好,常用于制作耐磨件,如轴承、刀具等。陶瓷属于脆性材料,其在拉伸时几乎没有塑性变形,且冲击韧性和断裂韧性都很低。陶瓷的弹性模量均比金属高。

②低抗拉强度及较高的抗压强度。陶瓷材料的抗压强度较高,约为抗拉强度的 10 倍以上。

③优良的高温强度和低热振性。陶瓷的高温强度高,具有高的蠕变抗力和抗高温氧化性,故广泛用作高温材料。但陶瓷承受温度急剧变化的能力(抗热振性)差,当温度剧烈变化时易破裂。

2)陶瓷的物理、化学性能

①热性能。陶瓷具有熔点高(大于 2 000 ℃)、热膨胀系数小、热导率低、热容量小等热性能。且随着气孔率的增加,热膨胀系数、热导率、热容量均降低,所以多孔或泡沫陶瓷可作绝热材料。

②化学稳定性。陶瓷的结构稳定,不易氧化,对酸、碱、盐有良好的抗蚀能力,还能抵抗熔融金属的侵蚀(如 Al_2O_3 坩埚)。

③其他性能。陶瓷晶体中没有自由电子,所以大多数陶瓷材料具有良好的绝缘性能,少数陶瓷材料如 $BaTiO_3$ 具有半导体性质。此外,某些陶瓷具有特殊的光学性能,可用作固体激光材料、光导纤维和光储备材料等;某些陶瓷具有磁性,可用作磁芯、磁带和磁头等。

8.3　复合材料

信息、能源、材料等是当今世界科技发展的主题。尖端科学技术的迅速发展,对材料性能提出了越来越高的要求,传统的单一材料已不能满足实际需要,复合材料可以结合不同单一类型材料的性能优点,从而满足新的使用性能;另外,对复合材料的需求越来越大,相应的研究也越来越多。

事实上,人们早就在使用复合材料,如古代在泥浆中掺入麦秆(或稻草)做成原始的建筑复合材料。近代用的水泥、砂、石子和钢筋组成的钢筋混凝土材料也可看成复合材料。

8.3.1　复合材料的定义与分类

复合材料是一种由两种或两种以上异质、异形、异性的原材料通过某种工艺组合而成的新材料。在复合材料中,通常有一相为连续相,称为基体;另一相为分散相,称为增强材料。复合材料一般由强度低、韧性好、模量低的材料作为基体材料,采用高强度、高模量、脆性大的材料作为增强材料复合而成。它既保留了原始组分材料的主要特性,又通过复合效应获得了原组分所不具备的新性能。

复合材料品种繁多,有各种分类方式,归纳起来主要有以下几种。

1)按照使用功能要求划分

①结构复合材料。它主要是作为承力结构使用的复合材料,可根据材料在使用中的受力要求进行组元选材和增强体排布设计,从而充分发挥各组元的效能。

②功能复合材料。它是除力学性能外还有其他物理性能的复合材料,这些性能包括电、磁、热、声、力学(指阻尼、摩擦)等。该类材料可用于电子、仪器、汽车、航空航天、武器等工业中。

2)按增强体的几何形态划分

①纤维增强复合材料。这类材料纤维是承受载荷的主要组元,纤维的加入不但大大改善了材料的力学性能,而且也提高了耐温性能。

②颗粒增强复合材料。颗粒增强复合材料的增强体是不同尺寸的颗粒(球形或者非球形)。颗粒型增强体的主要作用是调节复合材料的电导率、热导率,改善摩擦磨损性能、降低热膨胀系数、提高耐热温度及调节复合材料的密度。

③薄片增强复合材料。其增强体是长与宽尺寸相近的薄片。薄片增强体由天然、人造和在复合材料工艺过程中自身生长三种途径获得。

④叠层复合材料。它是指复合材料中的增强相是分层铺叠的,即按相互平行的层面配置增强相,而各层之间通过基体材料连接。叠层复合材料在其层面方向可以提供优良的性能。

3）按照基体材料的性质划分

按照其基体材料的性质通常分成两类,即金属基复合材料和非金属基复合材料。非金属基复合材料又可以分为两类,即聚合物基复合材料和陶瓷基复合材料。金属基复合材料包括铝基、镁基、铜基、钛基、高温合金基、金属间化合物基和难熔金属基复合材料。

8.3.2 复合材料的性能特点

与其他材料相比较,复合材料具有以下特点:

①高比强度(极限强度与相对密度之比)和高比模量(模量与相对密度之比)。其中以纤维增强复合材料的比强度和比模量最高。

②高温性能好。与某些金属相比,具有明显的耐高温性能。一般铝合金在400 ℃时弹性模量大幅度下降,强度也显著下降,但以碳或硼纤维增强的铝合金复合材料,在上述温度时弹性模量和强度基本不变。

③化学稳定性好。选用耐腐蚀的树脂为基体,强度高的纤维为增强材料制备的复合材料,能耐酸、碱、油脂等侵蚀。

④成型工艺简单。复合材料构件可整体成型、用模具一次成型,有利于节省原材料和工时。

此外,复合材料还具有较好的减磨耐磨性、抗疲劳性、减振性和隔热性等。其缺点是抗冲击性能差、不同方向上的力学性能存在较大差异,构件制造时手工劳动多,质量不够稳定,成本较高。

8.3.3 常见复合材料及其应用

1）聚合物基复合材料

玻璃纤维增强塑料(GFRP),即玻璃钢,其轻质(密度只有钢的 $1/5 \sim 1/4$,比 Al 还轻)、高强度、耐腐蚀性好,有良好的隔热、隔声、抗冲击性能。玻璃钢在航空工业中用于制造飞机头罩、机翼、尾翼、副油箱、雷达罩等;在军事上用于制造自动枪托、火箭发射管、钢盔、装甲车和艇身等;也用在石油化工工业中,如管道、泵件和容器等;汽车工业是使用增强塑料的大户。

碳纤维增强塑料(CFRP)是最具代表性且性能最优越的塑料基复合材料,除具一般特性外,还具有一定的电性能、滑动特性、放射线特性等多种功能,从而在许多方面获得广泛应用。例如,一流的羽毛球拍、网球拍、高尔夫球棒、滑雪杖、撑杆、弓箭、自行车等。

2）金属基复合材料

与聚合物基复合材料比,金属基复合材料有较高的耐高温性和不燃烧性,有高的导热导电性、抗辐射性,不吸湿耐老化等特性,横向强度和模量也较高。与传统金属相比,它具有质量轻、强度和刚度高、耐磨损、高温性能好等显著特点。但制造工艺复杂,造价昂贵。金属基复合材料的应用领域主要是航空和航天。碳纤维(石墨纤维)可用来增强

Al、Mg、Cu 等。碳铝基复合材料用于制造飞机上的大梁、骨架、支柱;战术导弹上的蒙皮加固件、发射管等;坦克上的传动箱、底盘和装甲部件;卫星上的设备支架、天线等,是轻便野战桥梁的理想材料。碳化硅纤维增强钛可用于制作飞机垂尾、导弹壳体等。

3) 纤维增强陶基瓷复合材料

陶瓷基复合材料具有优良的韧性和耐热疲劳性能,可克服单一陶瓷材料对裂纹敏感性高和易断裂的致命弱点。陶瓷基复合材料已实用化或即将实用化的领域有刀具、滑动构件、航空航天部件、发动机制件和能源构件等;在航空航天领域用于制作导弹头锥、火箭喷管等。碳/碳复合材料刹车片已用于军机、民机起落架的刹车构件。碳/碳复合材料还具有良好的力学性能和生物相容性,是颇有前途的医用生物材料。

玻璃纤维强度高、耐腐蚀、不燃烧、电绝缘性好。碳纤维来源广、成本低,而且产品性能好,是最有发展前途的增强材料。硼纤维耐高温、强度高,弹性模量远较玻璃纤维高;但价格昂贵,温度高时强度降低。碳化硅纤维比碳纤维有更好的化学稳定性和耐热性,高温抗氧化性比碳纤维、硼纤维好,且易与金属、陶瓷复合制成复合材料。芳纶纤维密度小、强度高,价格与碳纤维相同,却比其具有更优越的耐冲击性、比强度和减振性,且手感舒适,特别与环氧树脂的相容性好。

8.4　复习思考题

1. 什么是高分子化合物? 分子结构如何?
2. 简要叙述常用高分子材料及其性能的主要特点和应用。
3. 简述陶瓷材料的主要性能特点。
4. 简述复合材料的定义及分类。
5. 复合材料的性能有何特点?
6. 常用复合材料有哪些应用?

第9章

工程材料的选用

9.1 汽车发动机零件的材料选用

9.1.1 汽车发动机的结构

汽车发动机由多个零件组成,主要包括曲柄连杆机构、配气机构、冷却系统、润滑系统、点火系统、启动系统和燃油供给系统等部分。图9.1所示为发动机分解图。

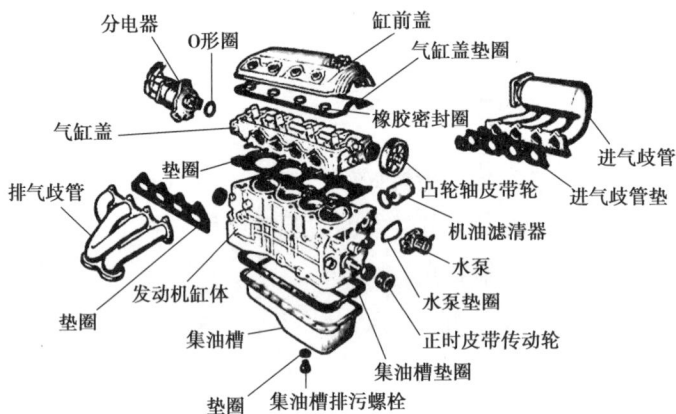

图9.1 发动机分解图

发动机本体:主要由气缸盖、气缸体、曲轴箱和油底壳组成,为了确保发动机本体完成其工作任务,还需要密封垫和螺栓。这一机构的主要作用是吸收发动机运行过程中产生的各种作用力;对燃烧室、发动机机油和冷却液起密封作用;固定曲柄连杆机构和气门机构以及其他部件。

曲柄连杆机构:包括活塞连杆组(活塞、活塞环、活塞销)和曲轴飞轮组(曲轴、飞轮)。这一机构的作用是将燃料燃烧时产生的热能转变为活塞往复运动的机械能,再通过连杆将活塞的往复运动变为曲轴的旋转运动而对外输出动力。

配气机构:由气门组和气门传动组组成,负责控制进气和排气过程,确保发动机的正常运行。

冷却系统:包括水泵、散热器、风扇、节温器等部件,用于调节发动机的温度,保证其在适宜的温度范围内运行。

润滑系统:由机油泵、集滤器、机油滤清器等组成,确保发动机各部件得到良好的润滑,减少磨损。

点火系统:包括蓄电池、发电机、点火线圈等,负责产生电火花,点燃混合气。

启动系统:由蓄电池、起动机等组成,帮助发动机启动。

燃油供给系统:包括油箱、汽油泵、喷油嘴等,负责提供燃料给发动机。

这些部件共同协作,确保汽车发动机的正常运行和高效工作。

9.1.2　汽车发动机的工作原理

以四冲程发动机为例,汽车发动机的工作原理主要通过四个冲程实现:进气冲程、压缩冲程、做功冲程和排气冲程如图9.2所示。在进气冲程中,进气门打开,排气门关闭,活塞由上止点向下止点移动,形成负压吸入空气和燃料的混合气。在压缩冲程中,进排气门关闭,活塞从下止点向上止点移动,压缩混合气,使其温度和压力升高。在做功冲程中,火花塞点燃混合气,产生高温高压气体,推动活塞向下运动,通过连杆将动力传递给曲轴。最后在排气冲程中,排气门打开,活塞从下止点向上止点移动,将燃烧后的废气排出气缸。

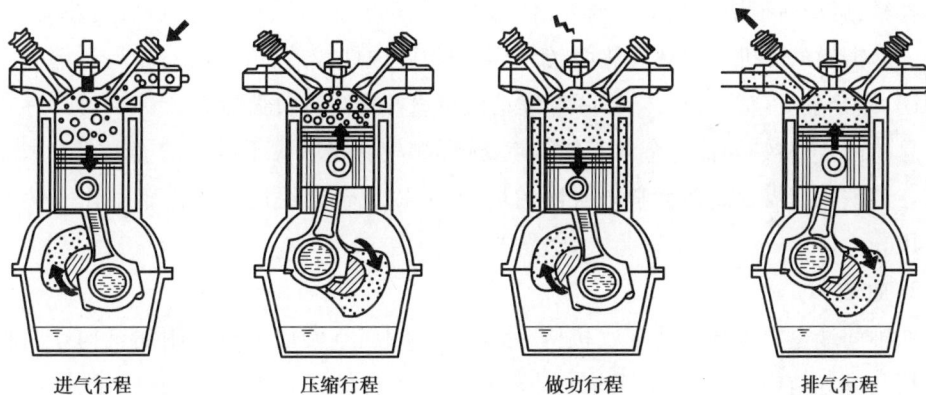

进气行程　　　　　压缩行程　　　　　做功行程　　　　　排气行程

图9.2　汽车发动机的工作原理

不同类型的发动机在这些基本冲程上有所不同。例如,二冲程发动机在一个工作循环中只需要两个冲程,而四冲程发动机则需要四个冲程。六冲程发动机则在传统四冲程的基础上增加了一个水蒸气做功的冲程,以提高效率。往复式发动机通过活塞的直线运动转化为旋转动力,而转子发动机则通过旋转的转子完成类似的过程。

9.1.3　汽车发动机主要零件的材料选用

1)缸体、缸盖

缸体、缸盖是发动机的重要部件,缸盖安装在缸体的上面,密封气缸体并与气缸体共同构成燃烧室。它们经常与高温高压燃气相接触,因此承受很大的热负荷和机械负荷。水冷发动机的缸盖内部有冷却水套与缸体水孔相通连接,以利用循环水来冷却燃烧室等高温部分。

气缸体是机体组的一部分,它不仅承受高压气体的作用力,而且发动机的所有零件几乎都安装在气缸体上。曲轴通过曲轴轴承盖或下曲轴箱框架用螺栓固定在缸体上,在缸体中运转。气缸体与气缸盖一起构成燃烧室,气缸体引导活塞在气缸中运动且散发燃烧过程中产生的多余热量。缸体内有压力机油供应通道、机油回流通道、冷却水套、冷却通道和曲轴箱通风通道,以解决发动机润滑、冷却和曲轴箱窜气的问题。缸盖的构造复杂,包含进、排气门座孔、气门导管孔、火花塞安装孔(汽油机)或喷油器安装孔等。此外,缸盖内还铸有水套、进排气道和燃烧室或燃烧室的一部分。若凸轮轴安装在缸盖上,则还需加工凸轮轴承孔或凸轮轴承座及其润滑油道。

发动机缸体常用的材料主要有两种:铸铁和铝合金。

铸铁缸体通常使用灰铸铁铸造,为了增强缸体的强度和耐磨性,可能会使用含 Ni、Cr、Mo、P 等元素的优质灰铸铁。此外,一些高强化的柴油机会使用更高级的球墨铸铁或蠕墨铸铁铸造。铸铁缸体的优点包括卓越的耐磨性、耐腐蚀性及高强度,良好的铸造工艺性、减振性及加工性能,但其缺点是质量较大,散热性较铝合金差,摩擦系数较高。

铝合金缸体因其质量轻、导热性良好而越来越受欢迎。铝合金缸体能够减少冷却液的容量,启动后很快达到工作温度,且与铝活塞热膨胀系数相同,受热后间隙变化小,减少了冲击噪声和机油消耗。然而,铝合金的耐腐蚀性较差,成本相对较高。部分厂商采用镁、铝合金复合材料缸体,以降低发动机重量并提高抗负荷能力。

总体而言,铸铁和铝合金各有优缺点,选择哪种材料取决于具体的应用需求和设计目标。铸铁适合需要高强度和耐磨性的场景,而铝合金则更适合注重轻量化和热管理的应用。

2) 曲轴

曲轴前端主要用来驱动配气机构、水泵、机油泵、空调压缩机等附属机构。曲轴后端采用凸缘等结构,用以安装飞轮。曲轴轴颈和连杆轴颈是整个发动机中最关键的滑动配合部位,进行表面淬火处理,轴颈过渡圆角处还进行感应淬火或圆角滚压强化等处理,以提高其抗疲劳强度。

汽油机曲轴和小型柴油机曲轴:常用球墨铸铁 QT700-3、QT800-2、QT800-3、QT900-2 及优质碳素钢如 45、40Cr 钢等,这些材料在较小功率的发动机中表现出色。

中、重型柴油机曲轴由于功率较大,常采用合金调质钢如 48MnV、35CrMo 等,以确保足够的强度和刚性。

3) 连杆

在曲柄连杆机构中,连杆负责连接活塞和曲轴,将活塞的往复运动转变为曲轴的旋转运动,并将缸内气体燃烧产生的压力传递至曲轴。

连杆由连杆小头、杆身和连杆大头构成。连杆小头通过活塞销与活塞连接,连杆小头内压装了一个衬套,小头端的一个开孔为衬套提供润滑油。杆身通常做成"工"字形断面,以求在满足强度和刚度要求的前提下减轻质量。

汽车连杆的主要材料包括钢材、铝合金、球墨铸铁、钛合金和碳纤维等。

钢材：成本低，但质量重，适合一般车辆使用。

铝合金：质量轻，适合追求燃油效率和轻量化的车辆。

球墨铸铁：强度高，适合需要高耐久性的车辆。

钛合金：高强度、低密度，适合高性能车辆。

碳纤维：极轻且强，适合顶级赛车和超级跑车。

4）活塞

活塞的主要作用是承受气缸中的气体压力，并将此压力通过活塞销传给连杆，以推动曲轴旋转。活塞顶部还与气缸盖、气缸壁共同组成燃烧室。

汽车活塞的主要材料包括铝合金、铸铁、钢等。铝合金活塞是最常见的选择，因其具有较高的强度和导热性，适合在高温、高压的环境下工作。铸铁活塞则因其较高的耐磨性和强度，常用于需要更高压缩比和更强耐压能力的柴油机中。此外，钢活塞和镁铝合金活塞也在特定情况下使用，前者因其高强度和耐腐蚀性适用于大功率发动机，后者则因其轻量化和高硬度，适用于高性能乘用车汽油发动机。

5）轴承、轴瓦

连杆曲轴上的轴瓦、轴承在工作中要支撑曲轴传递来的力与转动。汽车上的曲轴轴承主要采用铝锆合金和复合材料。这些材料具有良好的耐磨性、耐高温性和耐腐蚀性，能够适应曲轴轴承在恶劣工作环境下的需求。

铝锆合金和复合材料因其轻质、高强度和良好的综合性能，成为曲轴轴承的主要材料。在实际应用中，曲轴轴承的材料选择会受到发动机功率、性能需求和成本等多方面因素的影响。例如，球墨铸铁因其高强度和出色的耐磨性而被广泛使用，能够承受发动机高速运转和大负荷的挑战。

表 9.1 中为某汽车发动机零件的选材及热处理。

表 9.1　某汽车发动机零件的选材及热处理

主要零件	材料牌号	使用性能要求	零件失效方式	热处理及其他
缸体、缸盖、	HT250、RuT350、ZL119 等	刚度、强度、尺寸稳定、密封性	产生裂纹、孔壁磨损、翘曲变形	不处理或去应力退火
正时齿轮	45、40Cr、20GrMnTi	耐磨、疲劳抗力	磨损、断裂	渗碳、淬火、回火
缸套、排气门座等	合金铸铁、合金钢	耐磨、耐热	磨损失效	不处理或去应力退火
曲轴	QT800-3、QT900-2、42CrMoA	刚度、强度、耐磨、疲劳抗力、冲击韧性	磨损、断裂	表面淬火、圆角滚压、氮化
活塞销等	20、18GrMnTi 20Cr、12Cr2Ni4	刚度、耐磨、冲击	磨损、变形、断裂	渗碳、淬火、回火

续表

主要零件	材料牌号	使用性能要求	零件失效方式	热处理及其他
连杆、连杆螺栓等	45、40Gr、40MnB	刚度、疲劳抗力、冲击韧性	过量变形、断裂	调质、探伤
各种轴承、轴瓦	轴承钢、合金钢背	耐磨、疲劳抗力	磨损、剥落、烧蚀破裂	轴承材料进行相应的去应力处理
气门弹簧	弹簧钢:65Mn、60Si2Mn	疲劳抗力	变形、断裂	淬火、中温回火
支架、挡板、油底壳、各类罩盖	Q195、08、20、Q235、Q345、HT250、QT400、工程塑料等	刚度、强度	变形、断裂	不做处理
飞轮、飞轮壳	HT250、QT450-10、RuT350	强度、刚度、飞轮需具备转动惯量要求	裂纹	铸件去应力退火
曲轴主轴承盖	HT250、QT500-7、RuT350	刚度、强度、耐磨、疲劳抗力、冲击韧性	磨损、断裂	铸件去应力退火

9.2 机床主轴的材料选用

9.2.1 机床主轴的工作条件

机床主轴的主要作用包括支撑传动零件、传递运动和扭矩,以及装夹工件或刀具。在机床中,主轴用于支撑齿轮、卡盘、油缸和带轮等传动零件,传递运动和扭矩,确保加工过程的顺利进行。此外,主轴的回转精度直接影响零件的加工精度和表面质量,它能在一定速度范围内提供切削所需的功率和扭矩,以保证高效率的加工。

9.2.2 主轴材料选择

机床主轴的材料选择应考虑以下因素:

①强度和刚度。机床主轴材料需要具有足够的强度和刚度,以承受高速旋转和工作负载带来的应力。

②耐磨性。机床主轴与工件接触时会产生摩擦和磨损,因此材料的耐磨性是一个重要的考虑因素。硬质合金和特殊涂层等材料在提高主轴的耐磨性方面表现出色。

③导热性。机床主轴在高速运转时,会产生大量的热量。材料的导热性能影响着热量的传导和分散,因此材料应具有良好的导热性能,以保持主轴的温度稳定。高温合金是一种常用的导热性能较好的材料。

9.2.3　主轴表面处理

主轴表面处理主要是为了提高其表面质量和耐磨性,并减小与工件的摩擦。常见的主轴表面处理方法包括以下几种:

①硬化。主轴经过热处理或化学处理,使其表面形成一层硬化层。硬化层可以提高主轴的硬度和耐磨性,从而延长主轴的使用寿命。

②镀 Cr。将主轴表面浸泡在 Cr 盐溶液中,可以在其表面形成一层铬镀层。铬镀层具有优异的耐磨性和耐腐蚀性,可以有效地保护主轴表面。

③涂层。在主轴表面涂覆一层特殊涂层,如金属陶瓷涂层或陶瓷涂层等,可以提高主轴的耐磨性和摩擦性能。

9.2.4　机床主轴的材料选用

机床主轴的材料根据工作条件不同可以选用 45、40Cr、38CrMoAl 等中碳成分的钢材经正火或调质处理得到良好的综合性能,在轴颈处进行表面处理,提高其耐磨性;也可以选用 20、20Cr、20CrMnTi 等低碳成分的钢材,经过渗碳处理后,获得"表硬里韧"的性能满足工作条件。表 9.2 中列出了几种常见机床主轴的工作条件、选材及热处理。

表 9.2　常见机床主轴工作条件、选材及热处理

序号	工作条件	材料	热处理	硬度	原因	实例
1	与滚动轴承配合 轻、中载,转速低 精度要求不高 稍有冲击,疲劳可忽略	45	正火或调质	220~250 HBS	热处理后具有一定的强度;硬度要求不高	一般简式机床
2	与滚动轴承配合 轻、中载荷,转速略高 精度要求不太高 冲击和疲劳可忽略	45	整体淬火或局部淬火	40~45 HRC	有足够的强度;轴颈及配件装拆处有一定硬度;不能承受冲击载荷	龙门铣床、摇臂钻床、组合机床等
3	与滑动轴承配合 有冲击载荷	45	轴颈表面淬火	52~58 HRC	毛坯经正火具有一定强度,轴经具有高硬度	C620 车床主轴
4	与滚动轴承配合 中载,转速较高 精度要求较高 冲击和疲劳较小	40Cr	整体淬火或局部淬火	42~52 HRC	有足够的强度;轴颈及配件装拆处有一定硬度;冲击小,硬度取高值	摇臂钻床、组合机床等

续表

序号	工作条件	材料	热处理	硬度	原因	实例
5	与滑动轴承配合 中载,转速较高 有较高冲击和疲劳载荷 精度要求较高	40Cr	轴颈及配件装拆处表面淬火	252 HRC 250 HRC	毛坯经预备热处理有一定强度;轴颈具有高耐磨性;配件装拆处有一定硬度	车床主轴、磨床砂轮主轴
6	与滑动轴承配合 中载,转速很高 精度要求很高	38CrMoAl	调质、氮化	250~280 HBS	有很高的心部强度;表面具有高硬度;有很高的疲劳强度;氮化处理变形小	高精度磨床及精密铣床主轴
7	与滑动轴承配合 中载,心部强度不高,转速高 精度要求不高 有冲击和疲劳	20Cr	渗碳、淬火	56~62 HRC	心部强度不高,但有较高韧性;表面硬度高	齿轮、铣床主轴
8	与滑动轴承配合 重载,转速高 较大冲击和疲劳载荷	20CrMnTi	渗碳、淬火	56~62 HRC	有较高的心部强度和冲击韧性;表面硬度高	载荷较重的组合机床

9.3 复习思考题

指出下列零件应采用所给材料中的哪一种材料,并选定其热处理方法。

零件:车辆缓冲弹簧、机床床身、发动机连杆螺栓、机用大钻头、镗床主轴、自行车车架、车床丝杆螺母、电风扇机壳、油箱密封垫圈、粗车铸铁车刀、手工锯条、汽车用轴瓦、汽车变速箱齿轮。

材料:20CrMnTi,HT200,38CrMoAl,45#钢,ZCuSn10Pb,40Cr,T12A,ZPbSb16Sn16Cu2,16Mn,W18Cr4V,60Si2Mn,P10,ZL102,橡胶。

第 3 篇　工程材料成型技术

第10章

铸造成型

在减速器中，体积最大的零件是箱体和箱盖，也是起支撑及容纳作用的两个零件，它们的结构相较于其他零件更为复杂，有空腔、凸台、肋、凹槽及各类孔。生产这类结构复杂的零件时，常用铸件作为坯料。生产铸件的方法就是铸造。铸造是机械制造中毛坯成型的主要工艺之一。在机械制造业中，铸造零件的应用十分广泛。在一般机械设备中，铸件的质量占机械总质量的 70% ~ 80%，甚至更高。例如，在机床和内燃机产品中，铸件的质量占总质量的 70% ~ 90%，在拖拉机和农用机械中占 50% ~ 70%。

我国是铸造技术应用和发展最早的国家之一，古代的铸造技术居世界领先地位。改革开放之后，我国铸造技术突飞猛进。自 2000 年开始，我国的铸件年产量跃居世界第一，并且一直保持到现在。2023 年我国的铸件年产量为 5 190 万吨，占全球总产量的 60% 以上，几乎是第二大生产国的四倍。这说明我国目前的铸造生产在世界上占主导地位，也从侧面反映了我国铸造业的技术水平和设备能力。

10.1 铸造概述

铸造是指将液态金属在重力或外力作用下充填到与零件的形状、尺寸相适应的铸型空腔中，待其冷却凝固后，获得所需形状和尺寸的毛坯或零件的方法。铸造的实质是利用了液体的流动成型，它是毛坯或机器零件成型的重要方法之一。铸件的一般生产过程如图 10.1 所示。

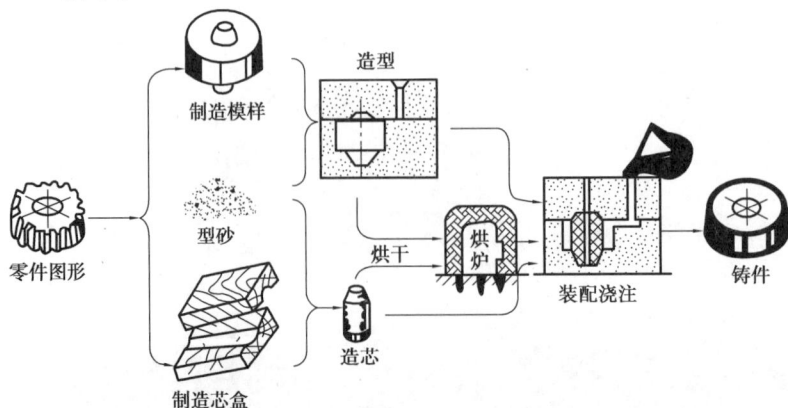

图 10.1　铸件的一般生产过程

10.1.1 铸造的特点

铸造成型有许多优点,如:

①适应性广,工艺灵活性大,材料、大小、形状几乎不受限制。工业上常用的金属材料如铸铁、碳素钢、合金钢、非铁合金等,均可在液态下成型,特别是对于不宜用压力加工或焊接成型的材料,铸造生产方法具有特殊的优势;并且铸件的大小、形状几乎不受限制,质量可从零点几克到数百吨,壁厚可为 1~1 000 mm。

②最适合制造形状复杂的零件。具有复杂内腔的毛坯或零件,如复杂箱体、机床床身、阀体、泵体、缸体等都能铸造成型。

③成本较低。铸造用原材料大都来源广泛,价格低廉。铸件与最终零件的形状相似,尺寸相近,加工余量小,因而可减少切削加工量。

但是,液态金属在冷却凝固过程中,形成的晶粒较粗大,容易产生气孔、缩孔和裂纹等缺陷,因此,铸件的力学性能不如相同材料的锻件好。同时,存在生产工序多,铸件质量不稳定,废品率高,工作条件差,劳动强度较高等问题。随着生产技术的不断发展,铸件的性能和质量正在进一步提高,劳动条件正逐步改善。

当前铸造技术发展的趋势是,在加强铸造基础理论研究的同时,发展铸造新工艺,研制新设备,在稳定提高铸件质量、精度、减少表面粗糙度的前提下发展专业化生产,积极实现铸造生产过程的机械化、自动化,减少公害,节约能源,降低成本,使铸造技术进一步成为可与其他成型工艺相竞争的少余量、无余量成型工艺。

10.1.2 铸造的类型

从造型方法来分,铸造可分为砂型铸造和特种铸造两大类。

(1)砂型铸造

砂型铸造所用的造型材料价廉易得,铸型制造简便,对铸件的单件生产、成批生产和大量生产均能适应,长期以来,一直是铸造生产中的应用最多、最基本的工艺。砂型铸造将在 10.3 节中详细介绍。

(2)特种铸造

特种铸造是指除砂型铸造以外的其他铸造方法,如熔模铸造、金属型铸造、压力铸造、离心铸造等。

10.2 合金的铸造性能

合金的铸造性能是指合金在铸造过程中表现出来的各种性质的总和。例如,合金的流动性、收缩性、偏析倾向和吸气性等。生产过程中,常根据合金的铸造性能,调整铸造工艺措施,以获得合格的铸件。

10.2.1 合金的流动性

合金的流动性是指熔融金属的流动能力,也就是液态合金填充铸型的能力。它对铸件质量有很大的影响。合金的流动性好、充型能力强,就容易获得形状完整、轮廓清晰、壁薄或形状复杂的铸件,同时有利于合金中气体和非金属夹杂物的上浮和排除,有利于合金凝固时的补缩。合金的流动性不好,易使铸件产生浇注不足、冷隔、气孔、夹渣和缩孔等缺陷。合金的流动性常由液态合金浇成的螺旋形试样的长度评定(图10.2)。试验得知,在常用铸造合金中,灰铸铁、硅黄铜的流动性最好,铸钢的流动性最差。

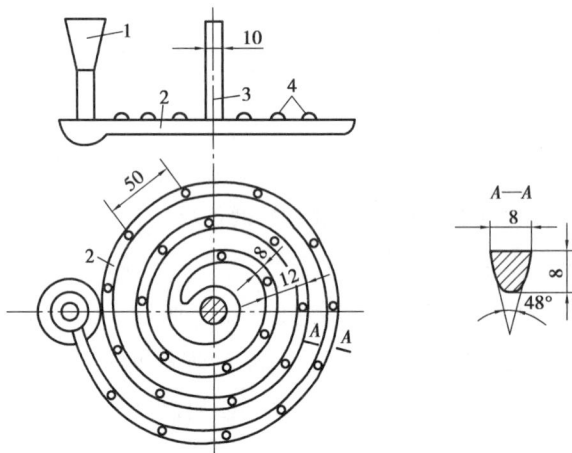

图 10.2 螺旋形金属流动性试样

影响合金的流动性的因素很多,主要有合金的化学成分、浇注温度和铸造工艺及铸件结构。

(1)化学成分

不同成分的合金凝固时具有不同的结晶特点,其流动性也不同。共晶成分的合金是在恒温下结晶的,结晶温度低,流动性好。其他成分的合金,结晶是在一个温度范围内完成的,先结晶的固体,必然会影响熔融金属的流动性。而且结晶温度间隔越宽,其流动性越差。

(2)浇注温度

浇注温度越高,合金的流动性越好。但浇注温度不能太高,否则铸件易产生缩孔、粘砂、气孔等缺陷。

(3)铸型工艺及铸件结构

铸型的导热性越好,导致合金保持在液态的时间越短,充型能力下降。液态合金在砂型中的流动性优于在金属型中的流动性,砂型中干型流动性大于湿型流动性。当铸型的发气量大、排气能力较低时,合金的流动受到阻碍,会使合金的充型能力下降。提高直浇口高度,增设出气冒口等都可增加合金的流动性。

10.2.2　合金的收缩性

合金在凝固和冷却过程中,体积和尺寸减小的特性称为收缩性。

1)收缩过程

熔融金属冷却至室温的收缩过程可分为液态收缩、凝固收缩和固态收缩三个阶段。液态收缩是指熔融金属在液态时由于温度降低而发生的体积收缩,是形成缩孔、缩松的基本原因之一;凝固收缩是指熔融金属在凝固阶段的体积收缩,使型腔内液面降低,是铸件产生缩孔的基本原因;固态收缩是指金属在固态时由于温度降低而发生的体积收缩,产生铸造内应力,使铸件尺寸缩小,影响铸件尺寸精度。为防止铸件缩松和缩孔,应扩大内浇道,利用浇道直接补缩,或在壁厚处设置冒口,由冒口中金属液补充壁厚处凝固收缩。

2)影响收缩的主要因素

①化学成分。各类合金的化学成分不同,其收缩率也不同,见表 10.1。碳素钢随碳的质量分数的增加,其凝固温度范围也会扩大,凝固收缩率也会随着增加,而固态收缩率则略降。由于铸铁中的碳大部分是以石墨形式存在,而石墨比容大,故灰铸铁比碳素铸钢的固态收缩率小。

表 10.1　铸造合金的收缩率

合金	体收缩率/%	线收缩率/%	合金	体收缩率/%	线收缩率/%
灰口铸铁	6.9 ~ 7.8	0.8 ~ 1	ZL202	6.0	1.2 ~ 1.3
碳钢	10 ~ 14	1.5 ~ 2	黄铜	—	1 ~ 1.3
ZL102	3 ~ 3.5	0.8 ~ 1.2			

②浇注温度。合金浇注温度越高,液态收缩越大,形成缩孔的倾向也越大。

③铸型工艺及铸件结构。当铸型、型芯对金属收缩产生阻力时,将影响铸件的收缩。铸件形状复杂或厚薄相差大,凝固后的铸件收缩不一样,导致其内应力增大,甚至变形、开裂。

3)缩孔和缩松

(1)缩孔和缩松的形成

液态合金在铸型内冷凝过程中,若其液态收缩和凝固收缩所缩减的容积得不到补充时,将在铸件最后凝固的部位形成孔洞。集中在铸件上部或最后凝固部位、容积较大的孔洞是缩孔。缩孔多呈倒圆锥形,内表面粗糙。分散在铸件某些区域内的细小缩孔叫缩松。当缩松和缩孔的容积相同时,缩松的分布面积要比缩孔大得多。

纯金属、共晶成分和凝固温度(即结晶温度)范围窄的合金,在浇注后,型腔内发生垂直于型壁的由表及里的逐层凝固。在凝固过程中,如得不到合金液的补充,则在铸件最后凝固的地方就会产生缩孔。缩孔产生的基本原因是合金的液态收缩和凝固收缩大于固态收缩,且得不到补偿。缩孔产生的部位在铸件最后凝固区域,如壁的上部或中心处。此外,铸件两壁相交处因金属积聚凝固较晚,也易产生缩孔,此处称为热节。

缩松主要出现在呈糊状凝固方式的合金中或断面较大的铸件壁中,是被树枝状晶体分隔开的小液体区难以得到补缩所致,大多分布在铸件中心轴线处、热节处、冒口根部、内浇道附近或缩孔下方。

(2)缩孔和缩松的预防

缩孔和缩松都会使铸件的力学性能下降,缩松还可使铸件因渗漏而报废。因此,必须采取适当的工艺措施,防止缩孔和缩松的产生。

"定向凝固"是防止产生缩孔的有效措施。在铸件可能出现缩孔的厚大部位,通过安放冒口等工艺措施,可实现定向凝固。如图10.3中的铸件在左侧区域安放冒口,使铸件上远离冒口的部位最先凝固,即图10.3中的Ⅰ区,然后是靠近冒口的部位凝固(图10.3中Ⅱ、Ⅲ区),最后是冒口本身凝固。按照这样的凝固顺序,先凝固部位的收缩,由后凝固部位的金属液来补充,后凝固部位的收缩,由冒口中的金属液来补充,从而使铸件各个部位的收缩均能得到补充,而将缩孔转移到冒口之中。冒口为铸件的多余部分,在铸件清理时去除。

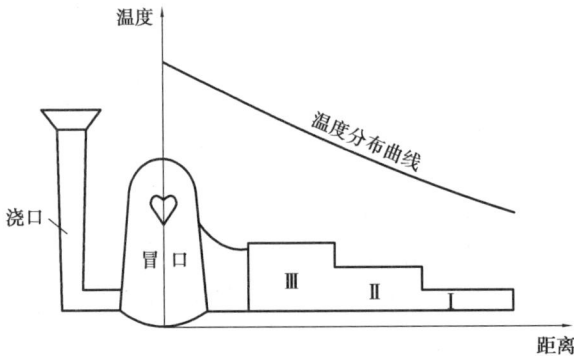

图10.3 定向凝固示意图

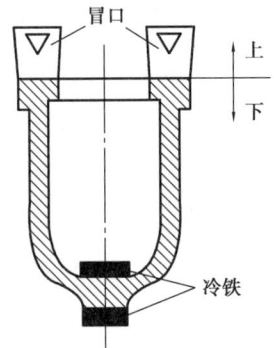

图10.4 冷铁的应用

为了实现定向凝固,在安放冒口的同时,还可在铸件上某些厚大部位、易出现热节的部位增设冷铁。如图10.4所示,铸件的厚大部位不止一个,仅靠顶部冒口难以向底部的凸台补缩,为此,在该凸台的型壁上安放了两块外冷铁。冷铁加快了铸件在该处的冷却速度,使厚度较大的凸台反而最先凝固,从而实现了自下而上的定向凝固,防止了凸台处缩孔、缩松的产生。可以看出,冷铁的作用是加快某些部位的冷却速度,用以控制铸件的凝固顺序,但本身并不起补缩作用。冷铁通常用铸钢或铸铁加工制成。

采用定向凝固,虽然可以有效防止铸件产生缩孔,但却会耗费许多金属和工时,增加铸件成本。同时,定向凝固也加大了铸件各部分之间的温度梯度,使铸件的变形和开裂倾向加大。因此,定向凝固主要用于体积收缩大的合金,如铝青铜、铝硅合金和铸钢件等。

4)铸造内应力、变形和裂纹

(1)铸造内应力

铸件在凝固之后的继续冷却过程中,若固态收缩受到阻碍,将会在铸件内部产生内应力。这些内应力有的是在冷却过程中暂存的,有的则一直保留到室温,称为残留内应力,也就是铸造内应力。铸造内应力有热应力和机械应力两类,它们是铸件产生变形和开裂的基本原因。

①热应力。热应力是铸件壁厚不均匀,各部分冷却速度不同,导致在同一时期铸件各部分收缩不一致而引起的。下面用图 10.5 所示的框形铸件来分析热应力的形成过程。

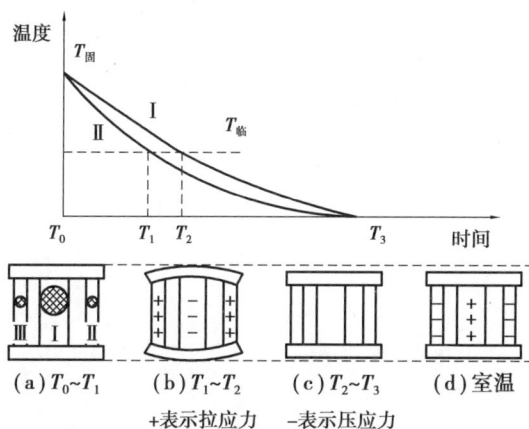

图 10.5　热应力的形成

该铸件中的杆 I 较粗,杆 II 较细。当铸件处于高温($T_0 \sim T_1$),两杆均处于塑性状态,尽管两杆的冷却速度不同,收缩不一致,但瞬时的应力均可通过塑性变形而自行消失。继续冷却到 $T_1 \sim T_2$ 时,由于细杆 II 冷却快,收缩大于粗杆 I,所以细杆 II 受拉伸,粗杆 I 受压缩,如图 10.5(b)所示,形成了暂时内应力,但这个内应力随之因粗杆 I 的微量塑性变形(压短)而消失,如图 10.5(c)所示。当进一步冷却到 $T_2 \sim T_3$ 时,尽管两杆长度相同,但所处的温度不同。粗杆 I 的温度较高,还会进行较大的收缩;细杆 II 的温度较低,收缩已趋停止。因此,粗杆 I 的收缩必然受到细杆 II 的强烈阻碍,于是,细杆 II 受压缩,粗杆 I 受拉伸,直到室温,形成了残余内应力,如图 10.5(d)所示。

由此可见,不均匀冷却使铸件的厚壁或心部受拉应力,薄壁或表层受压应力。铸件的壁厚差别越大,合金的线收缩率越高,弹性模量越大,热应力也越大。

②机械应力。机械应力是合金的线收缩受到铸型或型芯的机械阻碍而形成的内应力,如图 10.6 所示。机械应力使铸件产生的拉伸或剪切应力是暂时存在的,在铸件落砂之后,这种内应力便可自行消除。但机械应力在铸型中可与热应力共同起作用,增大某些部位的拉应力,增加铸件的裂纹倾向。

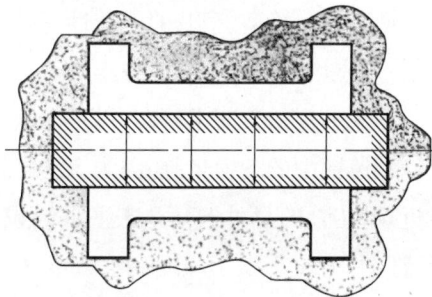

图 10.6　机械应力

（2）减小应力的措施

在铸造工艺上采取"同时凝固原则"，即尽量减小铸件各部位间的温度差，使铸件各部位同时冷却凝固。如在铸件的厚壁处加冷铁，并将内浇道设在薄壁处。但采用该原则容易在铸件中心区域产生缩松，组织不致密，所以该原则主要适用于凝固收缩小的合金，如灰铸铁，以及壁厚均匀、结晶温度范围宽且对致密性要求不高的铸件等。

改善铸型和型芯的退让性，以及浇注后尽早开型，可以有效减小机械应力。将铸件加热到 $550 \sim 650$ ℃保温，进行去应力退火可消除残余内应力。

（3）铸件的变形

存在残留内应力的铸件是不稳定的，它将自发地通过变形来减缓其内应力，以便趋于稳定状态。图 10.7 所示为 T 形铸件在热应力作用下的变形情况，双点画线表示变形的方向。

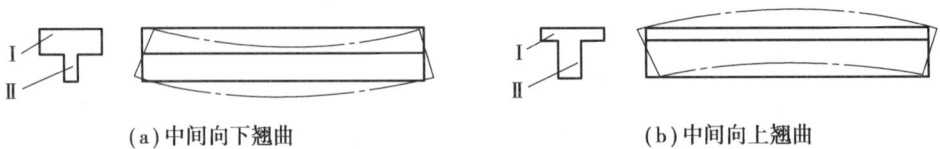

(a)中间向下翘曲　　　　　　　　　　　(b)中间向上翘曲

图 10.7　T 形梁铸钢件变形示意图

（4）防止变形的措施

为防止铸件变形，在设计时应力求壁厚均匀、形状简单而对称。对于细而长、大而薄的易变形铸件，可将模样制成与铸件变形方向相反的形状，待铸件冷却后变形正好与相反的形状抵消，此方法称为"反变形法"。

此外，将铸件置于露天场地一段时间，使其缓慢地发生变形，从而消除内应力，这种方法称为自然时效法。

（5）铸件的裂纹

当铸造内应力超过金属材料的抗拉强度时，铸件便会产生裂纹。裂纹是严重的铸件缺陷，必须设法防止。根据产生时温度的不同，裂纹可分为热裂和冷裂两种。

①热裂。凝固后期，高温下的金属强度很低，如果金属较大的线收缩受到铸型或型芯的阻碍，机械应力超过该温度下金属的最大强度，便产生热裂。其形状特征是：尺寸较短、缝隙较宽、形状曲折、缝内呈现严重的氧化色。影响热裂的主要因素是合金性质与铸型阻力。铸型、型芯的退让性对热裂的形成有着重要影响。退让性越好，机械应力越小，形成热裂的可能性也越小。

防止热裂的方法主要有：设计合理的铸件结构；改善型砂和芯砂的退让性；严格限制钢和铸铁中的 S 含量等，因为 S 会增加钢和铸铁的热脆性。此外，砂箱的箱带与铸件过近、型芯骨的尺寸过大、浇注系统设置不合理等，均会增大铸型阻力，引发热裂的形成。

②冷裂。铸件凝固后在较低温度下形成的裂纹叫冷裂。其形状特征是：表面光滑，

具有金属光泽或呈微氧化色,裂口常穿过晶粒延伸到整个断面,常呈圆滑曲线或直线状。脆性大、塑性差的合金,如白口铸铁、高碳钢及某些合金钢,最易产生冷裂纹,大型复杂铸铁件也易产生冷裂纹。冷裂往往出现在铸件受拉应力的部位,特别是应力集中的部位。

防止冷裂的方法主要是尽量减小铸造内应力和降低合金的脆性。如铸件壁厚要均匀;增加型砂和芯砂的退让性;降低钢和铸铁中的含 P 量。例如,铸钢中 $\omega_P > 0.1\%$、铸铁中 $\omega_P > 0.5\%$ 时,冲击韧性急剧下降,冷裂倾向明显增加。

10.2.3　合金的吸气性和氧化性

合金在熔炼和浇注时吸收气体的能力称为合金的吸气性。如果合金在液态时吸收的气体多,凝固时侵入的气体若来不及逸出,就会出现气孔缺陷。合金的性能在很大程度上取决于含气量及其对力学性能、物理和化学特性以及工艺性能的影响。有色金属中的气体会使金属铸件中产生像铝合金和镁合金的气孔、钛合金的内部氧化等缺陷。

为了减少合金的吸气性,可缩短熔炼时间;选用烘干过的炉料;提高铸型和型芯的透气性;降低造型材料中的含水量和对铸型进行烘干等。

合金的氧化性是指液态合金与空气接触,被空气中的氧气氧化,形成氧化物的一种性质。若不及时清除氧化物,则在铸件中会出现夹渣缺陷。

10.2.4　常用合金的铸造性能

（1）灰口铸铁

灰口铸铁成分接近于共晶,结晶温度间隔小,熔点低,结晶时石墨膨胀,可抵消铁的收缩,故总的收缩小,流动性好。如灰口铸铁的浇注温度在 1 200 ~ 1 280 ℃时,表示流动性好坏的螺旋线长度为 600 ~ 1 200 mm,总体积收缩率为 6.9% ~ 7.8%。

（2）碳素铸钢

常用于制造机械零件的铸钢碳的质量分数为 0.25% ~ 0.45%。铸钢的浇注温度高（约为 1 500 ℃）,螺旋线长度为 100 mm,流动性差,收缩大,总体积收缩率达 12.4%。

钢在熔炼过程中易吸气和氧化。因此,铸钢的铸造性能差,易产生粘砂、浇不足、冷隔、缩孔、裂纹、气孔等缺陷。

（3）有色金属

铜合金熔点低,流动性好。锡青铜浇注温度为 1 040 ℃,螺旋线长度为 420 mm。硅黄铜浇注温度为 1 100 ℃,螺旋线长度为 1 000 mm。铜合金熔炼时易氧化,某些铜合金（如铅青铜）还易产生密度偏析,熔炼时要注意防止合金氧化、烧损、偏析。铝合金的浇注温度更低,一般在 680 ℃,螺旋线长度为 700 ~ 800 mm。铝合金在高温下易吸气和氧化,影响其力学性能,故熔炼时要注意隔绝合金液体与炉气的接触,并采用一些净化措施。

10.3 砂型铸造

铸型是根据所设计的零件形状用造型材料制成的，是铸造生产的关键。铸型既可以用砂型，也可用金属型等。

砂型铸造是指用型砂紧实成型的铸造方法，主要用于铸铁、铸钢，是目前最基本的、应用最广泛的铸造方法。而特种铸造主要用于有色金属铸造。

砂型铸造虽然生产率较低、铸件质量较差，但其适应性广、生产准备简单、生产成本较低，所以目前仍是产量较大的铸件生产方法，也是生产特大铸件的主要方法。几乎所有的铸铁件和大部分铸钢件是用砂型铸造的方法生产的。航空工业、汽车工业、农业机械行业和机械制造行业中的铸件使用砂型铸造的方法生产铸件是常见的。

砂型铸造生产工序很多，其中主要的工序为模型加工、配砂、造型、造芯、合箱、熔化、浇注、落砂、清理和检验。套筒铸件的生产过程如图 10.8 所示。

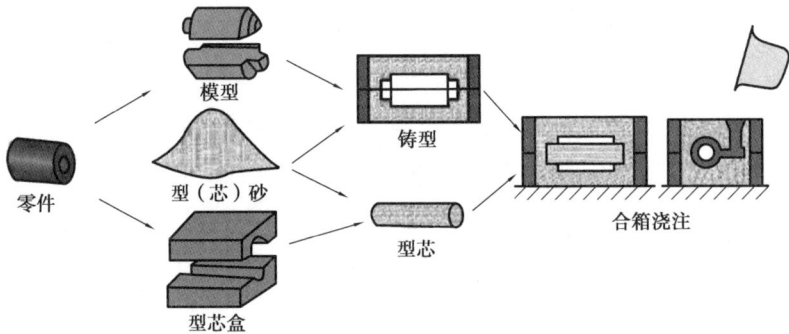

图 10.8 套筒铸件的生产过程示意图

造型是砂型铸造的基本工序，根据完成造型工序方法不同，分为手工造型和机器造型两大类。

10.3.1 手工造型

全部用手工或手动工具完成的造型工序称为手工造型，目前在铸造生产中应用很广，它操作灵活，适应性强，工艺设备简单，生产准备时间短，成本低。但手工造型铸件质量较差，生产率低，劳动强度大，要求工人技术水平高。手工造型主要用于单件、小批量生产，特别是形状复杂或重型铸件的生产。

手工造型的方法很多，可根据铸件的形状、大小和生产批量的不同进行选择，常用的为整模造型、分模造型、挖砂造型、活块造型、三箱造型、刮板造型六种造型方法。

1)整模造型

整模造型的模型是一个整体，造型时模型全部放在一个砂箱内，分型面(上型和下型)的接触面是平面。这类零件的最大截面通常在端部，而且是一个平面。整模造型的过程如图 10.9 所示，造型方法简单，适用于批量生产各种形状简单的铸件。

| (a)零件 | (b)模样 | (c)造下型 | (d)造上型 |

| (e)开浇道、扎通气孔 | (f)起模 | (g)合箱 |

图 10.9　整模造型过程示意图

2)分模造型

分模造型的模型是分成两半的。造型时分别在上、下箱内,分型面也是平面。这类零件的最大截面不在端部,如果做成整模,在造型时就会取不出来。套筒的分模造型过程如图 10.10 所示,其分模面(分开模型的平面)也是分型面。分模造型操作简便,在生产各种批量的套筒、管子、阀体类、形状较复杂的铸件时,这种造型方法应用得最广泛。

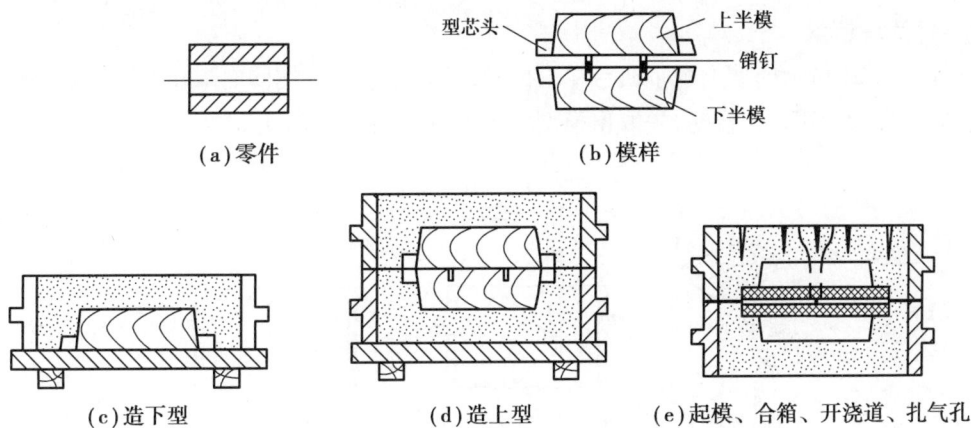

| (a)零件 | (b)模样 |

| (c)造下型 | (d)造上型 | (e)起模、合箱、开浇道、扎气孔 |

图 10.10　分模造型生产过程示意图

3)挖砂造型

有些铸件如手轮等,最大的截面不在一端,模型又不允许分成两半(模型太薄或制造分模很费事),可以将模型做成整体,采用挖砂造型法。手轮的分型面是曲面,它的造型过程如图 10.11 所示。

挖修分型面时应注意:一定要挖到模型的最大断面,如图 10.11 中的面 2,分型面应平整光滑,坡度应尽量的小,以免上箱的吊砂过陡;不阻碍取模的砂子不必挖掉。

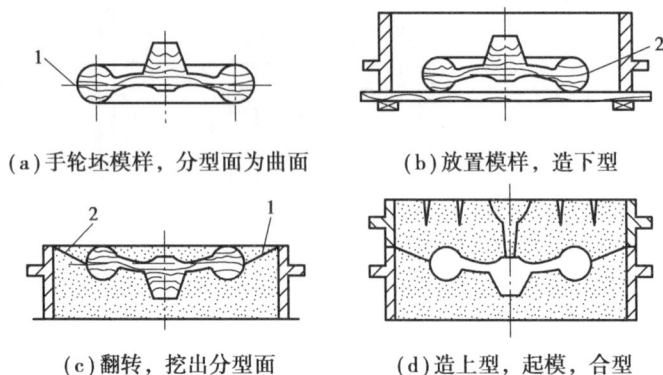

(a)手轮坯模样,分型面为曲面   (b)放置模样,造下型

(c)翻转,挖出分型面   (d)造上型,起模,合型

图 10.11　挖砂造型过程示意图

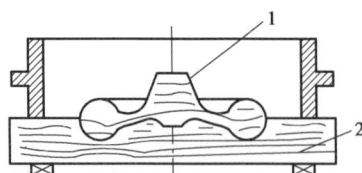

图 10.12　假箱造型示意图
1—模样;2—假箱

挖砂造型操作技术要求较高,生产效率较低,只适用于单件生产。生产数量较多时,一般采用假箱造型(图 10.12)。先制出一个假箱代替底板,再在假箱上造下型。用假箱造型时不必挖砂就可以使模型露出最大的截面。假箱只用于造型,不参与浇注,一般是用强度较高的型砂捣制成的,能多次使用,分型面光滑平整、位置准确。当生产数量更大时,可用木制的成型地板代替假箱。假箱造型免去挖砂操作,提高了造型效率与质量,适用于小件成批生产。

4)活块造型

图 10.13 所示模型上的小凸台在取模时,不能和模型主体同时取出,凸台就要做成活动的,称为活块。起模时,先取出模型主体 1,再单独取出活块 2。

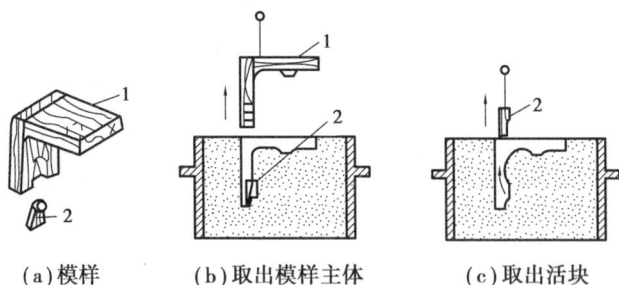

(a)模样   (b)取出模样主体   (c)取出活块

图 10.13　活块造型示意图
1—模型主体;2—活块

活块造型要求工人操作技术水平较高,而且生产率较低,仅适用于单件小批生产。若产量较大时,也可采用外砂芯做出活块的方法。

5)三箱造型

有些形状较复杂的铸件,往往具有两头截面大而中间截面小的特点,用一个分型面取不出模型。需要从小截面处分开模型,用两个分型面、三个砂箱造型。带轮的三箱造型过程如图 10.14 所示,从中可以看出,三箱造型的特点是中箱的上、下两面都是分型面,都要求光滑平整;中箱的高度应与中箱中的模型高度相近;必须采用分模。

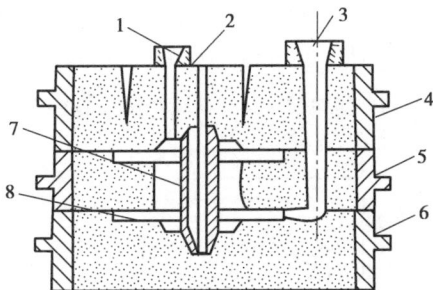

图 10.14　三箱造型

1—出气口;2—排气口;3—浇口杯;4—上型;5—中型;6—下型;7—型芯;8—型腔图

三箱造型方法较复杂,生产效率较低,不能用于机器造型(无法造中箱),只适用于单件小批生产。在成批大量生产或用机器造型时,可以采用外砂芯,将三箱造型改为两箱造型。

6)刮板造型

有些尺寸大于 500 mm 的旋转体铸件,如带轮、飞轮、大齿轮等,由于生产数量很少,为节省模型材料及费用,缩短加工时间,可以采用刮板造型。刮板是一块和铸件断面形状相适应的木板。造型时将刮板绕着固定的中心轴旋转,在砂型中刮制出所需要的型腔。大带轮的刮板造型过程如图 10.15 所示。

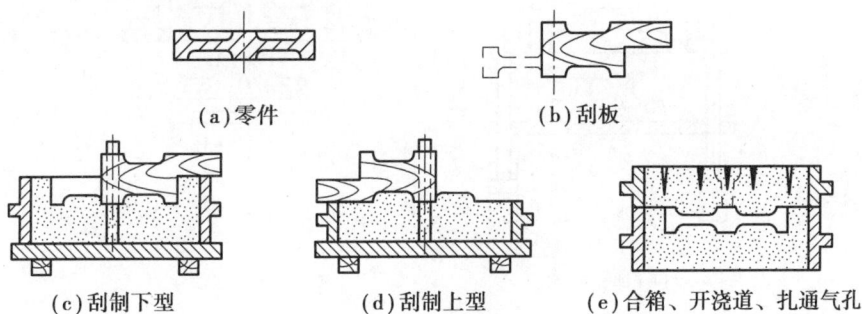

(a)零件　　　　　　　　(b)刮板

(c)刮制下型　　　(d)刮制上型　　　(e)合箱、开浇道、扎通气孔

图 10.15　刮板造型

刮板造型可以在砂箱内进行,下型也可利用地面进行刮制。在地面上做下型,可以省掉下砂箱和降低砂型的高度以便于浇注。这种方法称为地面造型(或地坑造型)。其他的大型铸件在单件生产时,也可用地面造型的方法。

10.3.2　机器造型

用机器全部完成或至少完成紧砂操作的造型工序称机器造型。机器造型可大大地提高劳动生产率,改善劳动条件,对环境污染小。机器造型铸件的尺寸精度和表面质量高,加工余量小,生产批量大时成本较低。因此,机器造型是现代化铸造生产的基本形式。

机器造型一般都需要专用设备、工艺装备及厂房等,投资大,生产准备时间长,并且还需要其他工序(如配砂、运输、浇注、落砂等)全面实现机械化的配套才能发挥其作用。机器造型只适用于大批量生产,只能采用两箱造型,或类似于两箱造型的其他方法。

机器造型是用机器完成的造型方法。常用的紧砂方法有压实、振实、振压、抛砂和射砂等形式,其中振压方法应用最广,图 10.16 为气动振压紧砂机构原理图。起模的方法有很多,图 10.17(a)所示为顶箱起模法,(b)所示为落模起模法。

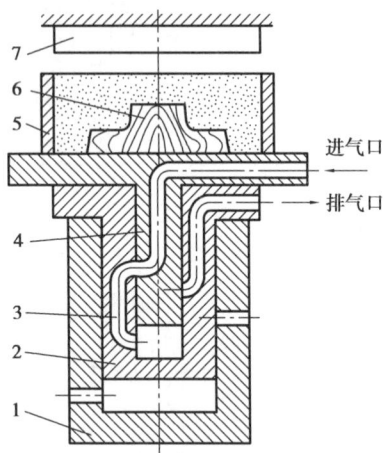

图 10.16　气动振压紧砂机构原理图

1—压实汽缸;2—压实活塞;3—气路;4—振实活塞;5—砂箱;6—模样;7—压头

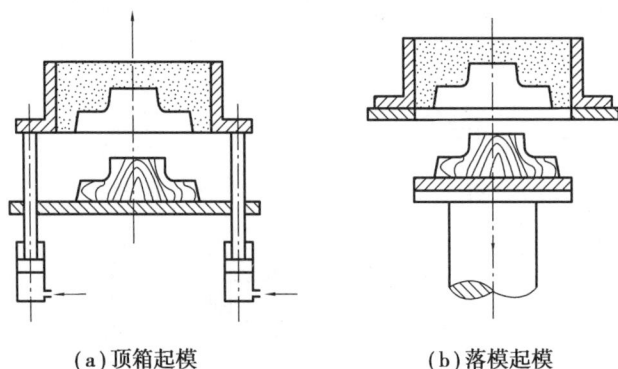

(a)顶箱起模　　　　　(b)落模起模

图 10.17　起模方法

在机械化铸造车间里,可将造型、浇注、落砂等铸造生产过程组成流水作业生产线,图 10.18 所示为自动造型生产线的示意图。浇注冷却后的砂箱和铸件在工位 1 分离。上砂箱由专用机械卸下并被送到工位 13 落砂,在工位 12 完成下一铸件的自动造型,然后再送至工位 9 的全型机。带有型砂和铸件的下箱从工位 1 由输送带 16 移至工位 2 下

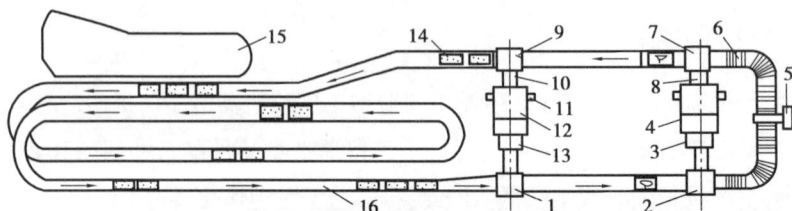

图 10.18　自动造型生产线示意图

1—分离;2—下芯;3,13—落砂;4,12—造型;5—清理;6—平车;
7—转运;8,10,16—输送带;9—合型;11—取模;14—铸型;15—浇注

芯,并由此进入落砂机 3 中落砂,落砂后的铸件跌落到专用输送带至清理工段,型砂由另一输送带送往砂处理工段。落砂后的下砂箱被送往自动造型机 4 处完成下一铸件的造型,于工位 7 处放置于已在工位 5 完成清理的平车 6 上,运至合型机 9,与下型装配在一起。完成合型的铸型 14 沿输送带移至浇注工段 15 进行浇注,浇注后的铸型沿交叉的双水平环形线冷却后重新送回工位 1 完成一次循环。

造型生产线由于劳动组织合理,极大地提高了生产率。但是造型生产线一般不能进行干砂型铸造,也不能生产厚壁和大型铸件,在各种造型机上,都只能用模板进行两箱造型,因此铸件外形受到一定限制。

10.3.3　造芯

型芯主要用于形成铸件的内腔和尺寸较大的孔。制作型芯的工艺就是造芯。最常用的造芯方法是用芯盒造芯,如图 10.19 所示。

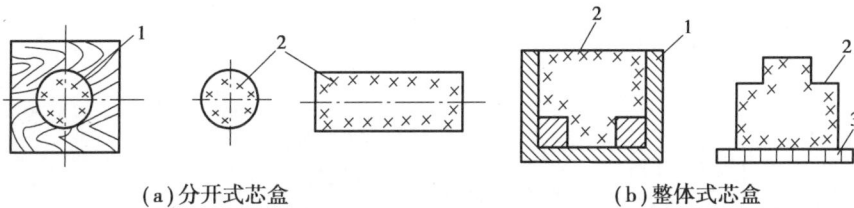

(a)分开式芯盒　　　　　　(b)整体式芯盒

图 10.19　芯盒造芯

1—芯盒;2—砂芯;3—烘芯板

短而粗的圆柱形型芯宜采用分开式芯盒制作,如图 10.19(a)所示。形状简单且有一个较大平面的型芯宜采用整体或芯盒制作,如图 10.19(b)所示。制芯时要在型芯中放置芯骨,并将型芯烘干,以增加型芯的强度。通常还在芯中扎出通气孔或埋入蜡线形成通气孔。在大批量生产中,采用机器制芯。

10.3.4　合金熔炼、浇注

熔炼是铸造生产的重要环节,其基本任务是提供化学成分和温度都合格的融熔金属。根据合金种类和生产条件的不同,合金熔炼的设备、方法也各不一样。例如铸铁熔炼一般在冲天炉内进行;铸钢熔炼常用三相电弧炉和感应电炉;有色金属中铝、铜合金一般用坩埚炉熔炼。

浇注是指将金属液从浇包注入铸型的操作。浇注时应注意控制浇注温度和浇注速度。浇注温度过高,铸件收缩大,粘砂严重,晶粒粗大。浇注温度偏低,会使铸件产生冷隔、浇不到等缺陷。浇注温度应根据铸造合金的种类、铸件结构及尺寸等确定。浇注速度的大小应能保持金属液连续不断地注入铸型,使浇口杯一直处于充满状态。

10.3.5　落砂、清理

落砂是使铸件与型砂、砂箱分离的操作。铸件浇注后要在砂型中冷却到一定温度后才能落砂。落砂过早,铸件易产生白口组织,难以切削加工,还会产生铸造应力,引起变形开裂;落砂过晚,铸件固态收缩受阻,也会产生铸造应力,而且会影响生产率。

清理是指落砂后从铸件上清除表面粘砂、型砂、多余金属(包括浇冒口、氧化皮)等过程的总称。铸铁件上的浇冒口可用铁锤敲掉,韧性材料的铸件可用锯割或气割等方法去除。铸件表面的粘砂、毛刺可采用滚筒清理、抛丸清理、打磨清理等。

10.3.6 金属铸造的常见缺陷

由于铸造生产工序繁多,很容易使铸件产生缺陷。表 10.2 中给出了常见铸造缺陷的名称、特征以及产生的主要原因。

表 10.2 金属铸造的常见缺陷

类别	名称	图例及特征	产生的主要原因
形状类缺陷	错型	铸件在分型面处有错移	①合型时上、下砂箱未对齐; ②上、下砂箱未夹紧; ③上、下半模有错移
	偏芯	铸件上孔偏斜或轴心线偏移	①型芯放置偏移或变形; ②浇口位置不对,液态金属冲歪了砂芯; ③合型时碰歪了砂芯; ④模样上砂芯头偏心; ⑤砂芯支撑不足或芯撑过早熔化
	变形	铸件弯曲或扭曲	①铸件结构设计不合理,壁厚不均匀; ②铸件冷却不当,冷却不均匀
	浇不足	液态金属未充满铸型, 铸件形状不完整	①铸件壁太薄,冷却过快; ②合金流动性不好或浇注温度过低; ③浇口太小,排气不畅; ④浇注速度太慢; ⑤浇包内金属液量不足
	冷隔	铸件表面未融合好,有浇坑或接缝	①铸件设计不合理,铸件壁太薄; ②合金流动性差; ③浇注温度太低、浇注速度太慢; ④浇口位置不当或浇口太小; ⑤浇注中途有停顿

续表

类别	名称	图例及特征	产生的主要原因
孔洞类缺陷	缩孔、缩松	铸件内部有不规则的粗糙孔洞	①铸件结构设计不合理,壁厚不均匀或铸件壁太厚; ②浇冒口位置不当,冒口尺寸过小; ③浇注温度太高
	气孔	铸件表面或内部存在较为规则的孔洞	①熔炼工艺不合理、金属液吸气过多; ②铸型透气性差,铸型中的气体侵入金属液; ③铸型或砂型中水分含量过高或铸型芯未干; ④浇注温度偏低; ⑤浇包等工具未烘干
夹杂类缺陷	夹渣	铸件表面不规则并含有熔渣的孔眼	①浇注前金属液上面的浮渣没有扒干净; ②浇注时挡渣不好,浮渣随着金属液进入铸型; ③浇注温度太低,熔渣不易上浮
	砂眼	铸件表面或内部含有型砂小凹坑	①砂型或砂芯强度不足,合型时松砂或被液态金属冲垮; ②型腔或浇口内散砂未吹净; ③铸件结构不合理,无圆角或圆角过小
裂纹类缺陷	裂纹	转角处或厚薄交接处的表面或内部的裂纹	①铸件壁厚不均、冷却不一; ②浇注温度过高; ③型砂、芯纱的退让性差; ④合金内硫、磷含量太高; ⑤铸件结构设计不合理
表面缺陷	粘砂	铸件表面黏附砂粒	①浇注温度太高; ②型砂选用不当,耐火性低; ③未刷涂料或涂料太薄

10.4　铸造工艺设计

必须根据铸件结构的特点、技术要求、生产批量和生产条件进行铸造工艺设计。铸造工艺设计的程序一般是:对零件图进行审查和工艺分析;选择合适的造型方法;确定铸造工艺方案;绘制铸造工艺图;填写铸造工艺卡;如有必要,还需要绘制铸型装配图和绘制各种铸造工艺装配图样。设计的核心内容就是绘制铸造工艺图。铸造工艺图就是根据零件图及技术要求,选择用各种铸造工艺,确定铸造工艺参数,把制造模样和铸型所需要的资料直接绘制在图纸上。

10.4.1　浇注位置的选择原则

浇注位置是指浇注时铸件在铸型中所处的空间位置。浇注位置的选择正确与否对铸件质量影响很大。选择时应考虑以下"三下一上"原则:

(1)铸件的加工表面应朝下

一般情况下,铸件浇注位置的上面比下面铸造缺陷多,所以应将铸件的重要加工面或主要受力面等要求较高的部位放到下面;若有困难则可放到侧面或斜面。如机床床身,其导轨面放到最下面,如图 10.20 所示。卷扬筒的圆周表面质量要求高,不允许有明显的铸造缺陷,若采用水平浇注,圆周朝上的表面质量难以保证;反之,若采用立式浇注如图 10.21 所示,由于全部圆周表面均处于侧立位置,其质量均匀一致,较易获得合格铸件。

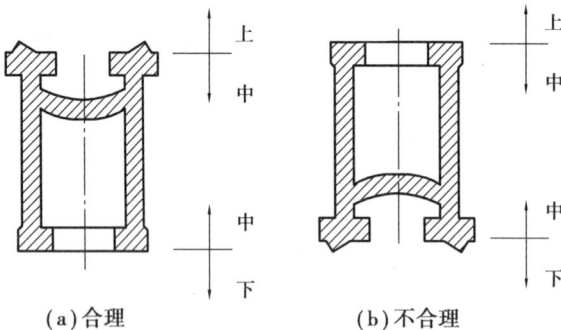

(a)合理　　　　　　(b)不合理

图 10.20　机床床身浇注位置　　　　　图 10.21　卷扬筒的浇注位置

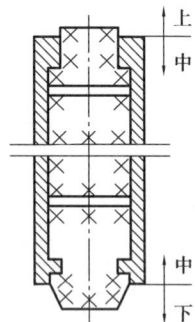

(2)铸件的宽大平面朝下

对于平板类铸件,使其大平面朝下,既可避免气孔、夹渣,又可防止型腔上表面经受强烈烘烤而产生夹砂结疤缺陷,如图 10.22 所示。

(3)铸件的薄壁应尽可能朝下

浇注位置的选择应有利于铸件的充填和型腔中气体的排出,所以,薄壁铸件应将薄而大的平面,放到下面或侧立、倾斜,保证铸件能充满,以防止出现浇不足或冷隔等缺陷,如图 10.23 所示。

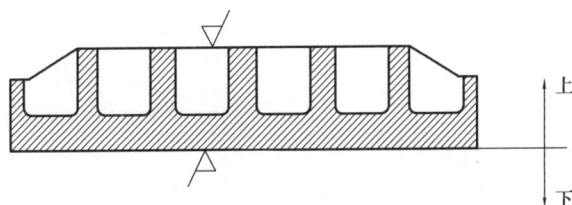

图 10.22 带宽大平面零件的浇注位置

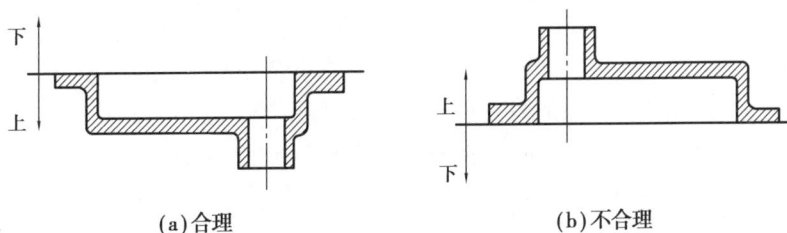

(a)合理   (b)不合理

图 10.23 薄壁零件的浇注位置

（4）铸件的厚大部分置于上方

当铸件壁厚不匀,需要补缩时,应从顺序凝固的原则出发,将厚大部分放在上面或侧面,以便安放冒口和冷铁,便于铸件的补缩,如图 10.24 所示。

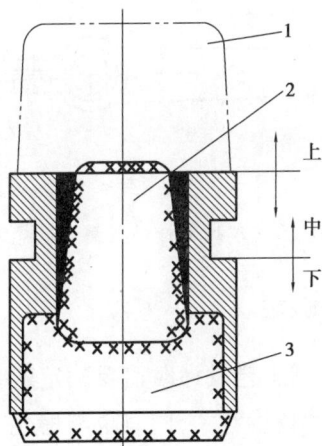

图 10.24 带厚大平面零件的浇注位置

1—冒口;2—型芯;3—冷铁

10.4.2 分型面的确定

分型面是指两个半铸型相互接触的表面。分型面的选择与浇注位置的选择密切相关,一般是先确定浇注位置,再选择分型面。

①为了方便起模,分型面一般选在铸件的最大截面上。但注意不要使模样在一个砂型内过高,砂箱过高,造型填砂、紧实、起模、下芯等不方便。

②为了将铸件的重要加工面或大部分加工面和加工基准面放在同一个砂型中,而且尽可能放在下型,以便保证铸件的精确,如图 10.25 所示。

(a)合理   (b)不合理

图 10.25 铸件的分型面选择方案

③为了简化操作过程,保证铸件尺寸精度,应尽量减少分型面的数目和活块数目。

④分型面应尽量采用平直面,这样可使操作更方便,如图 10.26 所示。

⑤应尽量减少型芯数目,提高下芯效率。

(a)不合理

(b)合理

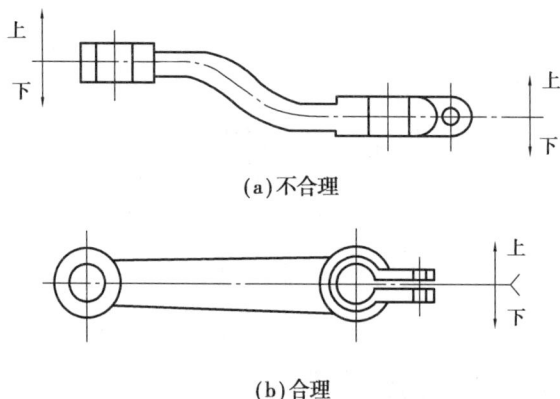

图 10.26 弯曲连杆分型面的选择方案

10.4.3 主要工艺参数的确定

铸造工艺参数通常是指铸型工艺设计时需要确定的某些工艺数据,一般与铸造模样及芯盒尺寸有关,既与铸件的精度有关,同时也与熔化、造型、造芯、下芯及合型的工艺过程有联系。工艺参数选择得正确合适,不仅可使铸件的尺寸、形状精确,而且造型、造芯、下芯、合型都大为方便,提高生产率,降低成本。主要工艺参数有铸造收缩率、机械加工余量、拔模斜度、最小铸出孔和槽、型芯头。

1)铸造收缩率

由于合金的线收缩,铸件冷却后的尺寸将比型腔尺寸略微减小,为保证铸件的应有尺寸,模样尺寸必须比铸件大一个该合金的收缩量。

$$收缩量=铸件线性尺寸×线收缩率$$

在铸件冷却过程中,其线收缩率除受到铸型和型芯的机械阻碍外,还受到铸件各部分之间的相互制约。因此,铸造收缩率除与合金的种类和成分有关外,还与铸件结构、大小、壁厚薄,砂型和砂芯的退让性,浇冒口系统的类型和开设位置,砂箱的结构等有关。通常灰铸铁件的线收缩率为 0.7% ~ 1.0%,铸钢件的线收缩率为 1.5% ~ 2.0%,有色金属的线收缩率为 1.0% ~ 1.5%。

2)机械加工余量

机械加工余量是为了保证铸件加工面尺寸和零件精度,在铸件工艺设计时,预先增加的但在机械加工时切去的金属厚度。加工余量等级由精到粗共分为 A,B,…,K 十个等级,见表 10.3。铸件的加工余量等级通常依据实际生产条件和有关资料确定,推荐用于各种铸造方法和铸造合金使用的机械加工余量等级,见表 10.4。

表 10.3　铸件机械加工余量

铸件公称尺寸		铸件的机械加工余量等级及对应的机械加工余量/mm									
大于	至	A	B	C	D	E	F	G	H	J	K
~	40	0.1	0.1	0.2	0.3	0.4	0.5	0.5	0.7	1	1.4
40	63	0.1	0.2	0.3	0.3	0.4	0.5	0.7	1	1.4	2
63	100	0.2	0.3	0.4	0.5	0.7	1	1.4	2	2.8	4
100	160	0.3	0.4	0.5	0.8	1.1	1.5	2.2	3	4	6
160	250	0.3	0.5	0.7	1	1.4	2	2.8	4	5.5	8
250	400	0.4	0.7	0.9	1.3	1.8	2.5	3.5	5	7	10
400	630	0.5	0.8	1.1	1.5	2.2	3	4	6	9	12
630	1 000	0.6	0.9	1.2	1.8	2.5	3.5	5	7	10	14
1 000	1 600	0.7	1.0	1.4	2	2.8	4	5.5	8	11	16
1 600	2 500	0.8	1.1	1.6	2.2	3.2	4.5	6	9	13	18
2 500	4 000	0.9	1.3	1.8	2.5	3.5	5	7	10	14	20
4 000	6 300	1	1.1	2	2.8	4	5.5	8	11	16	22
6 300	10 000	1.1	1.5	2.2	3	4.5	6	9	12	17	24

注:等级 A 和等级 B 只适用于特殊情况,如带有工装定位面、夹紧面和基准面的铸件。

表 10.4　毛坯铸件典型的机械加工余量等级

方法	铸件尺寸公差等级 DCTG					
	钢	灰铸铁	球墨铸铁	可锻铸铁	铜合金	轻金属合金
砂型铸造手工造型	G ~ K	F ~ H	F ~ H	F ~ H	F ~ H	F ~ H
砂型铸造机器造型和壳型	E ~ H	E ~ G	E ~ G	E ~ G	E ~ G	E ~ G
金属型铸造 (重力铸造或低压铸造)	—	D ~ F	D ~ F	D ~ F	D ~ F	D ~ F
压力铸造	—	—	—	—	6 ~ 8	4 ~ 7

续表

方法	铸件尺寸公差等级 DCTG					
	钢	灰铸铁	球墨铸铁	可锻铸铁	铜合金	轻金属合金
熔模铸造	E	E	E	—	E	E

注:表中所列出的尺寸公差等级是在大批量生产下铸件通常能够达到的尺寸公差等级。

  铸件尺寸公差是指对铸件尺寸规定的允许变动量,其代号用字母 CT 表示,分为 1,2,3,…,16,共 16 个等级,通常依据实际生产条件确定,不同的生产方式和规模的铸件尺寸公差等级不同,表 10.5 是大批量生产的毛坯铸件的尺寸公差等级,表 10.6 是小批量生产或单件生产的毛坯铸件的尺寸公差等级。

表 10.5   大批量生产的毛坯铸件的尺寸公差等级

方法		铸件尺寸公差等级 DCTG								
		钢	灰铸铁	球墨铸铁	可锻铸铁	铜合金	锌合金	轻金属合金	镍基合金	钴基合金
砂型铸造 手工造型		11~13	11~13	11~13	11~13	10~13	10~13	9~12	11~14	11~14
砂型铸造 机器造型 和壳型		8~12	8~12	8~12	8~12	8~10	8~10	7~9	8~12	8~12
金属型铸造 (重力铸造或 低压铸造)		—	8~10	8~10	8~10	8~10	7~9	7~9	—	—
压力铸造		—	—	—	—	6~8	4~6	4~7	—	—
熔模 铸造	水玻璃	7~9	7~9	7~9	—	5~8	—	5~8	7~9	7~9
	硅溶胶	4~6	4~6	4~6	—	4~6	—	4~6	4~6	4~6

注:表中所列的尺寸公差等级是在大批量生产情况下铸件通常能够达到的尺寸公差等级。

表 10.6   小批量生产或单件生产的毛坯铸件的尺寸公差等级

方法	造型材料	铸件尺寸公差等级 DCTG							
		钢	灰铸铁	球墨铸铁	可锻铸铁	铜合金	轻金属合金	镍基合金	钴基合金
砂型铸造 手工造型	黏土砂	13~15	13~15	13~15	13~15	13~15	11~13	13~15	13~15
	化学黏结剂砂	12~14	11~13	11~13	11~13	10~12	10~12	12~14	12~14

注:1. 表中所列的尺寸公差等级是小批量或单件砂型铸造时,铸件通常能够达到的尺寸公差等级。

  2. 本表也适用于经供需双方商定的本表未列出的其他铸造工艺和铸件材料。

3）拔模斜度

为了方便起模，在模样、芯盒的出模方向留有一定的斜度，以免损坏砂芯，这个在铸造工艺设计时所规定的斜度，称为拔模斜度，如图 10.27 所示。拔模斜度的大小应根据模样的高度、模样的尺寸和表面粗糙度及造型方法确定。壁越高，拔模斜度越小；外壁拔模斜度小于内壁拔模斜度；木模比金属模的拔模斜度大，机械造型应比手工造型的拔模斜度小。一般情况木模取 $15' \sim 3°$，孔取 $3° \sim$

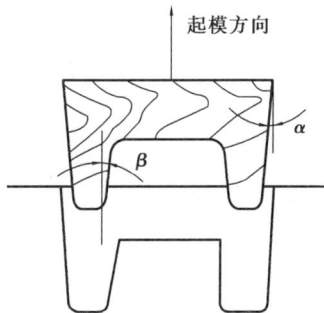

图 10.27　拔模斜度

$10°$。拔模斜度在工艺图上用角度 α 或增加（减少）的宽度 a 表示。

4）最小铸出孔和槽

铸件上的孔和槽是否铸出，要根据具体情况而定。一般说来，较大的孔和槽应铸出来，以节省金属和加工工时。较小的孔和槽，则不宜铸出，直接进行机械加工反而方便。一般灰铸铁件成批生产时，最小铸出孔直径为 $15 \sim 30$ mm，单件小批量生产时为 $30 \sim 50$ mm；铸钢件最小铸出孔直径为 $30 \sim 50$ mm，薄壁铸件取下限，厚壁铸件取上限，见表 10.7。对于有弯曲形状等特殊的孔，无法机械加工时，则应直接铸造出来。需用钻头加工的孔（中心线位置精度要求高的孔）最好不要铸出。难以加工的合金材料，如高锰钢等铸件的孔和槽应铸出。

表 10.7　最小铸出孔

生产批量	最下铸出孔径 d/mm	
	灰铸铁	铸钢
大批量生产	$12 \sim 15$	—
成批生产	$15 \sim 30$	$30 \sim 50$
单件、小批量	$30 \sim 50$	50

5）型芯头

芯头是指伸出铸件以外，不与金属液接触的砂芯部分，其功能是定位、支撑和排气。为了承受砂芯本身重力及浇注时液体金属对砂芯浮力，芯头的尺寸应足够大才不会导致破坏；浇注后，砂芯所产生的气体，应能通过芯头排至铸型以外。芯头的相关尺寸可以参考有关工艺手册。

10.4.4　确定浇注系统

浇注系统是金属液流入铸型形成的通道。通常由浇口杯、直浇道、横浇道和内浇道所组成。按照内浇道开设的位置不同，浇注系统可以分为顶注式、底注式、中注式和阶梯式，如图 10.28 所示。它们的充型平稳性、排气性和铸件的温度分布各有差别。生产中根据合金的种类、铸件的结构和尺寸大小等作出相应选择。

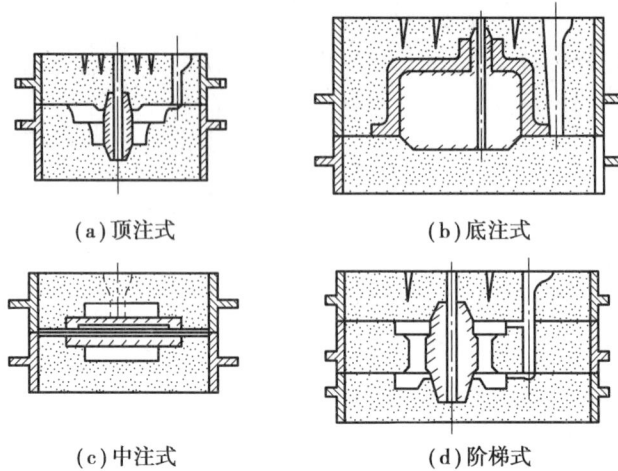

(a) 顶注式   (b) 底注式

(c) 中注式   (d) 阶梯式

图 10.28 浇注系统

10.4.5 绘制铸造工艺图

铸件图是指反映铸件实际形状,尺寸和技术要求的图样,是铸造生产、铸件检验与验收的主要依据。铸件图可根据铸造工艺图绘出铸型分型面、浇注位置、型芯结构、浇冒口系统、控制凝固措施等,即将以上步骤中的结果使用表 10.8 中的铸造工艺符号及表示方法表示到图纸上。

表 10.8 铸造工艺符号及表示方法

名称	工艺符号及表示方法	名称	工艺符号及表示方法
分型线	用红线表示,并用红色写出"上、中、下"字样 两箱造型: 三箱造型: 示例:	分模线	用红线表示,在任一端面画"<"符号 示例:
分型分模线	用红线表示 示例:	机加工余量	用红色线表示,在加工符号附近注明加工余量数值

续表

名称	工艺符号及表示方法	名称	工艺符号及表示方法
不铸出的孔和槽	在轮廓内部画"×"	浇注系统	用红色线或红色双线表示并注明各部尺寸
芯头斜度与芯头间隙	用蓝色线表示并注明斜度及间隙数值		

10.4.6　支承台零件的铸造工艺设计

现以图 10.29 所示的支承台零件为例,进行铸造工艺设计。已知支承台零件承受中等载荷,起支承作用,材料为灰铸铁(牌号 HT200),小批量生产。

1)工艺分析

材料为灰铸铁,铸造性能良好,能满足质量要求。支承台是一个回转体构件,宜采用分模两箱造型方法;生产批量小时,宜采用砂型铸造手工造型方法。

2)选择分型面

选择通过轴线的纵向剖面作为分型面,工艺简便。

3)确定浇注位置

水平浇注使两端面侧立,因两端面为加工面有利于保证铸件质量。

4)确定工艺参数

①加工余量。图样要求仅两端面加工,需留加工余量,φ20 mm 的 8 个孔不铸出。参

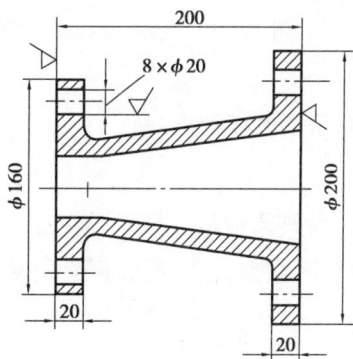

图 10.29　支承台零件图

考表 10.5、表 10.6,尺寸公差等级为 CT13 ~ CT15,机械加工余量等级 H。若取 CT14/H,公称尺寸为 200 mm(大于 160 ~ 250 mm,双侧切削加工),查表 10.3 可知,支承台两侧面的加工余量值为 4 mm。

②起模斜度。使用木模时,起模斜度选择为 3%。铸件法兰(两端圆盘)较厚,可在远离分型面处减少 2 mm 加工余量,以获得起模斜度。

③线收缩率。材料为灰铸铁,线收缩率选择为 1%。

④芯头。支承台具有锥形空腔,宜设计整体型芯,为水平芯头。芯头尺寸及装配间隙可查有关手册确定。

5)浇注系统和冒口设计

本课程对此不作具体要求。

6)绘制铸造工艺图

将上面确定的各项内容,用规定的颜色、符号描绘在零件的主要投影图上,铸造工艺图的绘制即告完成,如图 10.30 所示。

根据铸造工艺图就可画出铸件毛坯图,如图 10.31 所示。铸件毛坯图是反映铸件实际形状、尺寸和技术要求的图样,是铸造生产、铸件检验与验收的主要依据。

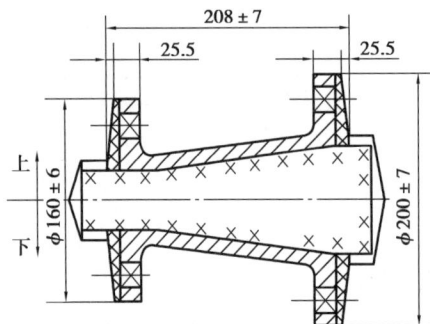

图 10.30　支承台铸造工艺图

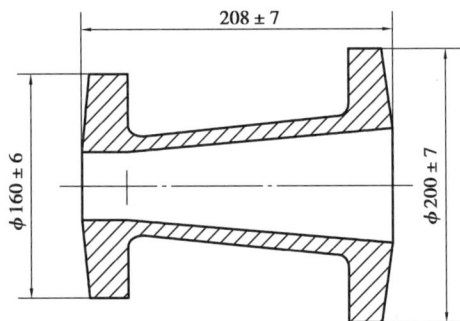

图 10.31　支承台铸件毛坯图

10.5　特种铸造

特种铸造是指与砂型铸造方法不同的其他铸造方法。这里只介绍金属型铸造、压力铸造、熔模铸造、离心铸造和低压铸造。

10.5.1　金属型铸造

金属型铸造是指用重力将熔融金属浇注入金属型获得铸件的方法。金属型是指金属材料制成的铸型。

1)金属型铸造过程

根据分型面的不同,金属型分为垂直分型式、水平分型式、复合分型式等,其中,垂直分型式的金属型易于设内浇道和取出铸件,且易于实现机械化,故应用较多,如图

10.32 所示。垂直分型式金属型由固定半型和活动半型两个半型组成,分型面位于垂直位置,浇注时两个半型合紧,凝固后利用简单的机构使两半型分开,取出铸件。

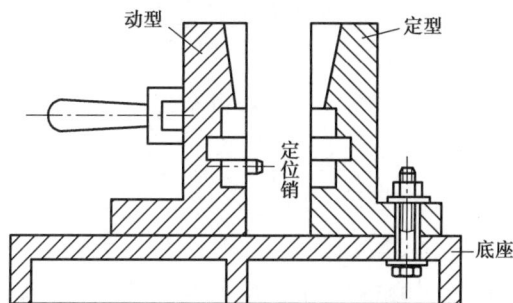

图 10.32 垂直分型式金属型

2)金属型铸造的特点及应用

金属型铸造实现了"一型多铸",克服了砂型铸造"一型一铸"造型工作量大,占地面积大、生产率低等缺点。金属型灰铸铁件的精度可以达到 CT9 ~ CT7 级,而砂型手工造型的精度只能达到 CT13 ~ CT11 级。金属型铸造导热快,过冷度大,结晶后铸件组织细密,力学性能比砂型铸造提高 10% ~ 20%。但是,熔融金属在金属型中的流动性差,容易产生浇不到,冷隔等缺陷。灰铸铁件还容易产生白口铁组织。适用于有色金属铸件,如铝合金活塞,铝合金气缸体、铜合金轴瓦等。一般不用于铸造形状复杂的铸件。

10.5.2 压力铸造

压力铸造是指将熔融金属在高压下高速充型,并在压力下凝固的铸造方法。

1)压力铸造过程

压力铸造必须在压铸机上进行,它所用的铸型称为压型。压力铸造使用的压铸型由定型、动型及金属芯组成。压力铸造过程如图 10.33 所示,包括合型、压铸、开型等。

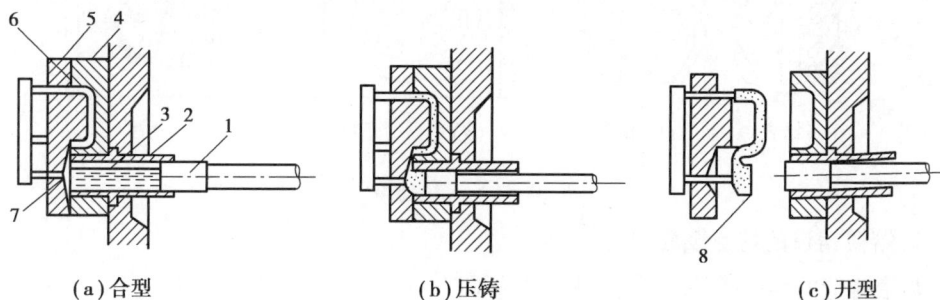

(a)合型   (b)压铸   (c)开型

图 10.33 卧式压铸机压铸过程示意图

1—压射冲头;2—压室;3—液体金属;4—定型;5—动型;6—型腔;7—浇道;8—余料

2)压力铸造的特点及应用

压力铸造在金属型铸造的基础上,又增加了在压力下快速充型的功能,从根本上解决了金属的流动性问题,可以直接铸出各种孔、螺纹、齿形等。压铸铜合金铸件的尺寸公差等级达到 CT8 ~ CT6 级,而砂型手工造型只能达到 CT13 ~ CT11 级。但由于金属液的充型速度高,压铸型内的气体很难排除,常常在铸件的表皮之下形成许多皮下小孔。这些小气孔加热时会因气体膨胀使铸件表面凸起或变形。因此,压铸件不能进行热处理。

压力铸造主要应用于 Al、Mg、Zn、Cu 等有色金属材料。目前,压铸已在汽车、拖拉机、仪表、兵器行业得到了广泛应用。

10.5.3　熔模铸造

熔模铸造指用易熔材料(如蜡料)制成模样,在模样上包覆若干层耐火材料,制成型壳,模样熔化流出后经高温焙烧即可浇注的造型方法,是发展较快的一种精密铸造方法。

1)熔模铸造过程

如图 10.34 所示,熔模铸造过程包括两次造型、两次浇注。第一次造型是根据母模造压铸型,第一次浇注是用压力铸造的方法铸出蜡模,第二次造型是利用蜡模黏结耐火涂料造壳型,第二次浇注是向壳型中浇注熔融金属,结晶成较为精密的铸件。

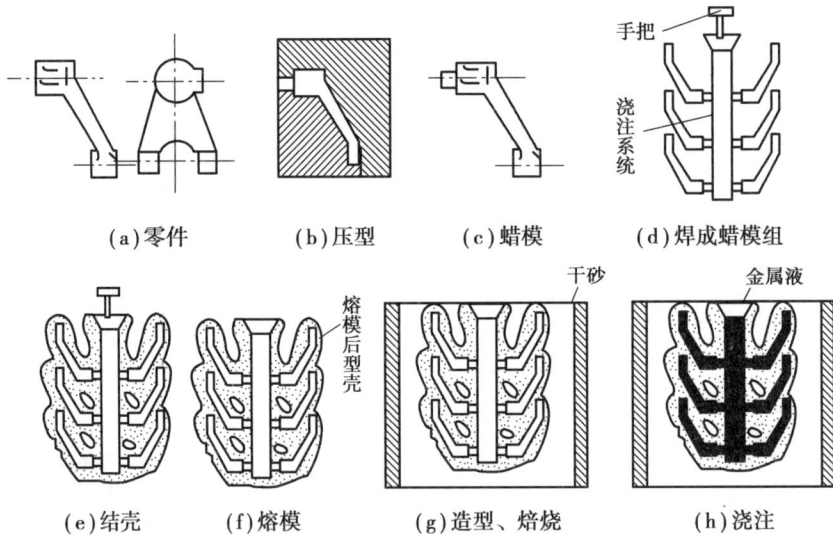

(a)零件　　(b)压型　　(c)蜡模　　(d)焊成蜡模组

(e)结壳　　(f)熔模　　(g)造型、焙烧　　(h)浇注

图 10.34　熔模铸造

2)熔模铸造的特点及应用

熔模铸造的铸钢件,尺寸公差等级可达 CT7 ~ CT5,而砂型手工造型只能达到 CT13 ~ CT11。熔模铸造的壳型由耐高温的石英粉等耐火材料制成,各种合金材料都可以使用这种方法生产铸件,但缺点是材料昂贵、工序多、生产周期长,不宜生产大件等。

熔模铸造广泛应用于电器仪表、刀具、航空等制造部门,如汽车、拖拉机上的小型零件的加工等等,已成为少切削加工或无切削加工中最重要的加工方法。

10.5.4　离心铸造

离心铸造是指将熔融的金属浇入绕着水平或立轴旋转的铸型,在离心力的作用下凝固成型的铸造方法。其铸件轴线与旋转铸型轴线重合。

1)离心铸造过程

离心铸造必须在离心铸机上进行。离心铸机根据铸型旋转轴空间位置不同,可分为立式和卧式两大类。生产过程如图 10.35 所示。

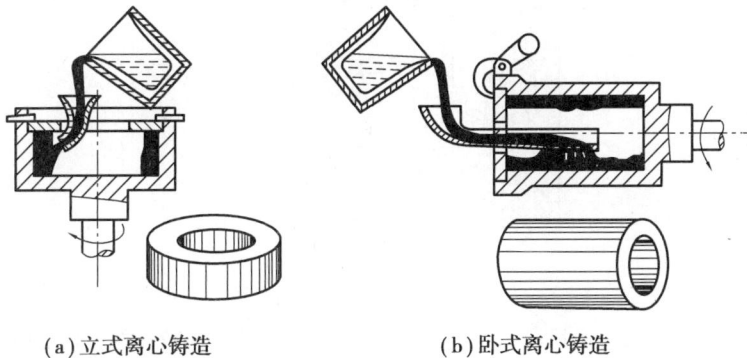

(a)立式离心铸造　　　　　　(b)卧式离心铸造

图 10.35　离心铸造

2)离心铸造的特点及应用

离心铸造在离心力的作用下充型并结晶。铸件内部组织致密,不易产生缩孔、气孔夹杂物等缺陷;但铸件内表面尺寸不准确,质量也较差。离心铸造主要用于铸造钢、铸铁、有色金属等材料的各种管状铸件,也可用于生产双金属铸件,如钢套镶铜轴承等,其结合面牢固、耐磨,可节省许多贵金属。

10.5.5　低压铸造

低压铸造是用较低压力(一般为 0.02 ~ 0.06 MPa)将金属液由铸型底部注入型腔,并在压力下凝固,以获得铸件的方法。与压力铸造相比,所用压力较低,故称为低压铸造。

1)低压铸造过程

低压铸造是介于重力铸造与压力铸造之间的一种铸造方法,如图 10.36 所示。液态金属装在密封的坩埚中,由管道通入的压缩空气使金属液在 20 ~ 70 kPa 压力作用下,沿升液管自下而上平稳地压入铸型,并在压力下铸件凝固,然后解除压力,升液管中未凝固的金属回落流入坩埚,开型取出铸件。

2)低压铸造的特点和应用

底注充型,平稳且易于控制,减少了金属液注入型腔时的冲击、飞溅现象,铸件的气孔、夹渣等缺陷较少;金属液的上升速度和结晶压力可调整,适用于各种铸型(如砂型、金属型等)、各种合金铸件。

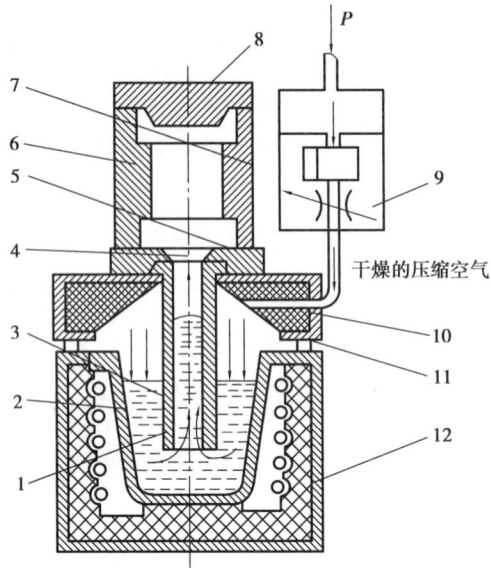

图 10.36 低压铸造

1—升液管;2—坩埚;3—液态合金;4—浇道;5—底型;6,7—左右两半型;

8—上半型;9—气压控制装置;10—炉盖;11—密封圈;12—保温气体

低压铸造铸件的组织致密,机械性能高,可以铸出靠重力冲型难以成型的铸件,尤其是薄壁耐压的铸件,如铝合金气缸盖等。目前主要用来生产要求高的铝合金铸件。由于省了补缩冒口,金属利用率提高到 90% ~98%;与重力铸造相比,铸件的组织致密、轮廓清晰,力学性能高。此外劳动条件有所改善,易于实现机械化和自动化。但生产效率不高,只适用于小批量生产。

10.6 铸造技术发展趋势简介

随着航空航天、军工、化工和高端汽车等行业高速发展,传统铸造方法已无法满足高品质要求,特种铸造生产新技术,如电渣熔铸、连轧连铸、消失模铸造、半固态铸造等技术得到大力推广。通过优化铸型制造工艺、改善充填及凝固条件等方法,实现铸件近净成型、质量优异、尺寸精度高、生产效率高和环境污染少,并逐步实现自动化、智能化。

10.6.1 电渣熔铸技术

电渣熔铸是利用电流通过液渣所产生的电阻热,不断地将金属电极熔化,熔化的金属汇聚成滴,穿过渣层滴入金属熔池,在水冷模内凝固成铸件的技术,工作原理如图10.37 所示。它是一种金属精炼和铸造成型一次完成,生产合金铸件的工艺。

电渣熔铸技术具有组织致密、纯净度高和成分均匀等特点,应用于综合性能要求较高零部件毛坯。美国、德国和瑞典等电渣重熔装备和技术较为成熟,并大范围推广应用在航空航天、军工和核电等行业。我国在理论研究方面,如热平衡计算、渣系开发和热平衡计算等方面贡献了较多独创性工作。电渣重熔冶金新技术以电渣连铸、可控气氛和液态电渣浇注为代表,未来将与钢铁冶金流程紧密结合,有着广阔应用前景。

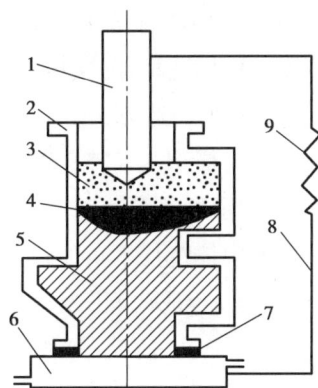

图 10.37 电渣熔铸原理

1—自耗电极;2—水冷异型结晶器;3—渣池;4—金属熔池;5—熔铸件;
6—底水箱;7—绝缘;8—短网;9—变压器

10.6.2 连铸连轧技术

连铸连轧全称连续铸造连续轧制,是把液态钢倒入连铸机中铸造出钢坯(称为连铸坯),然后不经冷却,在均热炉中保温一定时间后直接进入热连轧机组中轧制成型的钢铁轧制工艺。连铸连轧工艺现今只在轧制板材、带材中得到应用。图 10.38 所示为某薄板连铸连轧生产线示意图。

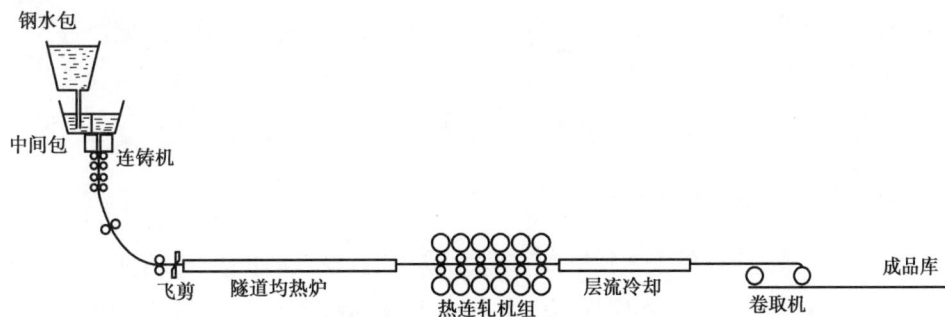

图 10.38 某薄板连铸连轧生产线示意图

这种工艺巧妙地把铸造和轧制两种工艺结合起来,相比于传统的先铸造出钢坯后经加热炉加热再进行轧制的工艺,具有简化工艺、改善劳动条件、增加金属收得率、节约能源、提高连铸坯质量、便于实现机械化和自动化的优点。

我国拥有较多薄板坯连铸连轧生产线,在高效连铸、电磁连铸技术等方面发展迅速。珠钢、宝武钢铁等企业与科研院所联合开发了薄板坯连铸连轧流程微合金化技术,实现钢带晶粒和析出物的细化,制备出高强度和良好塑韧性钢带,已应用于工程机械、特种设备等领域。

10.6.3 消失模铸造技术

消失模铸造是将与铸件尺寸形状相似的石蜡或泡沫模型黏结组合成模型簇,刷涂耐火涂料并烘干后,埋在干石英砂中振动造型,在负压下浇注,使模型气化,液体金属占据模型位置,凝固冷却后形成铸件的新型铸造方法。

消失模铸造技术以近无余量、精确成型的特点,大量推广应用于形状复杂的管状、箱体和缸体类等,多用于耐磨、耐热和耐腐蚀等铸钢件。随着对中大型规格和综合性能要求更高铸钢件需求与日俱增,消失模铸造技术正值快速发展期,未来将重点围绕先进技术、新型泡沫模材料、材料成分设计、合成涂料、废气环保净化和智能化生产等方面发展。

10.6.4 半固态铸造技术

在金属凝固过程中,进行强烈搅拌,使普通铸造易于形成的树枝晶网络被打碎,得到一种在液态金属母液中均匀悬浮着一定颗粒状固相组分的固-液混合浆料,这种半固态金属具有某种流变特性,因而易采用常规加工技术如压铸、挤压、模锻等实现成型。采用这种既非液态、又非完全固态的金属浆料加工成型的方法,称为半固态金属铸造。与以往的金属成型方法相比,半固态金属铸造技术是集铸造、塑性加工等多专业学科于一体来制造金属制品的又一独特领域。

其铸件尺寸精度高、外观质量好,组织细小、致密,分布均匀,金属充型平稳,简化铸造工序,降低能耗,改善劳动条件,生产率高,工件具有很高的综合力学性能。

半固态铸造技术广泛应用于汽车、航空航天和电子等高端零部件领域。近年来利用模锻、轧制等传统技术与半固态金属流变和触变成型相结合,开发出复合铸造法和铸锻成型等新技术,可明显改善材料的组织和性能。

10.6.5 计算机数值模拟技术

随着计算模拟、几何模拟和数据库的建立及其相互联系的扩展,数值模拟已迅速发展为铸造工艺 CAD、CAE,并将实现铸造生产的 CAM。利用计算机可对各种铸造过程进行数值模拟,如凝固过程的温度场数值模拟,铸型充填过程的速度场数值模拟,金属液固相转变过程中的热应力场数值模拟以及固相转变后组织形态力学性能数值模拟等。通过这些单一和复合过程的数值模拟,可在铸件生产之前对其铸造工艺方案及其凝固过程进行计算机试浇和质量预计,利用各种数据判断各种铸造缺陷(如缩孔、缩松、气孔、夹渣、裂纹等)能否产生及其产生的部位,从而调整工艺方案。这使新产品试制减少了大量的人力、物力和时间,特别是对大型铸件的单件生产能确保一次成功,带来可观的经济效益。

由于工艺设计的不同,如砂型种类、冒口大小和位置、初始浇注温度、冷铁多少及大小的不同,其计算机试浇的结果也不同,反复试浇即反复模拟计算,总可以找到一种科学、合理的工艺,即通过计算机模拟计算优化了的工艺,进而组织生产,就可以得到优质铸件,这就是铸造工艺 CAD 技术。由于计算机试浇并非真正的人力、物力投入进行生产试验,而只要有计算机,在一定的程序软件下进行模拟计算就行,因此不但可以大量节省生产试验资金,而且可以进行工艺优化,因此其经济效益十分显著。

10.7　复习思考题

1.铸造生产的特点是什么? 举例说明其应用。

2.什么是合金的铸造性能? 试比较铸铁和铸钢的铸造性能。

3.什么是合金的流动性? 合金流动性对铸造生产有何影响?

4.说明铸件产生缩孔、缩松原因及防止方法。

5.铸造应力对铸件质量有何影响? 应如何减小和防止这种应力?

6.手工造型有哪些方法? 各自的应用范围如何?

7.铸件的常见缺陷有哪些?

8.简述浇注位置的确定原则。

9.简述分型面的确定原则。

10.典型浇注系统由哪几个部分组成? 各部分有何作用?

11.铸造工艺参数主要包括哪些内容?

12.为什么手工造型仍是目前主要的造型方法? 机器造型有哪些优越性? 适用条件是什么?

13.什么是金属型铸造? 简述其工艺特点和应用范围。

14.简述压力铸造、低压铸造和离心铸造的工艺特点及其应用范围。

15.什么是熔模铸造? 简述其工艺过程及应用范围。

16.下列铸件在大批量生产时,适宜采用什么铸造方法?

铝活塞、汽轮机叶片、大模数齿轮滚刀、车床床身、发动机缸体、大口径铸铁管、汽车化油器、钢套镶铜轴承

第11章
压力加工成型

在汽车发动机中,有一个重要的零件——曲轴,如图11.1所示,它的作用是与连杆配合将作用在活塞上的气体压力变为旋转的动力,传给底盘的传动机构;同时,驱动配气机构和其他辅助装置,如风扇、水泵、发电机等。工作时,高速旋转的曲轴承受由连杆传递过来的气体压力,承受交变负荷的冲击作用,惯性力及惯性力矩的作用,受力大而且复杂。因此,要求曲轴具有足够的刚度和强度,具有良好的承受冲击载荷的能力。曲轴铸件通常是球墨铸铁,球墨铸铁曲轴铸造工艺好,有利于获得较合理的结构形式,但其承载能力有限。为了提高其力学性能及使用性能,会使用钢来制造,而钢的铸造性能不佳。生产中会采用锻造钢件毛坯,它有好的耐磨性,可得到有利的纤维组织,获得紧密的细晶粒相组织,机械性能已接近一般中碳钢,切削性能好,耐磨性高。

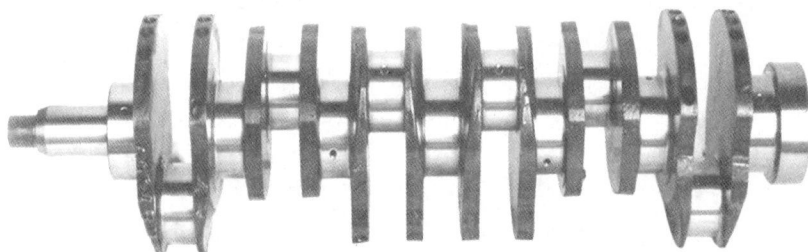

图 11.1 曲轴

锻造就是一种压力加工的形式。压力加工是利用工具或模具,通过施加外力使材料产生塑性变形来获得所需的形状和结构的一种零件毛坯的生产方法。压力加工包括锻造、冲压、轧制、拉拔、挤压等。

11.1 金属的塑性变形及其可锻性

各类钢和有色金属大都具有一定的塑性,均可在冷态或者热态下进行压力加工。在压力加工中,通过材料变形生产毛坯或机械零件。金属在外力作用下,有弹性变形和塑性变形两个阶段。塑性变形是外力去除后会消失的变形,而当外力停止去除后,塑性变形不会消失。

锻压是指对坯料施加外力,使其产生塑性变形,改变尺寸、形状,改善性能,用以制造机械零件或毛坯的成型加工方法,是锻造和冲压的总称。

工业上使用的各种金属型材,是用轧制、拉拔和挤压等方法制成,其中的一部分作为自由锻、模锻、板料冲压以及轧制、拉拔、挤压的坯料,被加工成毛坯或零件,通常称为锻压件。

与铸件比较,锻压件最主要优点是组织致密、机械性能高。一般锻压都有很高的生产率。然而,它难以像铸造那样制出形状(尤其内腔)复杂的坯件。

11.1.1 金属的塑性变形

1)单晶体的塑性变形

单晶体塑性变形的基本方式是滑移与孪生。其中,滑移是金属中最主要塑性变形方式。

(1)滑移

晶体的滑移是指晶体的一部分相对于另一部分沿一定晶面和一定晶向(原子密度最大的晶面和晶向)发生相对移动,如图 11.2 所示。由于晶体内部存在缺陷,晶体内部各原子处于不稳定状态。实际晶体结构的滑移就是通过位错(线缺陷)运动来实现的。晶体内位错运动到晶体表面即使整个晶体产生塑性变形。

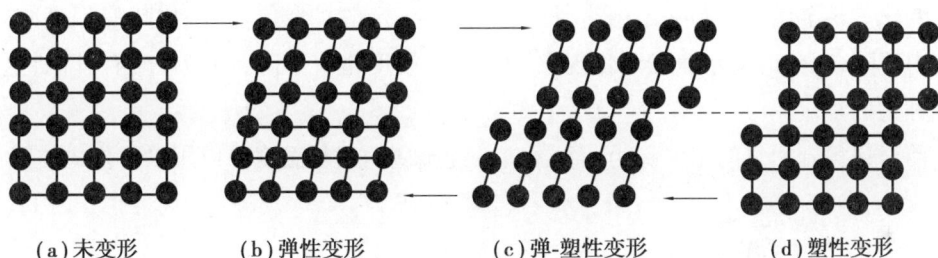

(a)未变形   (b)弹性变形   (c)弹-塑性变形   (d)塑性变形

图 11.2 单晶体的滑移

(2)孪生

孪生是晶体在外力作用下,晶格的一部分相对另一部分沿孪晶面为界面发生相对转动的结果,转动后以孪晶面为界面,形成镜像对称。孪生一般发生在晶格中滑移面少的某些金属中,或突然加载的情况下,孪生变形量很小。

2)多晶体的塑性变形

实际使用的金属材料是由许多晶格位向不同的晶粒构成,是多晶体材料。由于晶界的存在和各晶粒晶格位向的不同,多晶体的塑性变形过程比单晶体的塑性变形复杂得多。图 11.3 所示为多晶体塑性变形示意图。在外力作用下,多晶粒的塑性变形首先从方向有利于滑移的晶粒内开始。由于多晶体中各晶粒的晶格位向不同,滑移方向不一致,各晶粒间势必相互牵制和阻挠。为了协调相邻晶粒之间的变形,使滑移得以进行,多晶体内便会出现晶粒间彼此相对移动和转动。因此,多晶体的塑性变形,除晶粒内部的滑移和转动外,晶粒与晶粒之间也

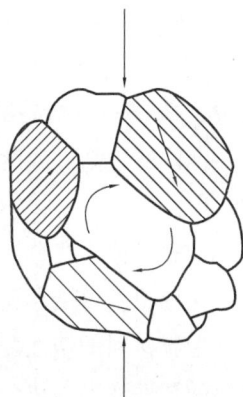

图 11.3 多晶体的变形

存在滑移和转动。

11.1.2 加工硬化与再结晶

1)加工硬化

金属发生塑性变形后,强度和硬度升高的现象称为加工硬化或者冷作硬化。加工硬化是由于晶格内部晶格畸变的原因而引起的。金属在塑性变形过程中,滑移面附近晶格处于强烈的歪曲状态,产生了较大的应力,滑移面上产生了很多晶格位向混乱的微小碎晶块,增加了继续产生滑移的阻力。

加工硬化对于那些不能用热处理强化的金属和合金具有重要的意义,如纯金属、奥氏体不锈钢、变形铝合金等都可用冷轧、冷冲压等加工方法来提高其强度和硬度,即形变强化。但是,加工硬化会给金属和合金进一步变形加工带来一定的困难,所以常常在变形工序之间安排中间退火,以消除加工硬化,恢复金属和合金的塑性。

2)回复

金属加工硬化后,畸变的晶格中处于高位能的原子具有恢复到稳定平衡位置的倾向。由于在较低温度下原子的扩散能力小,这种不稳定状态能保持较长时间而不发生明显变化。将金属加热到一定温度,原子可获得一定的扩散能力,晶格畸变程度减轻,内应力下降,部分地消除加工硬化现象,即强度、硬度略有下降,而塑性略有升高,这一过程称为回复。

使金属得到回复的温度称为回复温度。纯金属的回复温度可以用以下公式估算:

$$T_{回} \approx (0.25 \sim 0.3) T_{熔} \tag{11.1}$$

式中　　$T_{回}$——回复温度,K;

　　　　$T_{熔}$——熔点,K。

实际生产中的去应力退火就是利用回复,消除工件内应力,稳定组织,并保留冷变形强化性能。

3)再结晶

对塑性变形后的金属加热,金属原子就会获得足够高的能量,从而消除了加工硬化现象,这一过程称为再结晶。纯金属的再结晶温度可以用以下公式估算:

$$T_{再} \approx 0.4\ T_{熔} \tag{11.2}$$

式中　　$T_{再}$——再结晶温度,K。

纯铁的再结晶温度约为 450 ℃;铜的再结晶温度约为 200 ℃;铝的再结晶温度约为 100 ℃。

钢和其他一些金属在常温下进行压力加工后,常常安排再结晶退火工序,以消除加工硬化现象。再结晶退火温度通常比再结晶温度高 100 ~ 200 ℃。

金属材料的塑性变形通常以再结晶温度为界来分为冷变形与热变形。再结晶温度以上的塑性变形为热变形。变形后,金属具有再结晶组织,而无冷变形强化痕迹。金属只有在热变形情况下,才能以较小的功达到较大的变形,同时能获得具有高力学性能的细晶粒再结晶组织。因此,金属压力加工生产多采用热变形来进行。再结晶温度以下的塑性变形为冷变形。冷变形能使金属获得较高的强度、硬度和低的表面粗糙度值,故生产中常用它来提高产品的性能。冷变形的变形程度一般不宜过大,以避免产生破裂。

11.1.3　纤维组织与锻造比

1)纤维组织

金属压力加工生产采用的最初坯料是铸锭,其内部组织很不均匀,晶粒较粗大,并存在气孔、疏松、非金属夹杂物等缺陷。铸锭加热后经过压力加工,通过塑性变形及再结晶,改变了粗大、不均匀的铸态结构[图 11.4(a)],获得了细化的再结晶组织。同时可以将铸锭中的气孔、疏松等压合在一起,使金属更加致密,力学性能得到很大提高。

此外,铸锭在压力加工中产生塑性变形时,基体金属的晶粒形状和沿晶界分布的杂质形状都发生了变形,它们都将沿着变形方向被拉长,呈纤维形状,如图 11.4(b)所示,这种结构称为纤维组织,也叫加工流线。

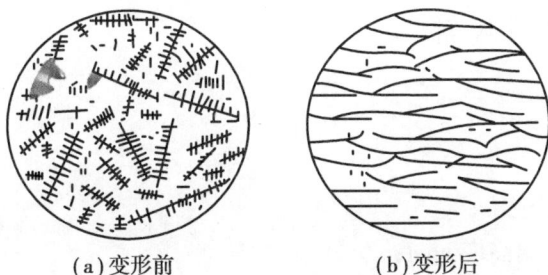

(a)变形前　　　　　　　　(b)变形后

图 11.4　铸锭热变形前后的组织

纤维组织使金属在性能上具有了方向性,对金属变形后的质量也有影响。纤维组织越明显,金属在纵向(平行于纤维方向)上塑性和韧性提高越显著,而在横向(垂直于纤维方向)上塑性和韧性降低越显著,纤维组织的明显程度与金属的变形程度有关。变形程度越大,纤维组织越明显。

纤维组织的稳定性很高,不能用热处理方法加以消除。只有经过锻压使金属产生变形,才能改变其方向和形状。因此,为了获得具有最好力学性能的零件,在设计和制造时,都应使零件在工作中受到的最大正应力方向与纤维方向一致、最大切应力方向与纤维方向垂直、纤维分布与零件的轮廓相符合,从而使纤维组织不被切断。例如,当采用棒料直接经切削加工制造螺钉时,螺钉头部与杆部的纤维被切断,不能连贯起来,受力时产生的切应力顺着纤维方向,故螺钉的承载能力较弱,如图 11.5(a)所示。当采用同样棒料经局部镦粗方法制造螺钉时,如图 11.5(b)所示,纤维不被切断,连贯性好,方向也较为有利,故螺钉质量较好。

2)锻造比

塑性加工过程中,常用锻造比(Y)来表示变形程度。

拔长时的锻造比为:

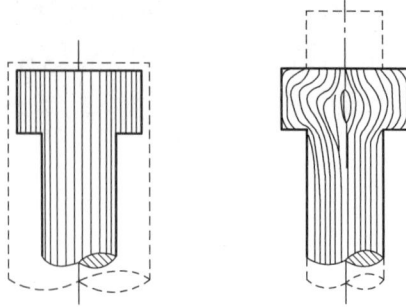

(a) 切削加工制造的螺钉　(b) 局部镦粗制造的螺钉

图 11.5　不同工艺方法对纤维组织的影响

$$Y_{锻} = \frac{A_0}{A} \qquad (11.3)$$

式中　$Y_{锻}$——拔长锻造比,%;

A_0——锻件原始截面积,m^2;

A——拔长后锻件截面积,m^2。

镦粗时的锻造比为:

$$Y_{锻} = \frac{H_0}{H} \qquad (11.4)$$

式中　$Y_{锻}$——镦粗锻造比,%;

H_0——锻件原始高度,mm;

H——镦粗后锻件高度,mm。

一般来说,碳素结构钢 $Y_{锻} = 2 \sim 3$,合金结构钢 $Y_{锻} = 3 \sim 4$,高速钢 $Y_{锻} = 5 \sim 12$,不锈钢 $Y_{锻} = 4 \sim 6$。高速钢用较大的锻造比可以把铸造时产生的共晶体及碳化物打碎,从而改善其力学性能。

11.1.4　金属的可锻性

可锻性是一个衡量金属材料经受压力加工时获得优质零件难易程度的工艺性能。金属的可锻性好,表明锻压容易进行;可锻性差,表明不宜锻压。金属的可锻性常用塑性和变形抗力来综合衡量。塑性越大,变形抗力越小,则可锻性越好;反之,可锻性越差。它取决于金属的本质和变形条件。

1)金属本质

(1)化学成分

不同化学成分的金属塑性不同,可锻性也不同。纯铁的塑性就比碳钢好,变形抗力也小;低碳钢的可锻性比高碳钢好,当钢中有较多的碳化物形成元素 Cr、Mo、W、V 时,可锻性显著下降。

(2)金属组织

金属内部的组织结构不同,可锻性有很大差别。固溶体(如奥氏体)的可锻性好,碳化物(如渗碳体)的可锻性差。晶粒细小而有均匀的组织可锻性好,当铸造组织中存在柱状晶粒,枝晶偏析以及其他缺陷时,可锻性较差。

2) 变形条件

(1) 变形温度

变形温度对塑性及变形抗力影响很大。提高金属变形时的温度,会使原子的动能增加,削弱原子之间的吸引力,减少滑移时所需要的力,因此塑性增大,变形抗力减小,改善金属可锻性。当温度过高时,金属会产生过热、过烧等缺陷,使塑性显著下降,此时金属受力易脆裂。

(2) 变形速度

变形速度是指单位时间内的变形程度。变形速度低时,金属的回复和再结晶能够充分进行,塑性高、变形抗力小;随变形速度的增大,回复和再结晶不能及时消除冷变形强化,使金属塑性下降,变形抗力增加,锻造性能变差。若变形速度超过了临界值,则金属塑性变形所产生的热效应会明显提高金属的变形温度,可锻性反而得到了改善。在一般压力加工方法中,由于变形速度低,热效应不明显。常用的锻压设备不应超过临界变形速度。

(3) 应力状态

不同的压力加工方法在材料内部产生的应力大小和性质(拉或压)是不同的,因而表现出不同的可锻性。例如,金属在挤压变形时,呈三向受压状态,表现出良好的锻造性能;而金属在拉拔时呈两向应力和一向拉应力状态,表现出较低的塑性和较小的变形抗力。

11.2 锻造

锻造是指在加压设备及工(模)具的作用下,使坯料或铸锭产生局部或全部的塑性变形,以便获得一定几何尺寸、形状和质量锻件的压力加工方法。锻件是指金属材料经锻造变形而得到的工件或毛坯。锻造属于金属塑性加工,实质上是利用固态金属的流动性来实现成型的。常用的锻造方法有自由锻造、胎模锻造和模锻等。

11.2.1 自由锻造

1) 自由锻造的基本概念

自由锻造是指用简单的通用工具,或在锻造设备的上、下砧间,直接使坯料变形而获得所需的几何形状及内部质量锻件的方法。锻造时,被锻金属能够向没有受到锻造工具工作表面限制的各个方向流动。自由锻使用的工具主要是平砧铁,成型砧(V形砧)及其他形式的垫铁。用自由锻造方法生产的锻件称为自由锻件。自由锻件的形状和尺寸主要由工人的操作技术控制,通过局部锻打逐步成型,需要的变形力较小。

自由锻造的通用设备是空气锤(图11.6)、蒸汽-空气自由锻锤和水压机。常用的自由锻工具包括锻打工具、支持工具(如铁砧)、夹持工具(如各种钳子)、衬垫工具和测量工具(如钢尺、卡钳等)等。

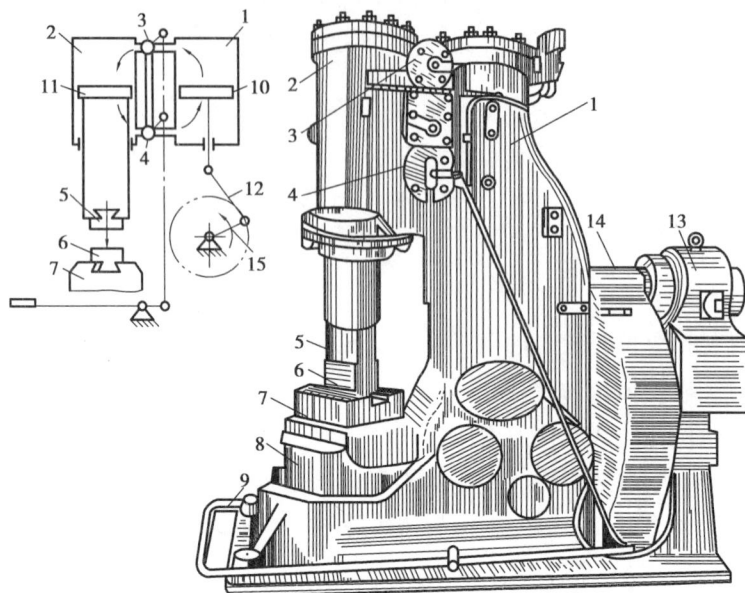

图 11.6　空气锤的结构和工作原理

1—压缩缸;2—工作缸;3,4—气阀;5—上砧;6—下砧;7—砧垫;8—砧座;
9—踏杆;10,11—活塞;12—连杆;13—电动机;14—减速器;15—曲柄

2)自由锻造的特点

自由锻造具有以下特点:

①应用设备和工具有很大的通用性,且工具简单,但只能锻造形状简单的锻件,劳动强度大,生产率低。

②自由锻造可以锻出质量从不到 1 kg 到 200～300 t 的锻件,自由锻是生产大型锻件的唯一方法。

③自由锻造依靠操作者控制其形状和尺寸,锻件精度低,表面质量差,金属消耗也较多。因此,自由锻造主要用于品种多、产量不大的单件小批量生产,也可用于模锻前的制坯工序。

3)自由锻造的基本工序

自由锻造的基本工序一般有镦粗、拔长、冲孔、切割、弯曲、锻接、错移等。

(1)镦粗

镦粗是指使毛坯高度减小、横断面积增大的锻造工序,常用于锻造圆盘类零件。镦粗时由坯料两个端面与上、下砧铁间产生的摩擦力具有阻止合金流动作用,因此圆柱形坯料经镦粗之后呈鼓形,如图 11.7(a)所示。当坯料高度 H_0 与直

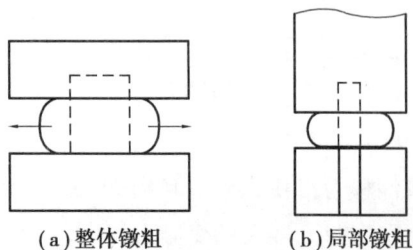

(a)整体镦粗　　(b)局部镦粗

图 11.7　镦粗

径之比 $H_0/D_0 > 2.5$ 时,不仅难锻透,而且容易镦弯或出现双鼓形,可在坯料的一部分进行镦粗,称为局部镦粗,如图 11.7(b)所示。

(2)拔长

拔长是指使毛坯横断面积减小、长度增加的锻造工序,如图 11.8 所示。拔长常用于锻造轴坯料。

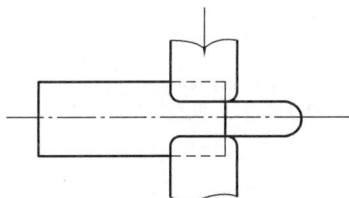

图 11.8　拔长

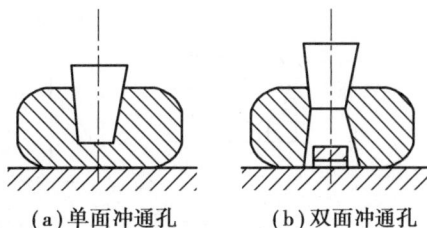

(a)单面冲通孔　　(b)双面冲通孔

图 11.9　冲孔

(3)冲孔

冲孔是指在坯料上冲出通孔或盲孔的锻造工序。冲孔常用于锻造套类零件。在薄坯料上则使用冲头单面冲通孔,如图 11.9(a)所示;在厚坯料上则使用冲头双面冲通孔,如图 11.9(b)所示。孔径超过 400 mm 时可用空心冲头冲孔。

(4)切割

切割是指将坯料分成两部分的锻造工序。切割常用于拔长的辅助工序,以提高拔长效率。但局部切割会损伤锻造流线,影响锻件的力学性能。

(5)弯曲

弯曲是指采用一定的工模具将毛坯弯成所规定的外形的锻造工序。弯曲常用于锻造直尺、弯板、吊钩一类轴线弯曲的零件。

(6)锻接

锻接是指将坯料在炉内加热至高温后用锤快击,使两者在固相状态结合的方法。锻接的方法有搭、咬接等。

(7)错移

错移是指将坯料的一部分相对另一部分平移错开,但仍保持轴线平行的锻造工序。错移常用于锻造曲轴类零件。

自由锻造除以上基本工序外,还有辅助工序和修整工序。为使基本工序操作方便而进行的预变形工序称为辅助工序(如压钳口、切肩等);修整工序用以减少锻件表面缺陷而进行的工序(如校正、滚圆、平整等)。

自由锻造方法灵活,能够锻出不同形状的锻件;所需的变形力较小,是锻造大件的唯一方法。但是,自由锻生产率较低,锻件精度也较低,多用于单件小批生产中锻造形状较简单、精度要求不高的锻件。图 11.10 所示为齿轮坯的自由锻造过程,图 11.11 为轴类零件的自由锻造过程。

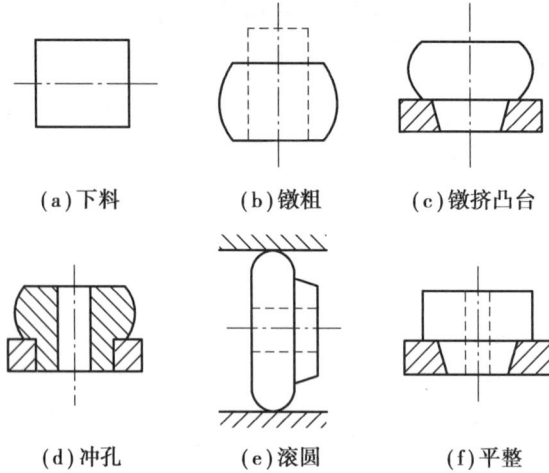

(a)下料 (b)镦粗 (c)镦挤凸台

(d)冲孔 (e)滚圆 (f)平整

图 11.10 齿轮坯的自由锻造过程

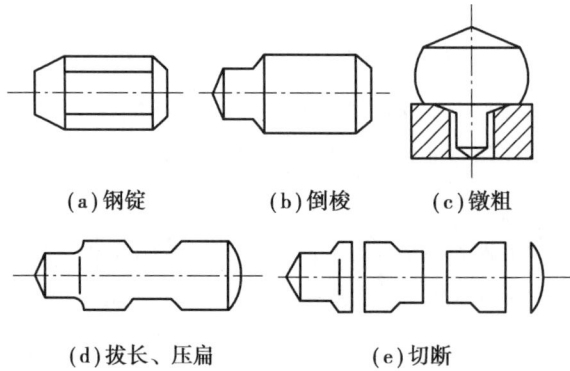

(a)钢锭 (b)倒梭 (c)镦粗

(d)拔长、压扁 (e)切断

图 11.11 轴的自由锻造过程

4)自由锻造工艺规程的制订

制定工艺规程、编写工艺卡片是进行自由锻造生产必不可少的技术准备工作,是组织生产过程、制定操作规范、控制和检查产品质量的依据。自由锻造工艺规程包括以下几方面主要内容。

(1)绘制锻件图

锻件图是工艺规程中的核心内容。它是以零件图为基础,结合自由锻工艺特点绘制而成的。绘制锻件图时主要应考虑以下几个因素:

①敷料。为了简化锻件形状、便于进行锻造而增加的一部分金属,称为敷料,如图11.12 所示。

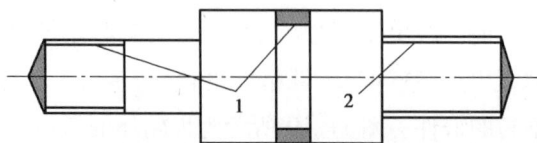

图 11.12 锻件的敷料与余量

1—敷料;2—余量

②锻件余量。由于自由锻件的尺寸精度低、表面质量较差,需再经切削加工制成成品零件,所以,应在零件的加工表面上增加可供切削加工用的金属,称为锻件余量,如图11.12 所示。其大小与零件的状态、尺寸等因素有关。零件越大,形状越复杂,则余量越大。具体数值应结合生产的实际条件查表确定。

③锻件公差。锻件公差是锻件名义尺寸的允许变动量。其值的大小应根据锻件的形状、尺寸并考虑到具体的生产情况加以选取。图 11.13 所示为某轴的自由锻件图。在锻件图上用双点画线画出零件主要轮廓形状,并在锻件尺寸线的下面用括弧标注出零件尺寸。试样的形状和尺寸也应在锻件图上表示出来。

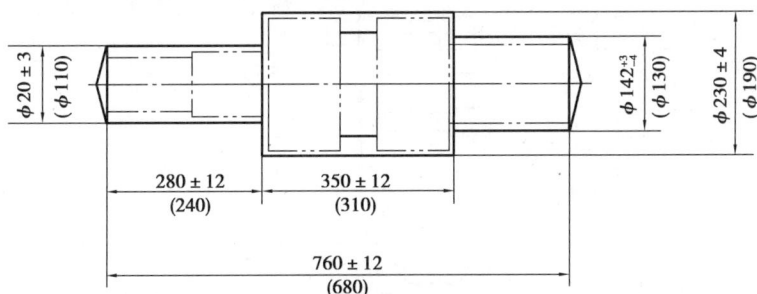

图 11.13　某轴的自由锻件图

(2)计算坯料质量及尺寸

材料质量可按式(11.5)计算,即

$$G_{坯料} = G_{锻件} + G_{烧损} + G_{料头} \qquad (11.5)$$

式中　$G_{坯料}$——坯料质量,kg;

　　　$G_{锻件}$——锻件质量,kg;

　　　$G_{烧损}$——加热时坯料表面氧化而烧损的质量,kg,第一次加热取被加热金属的
　　　　　　　　2% ~3%,以后各次加热取 1.5% ~2.0%,kg;

　　　$G_{料头}$——锻造过程中冲掉或被切掉的金属质量,kg,如冲孔时坯料中部的料芯、
　　　　　　　　修切端部产生的料头。

当采用钢锭作坯料锻造大型锻件时,还要考虑切掉的钢锭头部和钢锭尾部的质量。确定坯料尺寸时,应考虑到坯料在锻造过程中必需的变形程度,即锻造比的问题。对于以碳素钢锭作为坯料并采用拔长方法锻制的锻件,锻造比一般不小于2.5 ~3;如果采用轧材作坯料,则锻造比可取1.3 ~1.5。

(3)选择锻造工序

自由锻造的工序是根据工序特点和锻件形状来确定的。对于一般自由锻件的分类及大致采用的工序见表11.1。

表 11.1　自由锻件分类及所需锻造工序

锻件类型	图例	锻造工序	实例
盘类、圆环类锻件	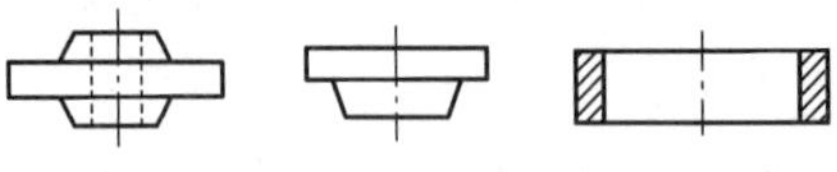	镦粗、冲孔、扩孔、定径	齿轮、法兰、套筒、圆环等
筒类零件		镦粗、冲孔、芯棒拔长、滚圆	圆筒、套筒等
轴类零件	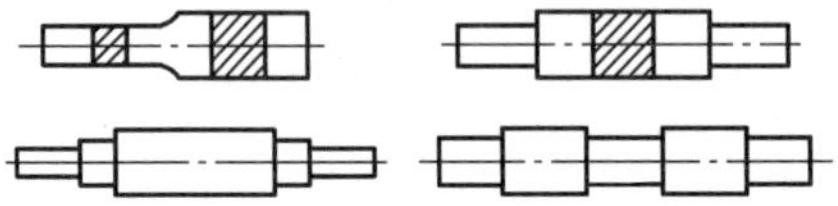	拔长、压肩、滚圆	主轴、转动轴等
杆类零件	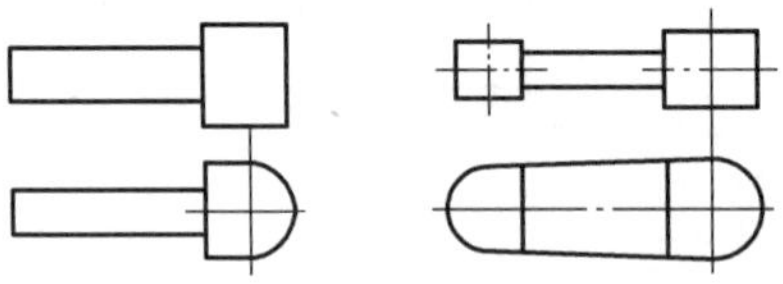	拔长、压肩、修正、冲孔	连杆等
曲轴类零件	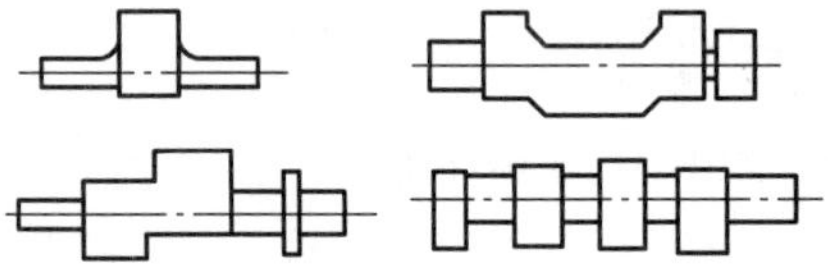	拔长、错移、压肩、扭转、滚圆	曲轴、偏心轴等
弯曲类零件	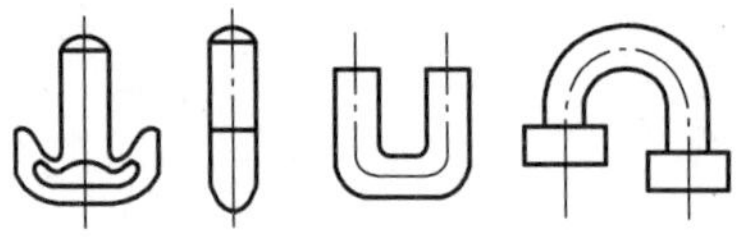	拔长、弯曲	吊钩、轴瓦盖、弯杆等

　　工艺规程的内容还包括:确定所用工夹具、加热设备、加热规范、加热火次、冷却规范、锻造设备和锻件的后续处理等。

　　半轴自由锻工艺卡见表 11.2。

表 11.2　半轴自由锻工艺卡

	半轴	图例
坯料质量	25 kg	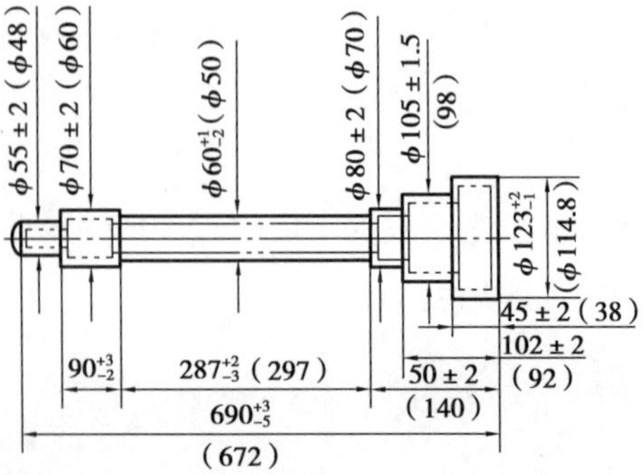
坯料尺寸	$\phi130$ mm×240 mm	
材料	18CrMnTi	

$\phi55\pm2\,(\phi48)$　$\phi70\pm2\,(\phi60)$　$\phi60^{+3}_{-2}\,(\phi50)$　$\phi80\pm2\,(\phi70)$　$\phi105\pm1.5$ (98)　$\phi123^{+2}_{-1}$ $(\phi114.8)$

$45\pm2\,(38)$　102 ± 2

90^{+3}_{-2}　$287^{+2}_{-3}\,(297)$　50 ± 2 (140)

690^{+3}_{-5} (672)

续表

火次	工序	图例
1	锻出头部	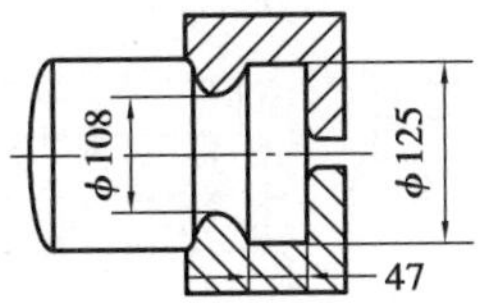
	拔长	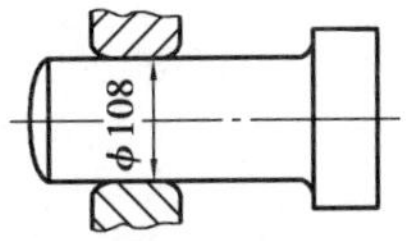
	拔长及修整台阶	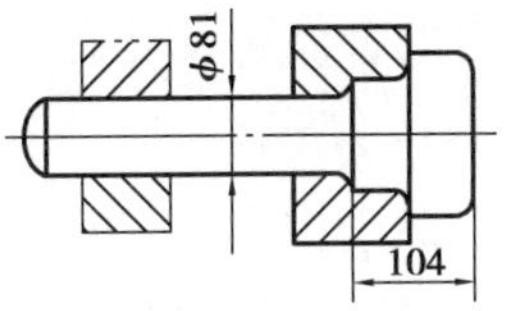
	拔长并留出台阶	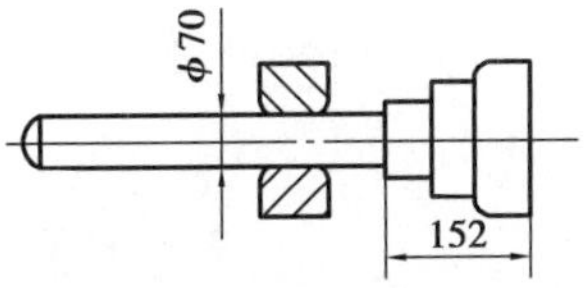
	锻出凹档及 拔长端部并修整	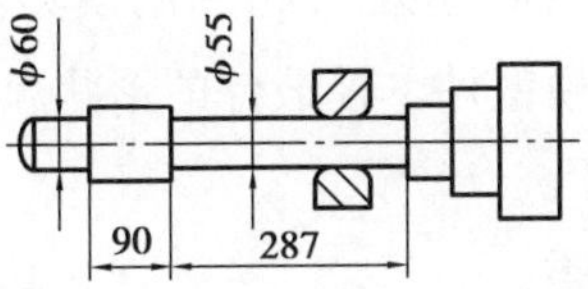

11.2.2　胎模锻造

胎模是一种不固定在锻造设备上的模具,结构较简单、制造容易,如图 11.14 所示。胎模锻是在自由锻设备上用胎模生产模锻件的工艺方法,胎模锻兼有自由锻和模锻的特点。胎模按其结构主要可分为以下类型。

(1)扣模

扣模用来对坯料进行全部或局部扣形,如图 11.14(a)所示,主要用于具有平直侧面的非回转体锻件成型。

(2)套筒模

套筒模为圆筒状,可分为开式和闭式两种。开式套筒模如图 11.14(b)左图所示,用于锻造法兰盘、齿轮坯等回转类的锻件。闭式套筒模大多用于上表面有形状要求的锻件,如两面带有凸台的齿轮坯等,如图 11.14(b)右图所示。

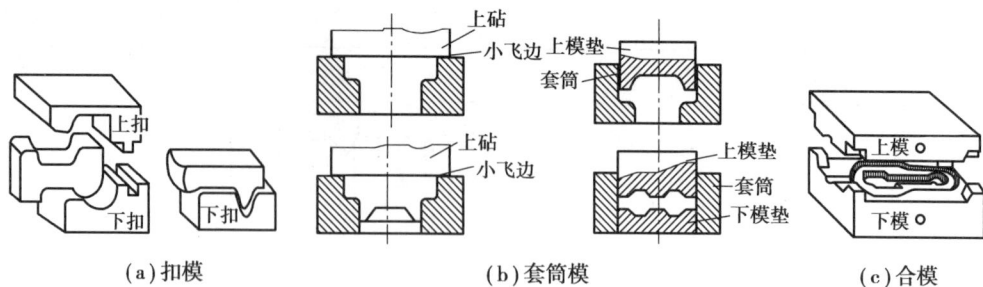

(a)扣模　　　　　　　　　(b)套筒模　　　　　　　(c)合模

图 11.14　胎模

（3）合模

合模通常由上模和下模组成,为了上、下模定位准确,锻模上常设计有导柱或锁扣,保证锻件的精度。有的合模还设计有飞边槽。合模常用于连杆、叉形件等复杂锻件的胎模锻造,如图 11.14(c)所示。

胎模锻造和自由锻造相比,生产率高,锻件精度高,节约金属;与模型锻造相比,不需吨位较大的设备,工艺灵活,但胎模锻造的劳动强度大,模具寿命短,只适用于在没有模锻设备的中小型工厂中生产批量不大的模锻件。

11.2.3　模锻

模型锻造(简称"模锻")指利用模具使坯料变形而获得锻件的成型方法。用模锻生产的锻件称为模锻件。模锻件的形状尺寸主要是由锻模控制,通过整体锻打成型,所需要的变形力较大。

1)模锻的特点

模锻与自由锻相比具有如下优点:

①生产效率高。

②能锻造形状复杂的锻件。

③模锻件的尺寸精度高,加工余量较小,节约材料及切削加工工时。

④可使金属流线分布更为合理,提高零件的使用寿命。

⑤模锻操作简单,劳动强度低。

但是,模锻生产受模锻设备吨位限制,模锻件的质量一般在 150 kg 以下;模锻设备投资较大,模具费用较昂贵,工艺灵活性较差,生产准备周期较长。因此,模锻适合于小型锻件的大批量生产,不适合单件小批量生产以及中、大型锻件的生产。

2)模锻的分类

根据模锻设备的不同,模锻可以分为锤上模锻、压力机上模锻、胎模锻三大类。

（1）锤上模锻

锤上模锻是将上模固定在锤头上,下模紧固在模垫上,通过随锤头做上下往复运动的上模,对置于下模中的金属坯料施以直接锻击,以获取锻件的锻造方法。

锻模结构如图 11.15 所示,锤上模锻用的锻模由带燕尾的上模和下模两部分组成,合在一起在内部形成完整的模膛。根据模膛的功用不同,锻模的模膛可分为制坯模膛和模锻模膛两种。

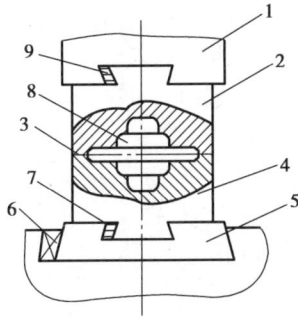

图 11.15　锤上模锻的锻模结构

1—锤头;2—上模;3—分型面;4—下模;5—模垫;6—镶条;7—楔铁;8—锻件;9—楔铁

①制坯模膛。制坯模膛是指按锻件的要求,对坯料体积进行合理分配的模膛。对于形状复杂的模锻件,原始坯料在进入模锻模膛之前,应先放在制坯模膛制坯。制坯模膛可分为拔长模膛、滚压模膛、弯曲模膛、切断模膛等,如图 11.16 所示。

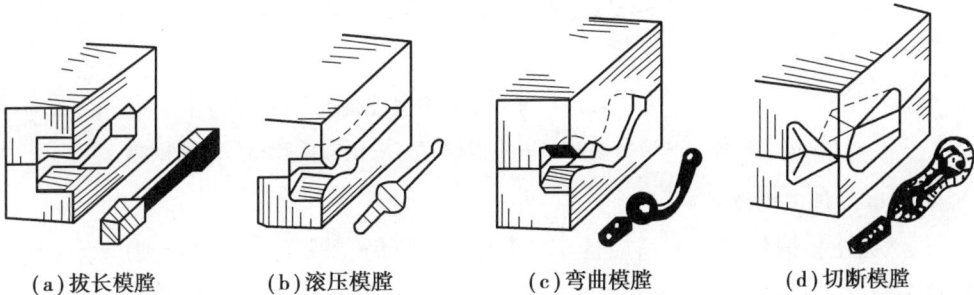

(a)拔长模膛　　(b)滚压模膛　　(c)弯曲模膛　　(d)切断模膛

图 11.16　制坯模膛

②模锻模膛。模锻模膛可分为预锻模膛和终锻模膛两种。

使用预锻模膛使坯料发生变形到接近锻件的形状和尺寸,然后再进行终锻,这样可以减少终锻模膛的磨损,延长锻模的使用寿命,也使金属容易充满终锻模膛。预锻模膛的形状和尺寸与终锻模膛的相近似,只是模锻斜度和圆角半径比终锻模膛稍大,没有飞边槽。

在终锻模膛中使经过预锻模膛变形的坯料进一步变形,使之接近锻件所要求的形状和尺寸,因此,它的形状应和锻件的形状相同。但由于锻件在冷却时体积要收缩,所以终锻模膛的尺寸应比锻件的尺寸放大一个收缩量。另外,模膛四周设有飞边槽,用以增加金属从模膛中流出的阻力,促使金属充满模膛,同时容纳多余的金属,还可起缓冲作用,减弱对上下模的打击,防止锻模开裂。对于具有通孔的锻件,由于不可能靠上下模的凸起部分把金属完全挤压掉,故终锻后在孔内留下一薄层金属,称为冲孔连皮,把冲孔连皮和飞边冲掉后,才能得到有通孔的模锻件,如图 11.17 所示。

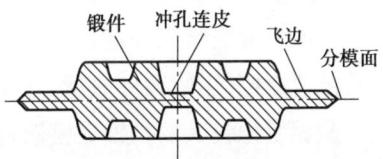

图 11.17　带飞边和冲孔连皮的模锻件

根据模锻件的复杂程度不同,所需的模膛数量不等,可将锻模设计成单膛锻模或多膛锻模。如图 11.18 所示为弯曲连杆模锻件所用多膛锻模。

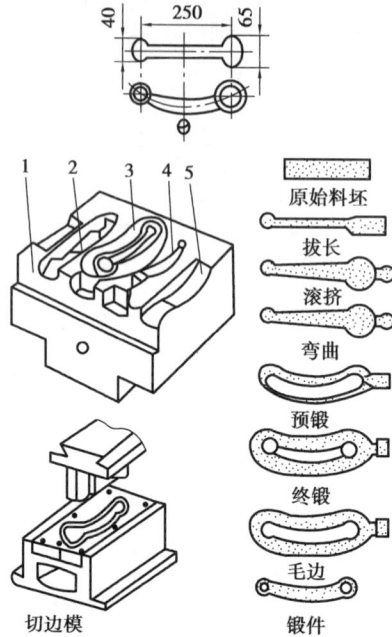

图 11.18 弯曲连杆多模膛模锻

1—拔长模膛;2—滚挤模膛;3—终锻模膛;4—预锻模膛;5—弯曲模膛

(2)压力机上模锻

虽然锤上模锻具有工艺适应性广的特点,目前仍在锻压生产中得到广泛应用,但是,模锻锤在工作中存在振动和噪声大、劳动条件差、蒸汽效率低、能源消耗多等许多难以克服的缺点。因此,近年来大吨位模锻锤有逐步被压力机取代的趋势。用于模锻生产的压力机有摩擦压力机、曲柄压力机、平锻机、模锻水压机等。以曲柄压力机上模锻为例,曲柄压力机的吨位一般为 2 000 ~ 120 000 kN。

曲柄压力机上模锻具有以下特点:

①滑块行程固定,并具有良好的导向装置和顶件机构,因此锻件的公差、余量和模锻斜度都比锤上模锻小。

②曲柄压力机作用力的性质是静压力,因此,曲柄压力机用锻模的主要模膛都设计成镶块式的,这种组合模制造简单、更换容易,而且可节省贵重模具材料。

③由于热模锻曲柄压力机有顶件装置,所以能够对杆件的头部进行局部镦粗。

④因为滑块行程一定,不论在何种模膛中都是一次成型,所以坯料表面上的氧化皮不易被清除掉,影响锻件质量。同时,曲柄压力机上也不宜进行拔长和滚压工步。如果是横截面变化较大的长轴类模锻件,可以采用循环轧制坯料或用辊锻机制坯来代替这两个工步。

⑤曲柄压力机上模锻由于是一次成型,金属变形量大,不易使金属填满终锻模膛,

因此变形应逐渐进行。常常先采用预成型及预锻工艺,最后终锻成型。

与锤上模锻相比,曲柄压力机上模锻具有以下优点:锻件精度高、生产率高、劳动条件好和节省金属等,适用于大批量生产。曲柄压力机上模锻的不足之处是设备复杂、造价相对较高。

3)模锻件的结构工艺性

模锻件按形状可分为两类:一类是长轴类零件与盘类零件,如台阶轴、曲轴、连杆、弯曲摇臂等[图 11.19(a)];另一类是盘类零件,如齿轮、法兰盘等[图 11.19(b)]。

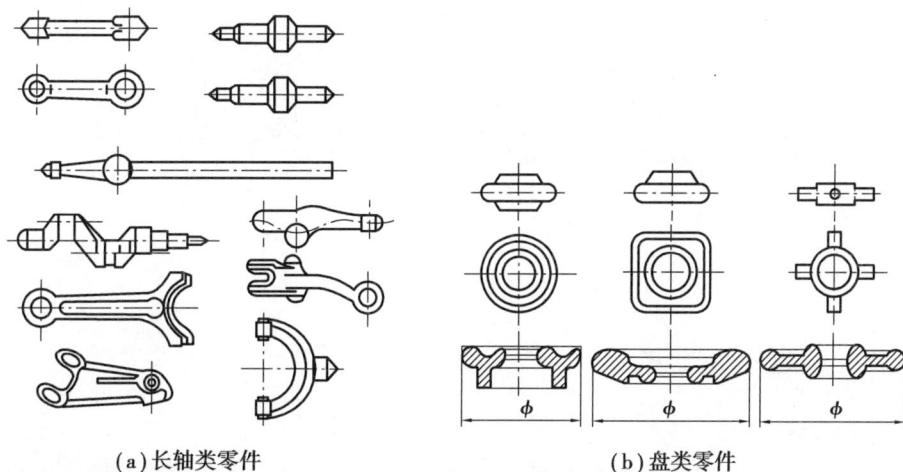

(a)长轴类零件　　　　　　　　(b)盘类零件

图 11.19　模锻零件

设计模锻零件时,应根据模锻特点和工艺要求,使其结构符合下列原则:

①模锻零件应具有合理的分型面,以使金属易于充满模腔,模锻件易从锻模中取出。

②模锻件的非加工表面之间形成的角应设计模锻圆角,与分型面垂直的非加工表面,应设计出模锻斜度。

③零件的外形应力求简单、平直、对称,避免零件截面间差别过大,或具有薄壁、高肋等不良结构。如图 11.20(a)所示零件的凸缘太薄,太高,中间下凹太深,金属不易充型。如图 11.20(b)所示零件过于扁薄,金属容易冷却,不易锻出,对保护设备和锻模也不利。如图 11.20(c)所示零件有一个高而薄的凸缘,使锻模的制造和锻件的取出都很困难。改成如图 11.20(d)所示形状则较易锻造成型。

④应尽量避免有深孔成多孔结构,孔径小于 30 mm 或孔深大于直径两倍时,锻造困难,采用机加工成型。

⑤对复杂锻件,为减少敷料,简化模锻工艺,在可能条件下,应采用锻造焊接或锻造一机械连接组合工艺,如图 11.21 所示。

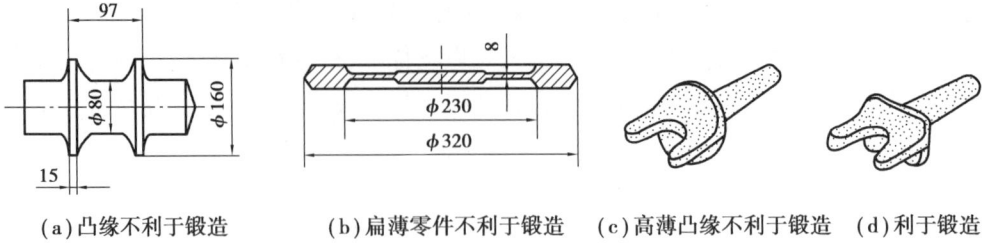

(a)凸缘不利于锻造　　　(b)扁薄零件不利于锻造　　(c)高薄凸缘不利于锻造　　(d)利于锻造

图 11.20　模锻件的结构工艺性

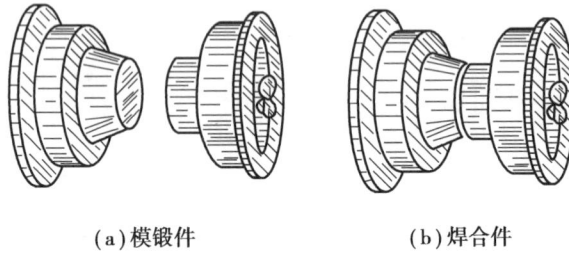

(a)模锻件　　　　　　　(b)焊合件

图 11.21　锻焊结构模锻零件

11.2.4　其他锻造方法简介

（1）精密锻造

精密锻造是在一般模锻设备上锻造高精度锻件的方法。其主要特点是使用两套不同精度的锻模。锻造时,先使用粗锻模锻造,留有 0.1 ~ 0.2 mm 的锻造余量;然后切下飞边并酸洗,重新加热到 700 ~ 900 ℃,再使用精锻模锻造。提高锻件精度的另一条途径是采用中温或室温精密锻造,但只限于锻造小锻件及有色金属锻件。

（2）辗锻

辗锻是指用一对相向旋转的扇形模具使坯料产生塑性变形,从而获得所需锻件或锻坯工艺。辗锻实质上是把轧制工艺应用于制造锻件的方法。辗锻时,坯料被扇形模具挤压成型。辗锻常作为模锻前的制坯工序,也可直接制造锻件。

（3）挤压

挤压是指坯料在三向不均匀压应力作用下,从模具的孔口或缝隙挤出,使之横截面减小、长度增加,成为所需制品的加工方法。挤压的生产率很高,锻造流线分布合理,但变形抗力大,多用于锻造有色金属件。

11.3　板料冲压

板料冲压是利用冲压设备和冲模,使板料发生塑性变形或分离的加工方法。厚度小于 4 mm 的薄铜板通常是在常温下进行的,所以又称为冷冲压。厚板则需要加热后再进行冲压。

11.3.1　板料冲压的特点及应用

板料冲压具有以下特点:

①冲压生产操作简单,生产率高,易于实现机械化和自动化。

②冲压件的尺寸精确,表面光洁,质量稳定,互换性好,一般不再进行机械加工,即可作为零件使用。

③冲压件具有质量轻、强度高和刚性好的优点。

④冲模是冲压生产的主要工艺装备,其结构复杂,精度要求高,制造费用相对较高,故冲压适合在大批量生产条件下采用。

冲压主要应用于加工金属材料如低碳钢,塑性好的合金钢、铜、铝、硬铝、镁合金等,也可用于加工非金属材料如皮革、石棉、胶木、云母、纸板等。应用非常广泛,在航空、汽车、拖拉机、电机、电器、精密仪器仪表工业中,占有极其重要的地位。

11.3.2　冲压基本工序

各种形式的冲压件都经过一个或几个冲压工序。冲压基本工序可分为分离和变形两大基本工序。分离工序是使板料发生剪切破裂的冲压工序,如剪切、落料、冲孔等,在冲压工艺上通常称为"冲裁"。变形工序是使板料产生塑性变形的冲压工序,如弯曲、拉深、成型等。

1) 剪切

把板料切成一定宽度条料称剪切,通常作为备料工序。

2) 落料与冲孔

把板料沿封闭轮廓分离的工序称为落料或冲孔。落料与冲孔是同样变形过程的工序,所不同的是,落料是为了在板料上冲裁出所需形状的工件,即冲下的部分是工件,带孔的周边为废料;而冲孔则是在已得的周边是工件,冲下的部分为废料。

图 11.22 所示为冲裁时板料的变形和分离过程。凸模和凹模的边缘都带有锋利的刃口。当凸模向下运动压住板料时,板料受到挤压,产生弹性变形并进而产生塑性变形,当上、下刃口附近材料内的应力超过一定限度后,即开始出现裂纹。随着冲头(凸模)继续下压,上、下裂纹逐渐向板料内部扩展直至汇合,板料即被切离。

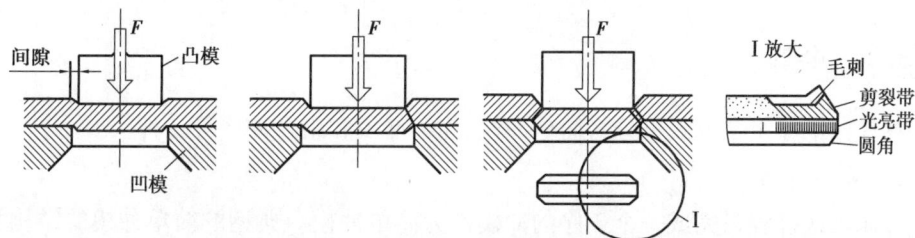

图 11.22　冲裁时板料变形和分离过程

3) 弯曲

用模具把金属板料弯成所需形状的工序称为弯曲,如图 11.23 所示。在弯曲时,钢料下层受拉,内层受压,因此外层易拉裂,内层易引起褶皱,规定了最小弯曲圆周半径 $r_{\min}$,通常取 $r_{\min} = (0.25 \sim 1)\delta$,其中 δ 为材料厚度。材料的塑性越好,允许的圆角半径 $r_{\min}$ 也越小;另外弯曲时必须使弯曲部分的压缩及拉伸顺纤维方向进行,否则易造成拉裂现象。

弯曲后常带有弹性回跳现象,回跳角度从 $0° \sim 10°$,在设计模具时应考虑进去。

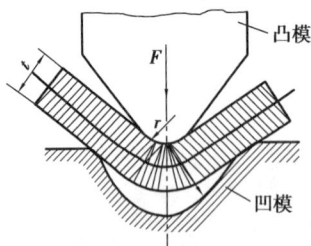

图 11.23 弯曲

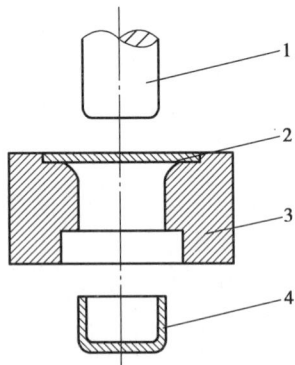

图 11.24 拉深

1—凸模;2—毛坯;3—凹模;4—工件

4) 拉深

使坯料变形成为中空的杯形或盒形成品的工序称为拉深,如图 11.24 所示。拉深所用毛坯通常用落料工序获得。从平板料变形到最后成品的形状,一般需经几次拉深工序,为避免拉裂,除冲头与凹模部分应做成圆角外,每一道工序拉深系数即拉深后板坯直径之比,一般取 $1.5 \sim 2$,对塑性较差的金属取小值。

对于壁厚不减薄的拉深,冲头与凹模间应有比板厚稍大的单边间隙,为预防拉深时板料边缘缩小而引起折皱板料的边缘常用压板压住,再进行拉深。为了消除加工硬化现象,在拉深工序中常进行中间退火。

5) 成型

利用局部变形使毛坯或半成品改变形状的工序称成型。成型工序包括翻边、成型、收口等,如图 11.25 所示。

11.3.3 冲模

冲模按工序组合方式可分为简单冲模、连续冲模和组合冲模等三种。

(1) 简单冲模

冲床每次冲程只完成一个工序的冲模称为简单冲模。典型的简单冲模的结构如图 11.26 所示。冲模一般分上模和下模两部分。上模用模柄固定在冲床滑块上,下模用螺栓紧固在工作台上。

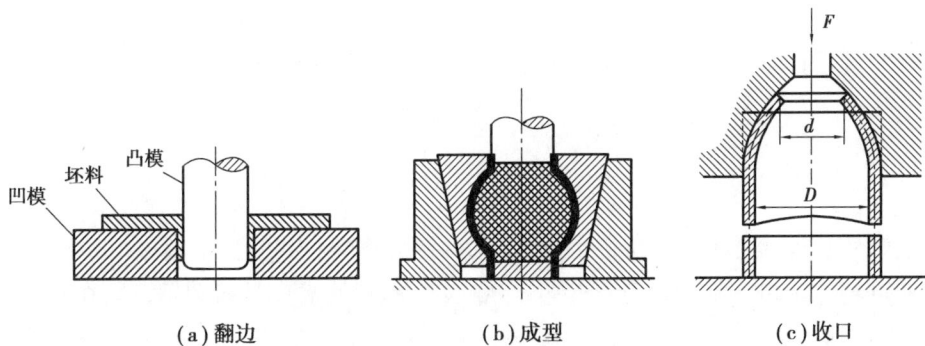

(a) 翻边　　　　　(b) 成型　　　　　(c) 收口

图 11.25　成型工艺

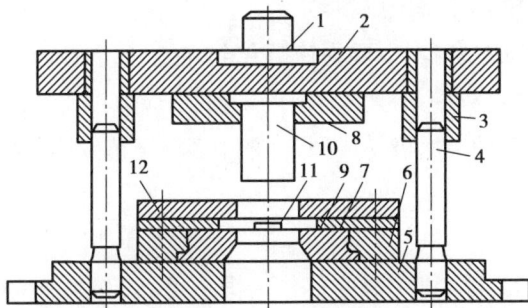

图 11.26　简单冲模

1—模柄;2—上模板;3—套筒;4—导柱;5—下模板;6—压板;7—凹模;8—压板;
9—导板;10—凸模;11—定位销;12—卸料板

(2)连续冲模

把两个(或更多个)简单冲模连在模板上而成称为连续冲模。冲床每次行程可完成两个以上工序。

(3)组合冲模

冲床每次行程中,毛坯在冲模内只经过一次定位,可完成两个以上工序的冲模就是组合冲模。

冲模各部分作用如下:

①凸模与凹模。凸模(又称冲头)与凹模共同作用,使板料分离或变形完成冲压过程的零件,是冲模的主要工作部分。

②导板与定位销。它们是用以保证凸模与凹模之间具有准确位置的装置,导板控制毛坯的进给方向,定位销控制毛坯进给量。

③卸料板。冲压后用来卸除套在凸模上的工件或废料的装置就是卸料板。

④模架。模架由上下模板、导柱和套筒组成。上模板用以固定凸模,模柄等;下模板则用以固定凹模,送料和卸料构件等。导筒和导柱分别固定在上下模板上,用以保证上下模对准。

11.4 压力加工新工艺简介

11.4.1 超塑性成型

超塑性是指金属或合金在特定条件下进行拉伸试验,其伸长率超过 100% 的特性,如纯钛可超过 300%,锌铝合金可超过 1 000%。超塑性成型是指利用金属在特定条件下进行塑性加工的方法,称为超塑性成型。它包括细晶超塑性成型和相变超塑性成型。

超塑性成型的零件晶粒细小均匀,尺寸稳定,性能好。目前主要成型方法有超塑性模锻,板料气压成型及模具热挤压成型等。

目前常用的超塑性成型材料主要为锌铝合金、铝基合金、钛合金及高温合金。超塑性状态下的金属在变形过程中不产生缩颈现象,变形应力可比常态下降低几分之一,甚至几十分之一。因此,此种金属极易成型,可采用多种工艺方法制出复杂零件。

11.4.2 粉末锻造

金属粉末经压实后烧结,再用烧结体作为锻造毛坯的方法称为粉末锻造。粉末锻造是粉末冶金与精密锻造相结合的技术。由于粉末冶金件中含有一定数量的孔隙,因此其力学性能比锻铸件低。将冷却后的粉末冶金烧结件在闭合模中进行一次热锻,使预制坯产生塑性变形而压实,变成接近或完全致密的程度(可使相对密度达到 98% 以上),所以可用作受力构件。粉末锻造与普通模锻相比具有锻造工序少,锻造压力小,材料利用率高,精度可达精密模锻水平等优点。粉末锻造可用于齿轮、花键复杂零件的成型。

11.4.3 液态模锻

将定量的熔化金属倒入凹模型腔内,在金属即将凝固状态下(即液、固两相共存)用冲头加压,使其凝固以得到所需形状锻件的加工方法称为液态模锻。液态模锻是一种介于铸锻之间的工艺方法,可实现少、无切削锻造,用于生产各种有色金属、碳钢、不锈钢以及灰口铸铁和球墨铸铁件;可生产出用普通模锻法无法成型而性能要求高的复杂工件,如铝合金活塞、镍黄铜高压阀体、铜合金涡轮、球墨铸铁齿轮、钢法兰等锻件。但液态模锻不适于制造壁厚小于 5 mm 空心工件。

11.4.4 高速高能成型

高速高能成型有多种加工形式。其共同特点是在极短的时间内,将化学能、电能、电磁能和机械能传递给被加工的金属材料,使之迅速成型。高速高能成型分为利用炸药的爆炸成型、利用电磁力的电磁成型、利用冲击电流的放电成型和利用压缩气体的高速锤成型等。高速高能成型速度高,可以加工难加工材料,加工精度高,加工时间短,设备费用较低。

（1）高速锤成型

高速锤成型是利用 14 MPa 的高压气体短时间突然膨胀，推动锤头和框架系统作高速相对运动而产生悬空打击，使金属坯料在高速冲击下成型的方法。在高速锤上可以锻打强度高、塑性低的材料。可以锻打的材料有铝、镁、铜、钛合金等。在高速锤上可以锻出叶片、涡轮、壳体、接头、齿轮等数百种锻件。

（2）爆炸成型

爆炸成型是利用炸药爆炸的化学能使金属材料变形的方法。在模膛内置入炸药，其爆炸时产生大量高温高压气体，使周围介质（水、砂子等）的压力急剧上升，并呈辐射状传递，使坯料成型。这种成型的方法变形速度快、投资少、工艺装备简单，适用于多品种小批量生产，尤其适用于一些难加工材料，如钛合金、不锈钢的成型及大件的成型。

（3）放电成型

放电成型是通过放电回路中产生强大的冲击电流，使电极附近的水汽化膨胀，从而产生很强的冲击压力使坯料成型。与爆炸成型相比，放电成型时能量的控制与调整简单，成型过程稳定，使用安全，噪声小，可在车间内使用，生产率高。但放电成型受设备容量的限制，不适合大件成型，特别适合管子的膨胀成型加工。

（4）电磁成型

电磁成型是利用电磁力加压成型的。成型线圈中的脉冲电流可在极短的时间内迅速增长和衰减，并在周围空间形成一个强大的变化磁场。坯料置于成型线圈内部，在此变化磁场作用下，坯料内产生感应电流形成的磁场和成型线圈磁场相互作用，使坯料在电磁力的作用下产生塑性变形。这种成型方法所用的材料应当是具有良好导电性能的铜、铝和钢。如需加工导电性能差的材料，则应在毛坯表面放置薄铝板和驱动片，用以促使坯料成型。电磁成型不需要水和油类的介质，工具也几乎不损耗，装置清洁、生产率高、产品质量稳定；但由于受设备容量的限制，只用于加工厚度不大的小零件、板材或管材。

11.4.5　精密模锻

精密模锻是一种在普通的模锻设备上锻制形状复杂的高精度锻件（如锥齿轮、汽轮叶片、航空零件、电器零件等）的工艺。锻件公差可在 ±0.02 mm 以内。一般精密模锻件只需少量后续机加工，大大减少了工作量，节省了原材料，从而提高了劳动生产率，降低了零件生产成本。

精密模锻主要用于生产精化毛坯、精锻零件（特别是一些难切削的复杂形状的零件，或难切削的高价材料如钛、锆、钼等合金的零件）。

11.5　复习思考题

1. 简述多晶体塑性变形机理。

2.什么是加工硬化？对材料的性能有什么影响？什么是再结晶？什么是冷变形？什么是热变形？

3.什么是金属的可锻性？影响金属可锻性的因素有哪些？

4.指出自由锻造的特点和应用范围及基本工序。

5.什么是胎模锻？它与自由锻造相比有何特点？

6.什么是模锻？它为什么不能取代自由锻造？

7.板料冲压有什么特点？应用范围是什么？有哪些基本工序？

8.压力加工新工艺有哪些？应用范围如何？

第12章
焊　接

2017 年 6 月 9 日,"蛟龙"号浮出水面,载着第一次深入海底现场观察的科学家,载着深海海参、近底海水、岩石、沉积物样品等深海信息,从 6 488 m 的雅浦海沟深渊区回到海面,完成了第 150 次下潜,如图 12.1 所示。它的耐压壳体作为关键部件之一,要有足够的强度、结构的稳定性和可靠的密封性。表 12.1 中列出了国际上几个典型的载人深潜器的制造材料及建造方案。从表中可以看出,水下耐压壳体的主要成型技术之一是焊接技术。当今生活中,各种金属构件随处可见,如房屋、交通、轮船及航天航空等,已经成为生活的一部分。为了把离散的金属连接起来,形成理想的构件,焊接技术是不可缺少的加工手段。

图 12.1　蛟龙号载人深潜器

表 12.1　典型大深度载人潜水器及其球壳材料及建造方案

国家	名称	启用时间	设计深度/m	球壳材料	建造方案
美国	ALVIN	1974 年	4 500	Ti6211	半球整体成型+气体保护焊
美国	New "ALVIN"	2014 年	6 500	Ti64ELI	半球整体成型+电子束焊接
日本	Shinkai 6500	1989 年	6 500	Ti64ELI	半球整体成型+电子束焊接
苏联	MIRI	1988 年	6 000	马氏体钢	铸造半球+螺栓连接
俄罗斯	RUS	20 世纪 90 年代后期	6 000	钛合金	半球瓜瓣成型+窄间隙焊接
俄罗斯	CONSUL	20 世纪 90 年代后期	6 000	钛合金	半球瓜瓣成型+窄间隙焊接

续表

国家	名称	启用时间	设计深度/m	球壳材料	建造方案
中国	蛟龙号	2010 年	7 000	Ti64ELI	半球瓜瓣成型+窄间隙焊接

注：本表来源于雷家峰，马英杰等.全海深载人潜水器载人球壳的选材及制造技术[J].工程研究:跨学科视野中的工程,2016,8(2),179-184。

12.1 焊接基础知识

焊接是通过加热或加压(或两者并用)，并且用(或不用)填充材料，使分离的材料牢固地连接在一起的加工方法。

12.1.1 焊接种类

焊接方法的种类很多，按焊接过程特点可分为三大类，即熔化焊、压力焊和钎焊。

(1)熔化焊

熔化焊这一类方法的共同特点是把焊接局部连接处加热至熔化状态形成熔池，待其冷却结晶后形成焊缝，将两部分材料焊接成一个整体。

(2)压力焊

在焊接过程中需要对焊件施加压力的一类焊接方法，称为压力焊。

(3)钎焊

钎焊是利用熔点比金属低的填充金属(称为钎料)熔化后，填入接头间隙并与固态的母材通过扩散实现连接的一类焊接方法。

主要焊接方法分类如图 12.2 所示。

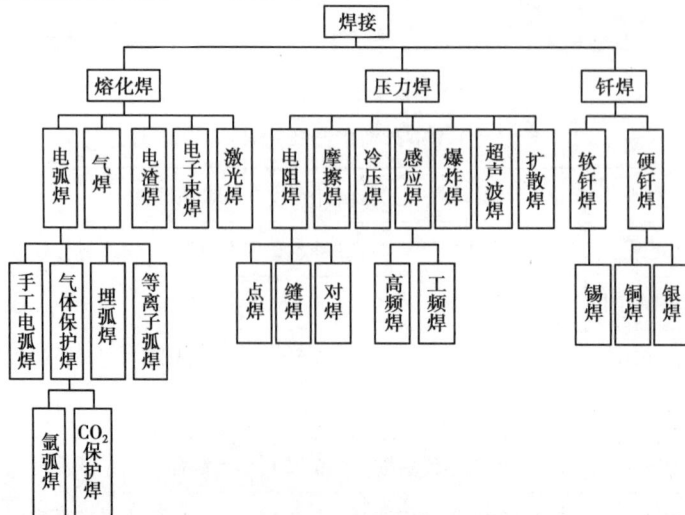

图 12.2 焊接种类

　　焊接主要用于制造金属构件,如锅炉、压力容器、船舶、桥梁、管道、车辆、起重机、海洋结构、冶金设备;生产机器零件(或毛坯),如重型机械和制金设备的机架、底座、箱体、轴、齿轮等;传统的毛坯是铸件或锻件,但在特定条件下,也可用钢材焊接而成。

12.1.2　焊接的特点

　　与铸造相比,焊接有以下特点:

　　①减轻结构质量,节省金属材料。用焊接代替铆接,节约了材料,而且金属结构的自重也得以减轻。

　　②能分大为小,以小拼大。在制造大型构件或形状复杂的结构件时,可先把材料分大为小,化复杂为简单,然后用逐步装配焊接的方法以小拼大。对于大型结构(如轮船船体的制造)都是以小拼大。

　　③可制造双金属结构。用焊接可以对不同性能的材料进行连接,不仅发挥了各金属的性能,而且降低了成本。

　　④结构强度高,产品质量好。焊接使焊件之间达到原子结合,在多数情况下焊接接头都能达到与母材等强度,甚至接头强度高于母材的强度。因此,焊接结构的产品质量比铆接结构要好。目前,焊接已基本取代铆接。

　　⑤生产率较高,易于实现机械化与自动化。

　　但焊接也存在一些不足,如结构不可拆、更换修理不方便;焊接头组织性能变坏;存在焊接应力,容易产生焊接变形;容易出现焊接缺陷等。有时焊接质量成为突出问题,焊接接头往往是锅炉压力容器等重要容器的薄弱环节,实际生产中应特别注意。

　　随着我国经济的发展,先进的焊接工艺不断出现,已成功地焊制了万吨水压机横梁、立柱,125 MW 汽轮机转子、30 MW 电站锅炉、120 t 大型水轮机工作轮、直径 15.7 m 的球形容器、核反应堆、火箭、飞船等。世界上主要工业国家年生产焊接结构件占总产量的45%。

12.1.3　常见的焊接缺陷

　　焊接过程中,在焊接接头处产生的不符合设计或工艺要求的常见缺陷及其特征见表12.2。对于重要接头,发现缺陷必须修补,否则将造成焊件报废。不太重要的接头中的小缺陷可不予修补。

表12.2　常见焊接缺陷及其特征

缺陷种类	特征
焊缝外形尺寸及形状不符合要求	焊缝外形尺寸(如长度、宽度、高度、焊脚等)不符合要求,焊缝成型不良
未焊透	焊接时接头根部未完全熔透的现象

续表

缺陷种类	特征
未熔合	熔焊时,焊道与母材之间或焊道之间未完全熔化结合的部分;点焊时母材与母材之间未完全熔化结合的部分
咬边	由于焊接参数选择不当或操作工艺不正确,沿焊缝的母材部位产生的沟槽或凹陷
焊瘤	焊接过程中,熔化金属流淌到焊缝之外未熔化的母材上所形成的金属瘤
凹坑	焊后在焊缝表面或焊缝背面形成的低于母材表面的局部低洼部分
气孔	焊接时,熔池中的气泡在凝固时未能逸出而残留下来所形成的空穴。气孔可分为密集气孔、条状气孔和针状气孔等
夹渣	焊后残留在焊缝中的熔渣
焊接裂纹	在焊接应力及其他致脆因素的共同作用下,焊接接头中局部金属由于结合力遭到破坏,形成新的界面而产生的缝隙。它具有尖锐的缺口和大的长宽比
烧穿	焊接过程中,熔化金属自坡口背面流出形成穿孔的缺陷
未焊满	由于填充金属不足,在焊缝表面形成的连续或断续的沟槽
塌陷	单面熔焊时,由于焊接工艺不当,造成焊缝金属过量透过背面,而使焊缝正面塌陷,背面凸起的现象

12.2 焊条电弧焊

利用电弧作为热源的熔焊方法,称为电弧焊。焊条电弧焊是指用手工操纵焊条进行焊接的电弧焊方法,也称手工电弧焊。

12.2.1 焊接电弧

焊接电弧是焊接电源供给的,具有一定电压的两电极间或电极与焊件间,在气体介质中产生强烈而持久的放电现象。

用焊条电弧焊焊接(图12.3)时,先使焊条与焊体瞬间接触,由于短路产生高热,接触处金属很快熔化,并产生金属蒸气。当焊条迅速提起,离开焊件2～4 mm时,焊条与焊件之间充满了高热的气体与气态的金属,由于质点的热碰撞以及焊接电压的作用使气体电离而导电,于是在焊条与焊件之间形成了电弧。

焊接电弧由阴极区、弧柱、阳极区组成,如图12.4所示。

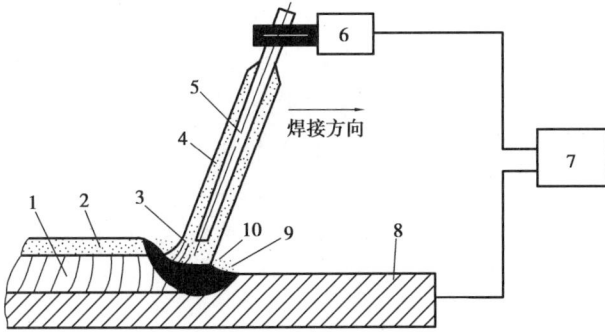

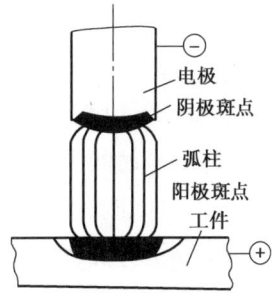

图 12.3　焊条电弧焊　　　　　图 12.4　焊接电弧的基本构造

1—焊缝;2—渣壳;3—熔滴;4—药皮;5—焊芯;6—焊钳;

7—焊机;8—工件;9—金属熔滴;10—电弧

①阴极区:电弧紧靠负电极的区域,是放射出大量电子部分,要消耗一定的能量,产生热量较少,约占电弧总热量的 38%,阴极区(钢材)温度可达 2 400 K。

②阳极区:电弧紧靠正电极的区域,是受电子撞击和吸入电子的部分,获得很大的能量,放出热量较高,约占电弧总热量的 42%,阳极区(钢材)温度可达 2 600 K。

③弧柱区:电弧阴极区和阳极区之间的区域,其温度最高可达 5 000 ~ 8 000 K,热量约占 20%。

由于电弧发出的热量在两极有差异,因此直流电源焊接时在极性上有正接和反接两种。

①正接:焊件接电源正极,电极接电源负极的接线法,也称正极性法,这时热量大部分集中在焊件可加速焊件熔化,有较大熔深,适合于厚板焊接。这种接法应用最多。

②反接:焊件接电源负极,电极接电源正极的接线法,也称反极性法,常用于薄板钢材、铸铁、不锈钢、有色金属合金焊件,或用于低氢型焊条焊接的场合。

当使用交流电源进行焊接时,由于电流方向交替变化,两极温度大致相等,不存在极性问题。

12.2.2　焊条

焊条是涂有药皮的供电弧焊用的熔化电极。它由药皮和焊芯两部分组成。

1)焊芯

焊芯是指焊条中被药皮包覆的金属芯。其作用为:①作为电极传导电流;②产生电弧;③作为填充金属,与被焊母材熔合在一起。焊芯的化学成分、杂质含量均直接影响焊缝质量。国家标准规定,焊芯必须由专门冶炼的金属丝制成,并规定了它们的牌号和化学成分。焊芯牌号冠以"焊"字,代号为"H",随后的数字和符号意义与结构钢牌号相似。例如,H08MnA 其中 H 表示焊丝,08 表示含碳量 0.08%,Mn 含量小于 1.5%,A 是高级优质。我国生产的电焊条,基本上以 H08A 钢作焊芯。

2)药皮

药皮是压涂在焊芯表面上的涂料层。它由矿石、岩石、铁合金、化工物料等的粉末混合后黏结在焊芯上制成。在焊接过程中,药皮的主要作用为:①提高燃弧的稳定性(加入稳弧剂);②保护熔池,防止空气对金属熔池的有害作用(加入造气剂、造渣剂);③保证焊缝金属的脱氧,并加入或保护合金元素,使焊缝金属有合乎要求的化学成分和力学性能(加入脱氧剂、合金等)。

3)焊条的分类、型号及牌号

（1）焊条的分类

焊条的品种很多,通常可以根据焊条的药皮成分、熔渣的碱度及用途来分类。

按焊条药皮的主要成分,焊条可分为氧化钛型、氧化钛钙型、钛铁矿型、氧化铁型、纤维素型、低氢型、石墨型、盐基型等。

按熔渣的碱度,焊条可分为酸性焊条和碱性焊条。酸性焊条药皮内含有多种酸性氧化物;碱性焊条药皮中含有多种碱性氧化物。酸性焊条电弧稳定性较好,可交、直流两用,价格低但焊缝中氧和氢的含量较多,影响焊缝金属的力学性能。碱性焊条焊缝中含氧、氢少,杂质少,有高的韧性、高的塑性,但电弧稳定性差,一般宜用直流电源施焊。

（2）焊条的型号和牌号

根据国家标准规定,焊条型号用一位字母 E 加四位数字（E×1×2×3×4）表示,×1×2表示焊条系列,代表熔敷金属最小抗拉强度的代号;×3×4 表示药皮类型、焊接类型和焊接位置代号。例如,E4303 中"43"表示熔敷金属抗拉强度最小值为 430 MPa,"03"表示钛型药皮,交直流两用,全位置焊接用。

目前我国焊条牌号很多,且焊条牌号另有一套编制方法。碳钢焊条和低合金钢焊条合并在"结构钢"焊条一类中,其牌号一般用一个大写拼音字母和三位数字表示,字母"J"表示结构钢焊条;"B"表示不锈钢焊条;"D"表示堆焊条;"L"表示铝及铝合金焊条等。如 J422 后面的三位数字中前两位"42"表示熔敷金属抗拉强度值为 420 MPa,第三位数字代表两个含义:电流种类、药皮类型,此例中"2"表示允许交流或直流电源使用,药皮为钛钙型（酸性）,等同于型号为 E4303 的焊条。又如 J507 表示结构钢焊条,焊缝金属抗拉强度值不低于 500 MPa,是低氢型（碱性）药皮,只适用于直流电源,等同于型号为 E5015 焊条。

4)焊条的选用

焊条的种类很多,合理选用焊条对焊接质量、产品成本和劳动生产率都有很大的影响。

（1）根据焊件的力学性能和化学成分

焊接低碳钢、低合金钢一般要求母材与焊缝金属等强度,因此可根据钢材等级选用相应焊条（等强度原则）;焊接特种性能要求的钢种,如耐热钢、不锈钢时,主要考虑熔敷金属化学成分,应选用相应的专用焊条,保证焊缝金属的主要成分与母材相同或相近（等成分原则）。

（2）根据焊件结构复杂程度和刚度

对于形状复杂、刚性较大的结构，以及承受冲击、交变载荷的结构，应选用抗裂能力强、低温性能好的碱性焊条；受力不复杂，母材质量好，选用价格低廉的酸性焊条。

（3）根据焊件的工艺条件和经济性

对于焊前清理困难，且易产生气孔的，应选用酸性焊条。酸性焊条对油、水、锈不敏感，工艺性能好。

12.2.3　焊接接头

用焊接方法连接的接头称为焊接接头，简称接头。焊接接头由焊缝区、热影响区两部分组成，如图 12.5 所示为低碳钢的焊接接头。

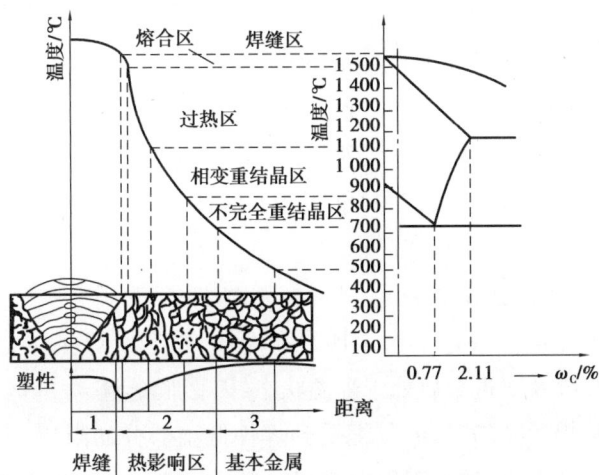

图 12.5　低碳钢的焊接接头

1）焊缝

焊缝由母材和焊条（丝）熔化形成的熔池冷却结晶而成。焊缝组织是铸态组织，故晶粒粗大、成分偏析，组织不致密。但由于焊丝本身的杂质含量低及合金化作用，焊缝化学成分优于母材，因此焊缝金属的力学性能一般不低于母材。

2）焊接热影响区

焊接热影响区是指焊缝两侧因焊接热作用而发生组织性能变化的区域。由于焊缝附近各点受热情况不同，热影响区可分为熔合区、过热区、正火区和部分相变区等。

（1）熔合区

熔合区是焊缝和基本金属的交界区，焊接过程中母材部分熔化，故也称为半熔化区。在低碳钢焊接接头中，熔合区虽然很窄，但因强度、塑性和韧性都下降，而此处接头断面发生变化，引起应力集中，在很大程度上决定着焊接接头的性能。

（2）过热区

过热区被加热至 1 100 ℃至固相线温度区间，奥氏体晶粒急剧长大，形成过热组织，因而过热区的塑性及韧性降低。对于易淬火硬化钢材，此区脆性更大。

（3）正火区

正火区被加热到 A_{c3} 至 A_{c3} 以上 $100 \sim 200$ ℃区间，金属发生重结晶，冷却后得到均匀而细小的铁素体和珠光体组织，其力学性能优于母材。

（4）部分相变区

部分相变区相当于加热到 $A_{c1} \sim A_{c3}$ 温度区间，部分金属发生相变，冷却后晶粒大小不匀，因此力学性能稍差。

综上所述，熔合区和过热区是焊接接头中比较薄弱的部分，对焊接质量影响最大。因此在焊接过程中尽可能减小焊接接头宽度。焊接接头组织和性能的好坏主要与焊接材料、焊接方法和焊接工艺有关，其中焊接工艺是影响焊接接头组织和性能的主要因素。

12.2.4　焊接应力与变形

金属构件在焊接以后，总要发生变形，产生焊接应力，二者是伴生的。焊接应力的存在，对构件质量、使用性能和焊后机械加工精度都有很大影响，甚至导致整个构件断裂；焊接变形不仅给装配工作带来很大困难，还会影响构件的工作性能。变形量超过允许数值时必须进行矫正，矫正无效时只能报废。因此，在设计和制造焊接结构时，应尽量减小焊接应力和变形。

1）焊接应力与变形产生的原因

焊接过程中，对焊接件进行不均匀加热和冷却，是产生焊接应力和变形的根本原因。焊接加热时，焊缝及附近金属处于高温状态，因膨胀受阻，焊缝区受压应力作用，远离焊缝区受拉应力；焊后冷却时，因收缩受到焊件低温部分的阻碍，焊缝区受拉应力作用，远离焊缝区受压应力，且整个工件尺寸有一定量的缩短。如果在焊接过程中焊件能自由伸缩，则焊后焊件变形较大而焊接应力较小；反之，如果焊件不能自由伸缩，则焊后焊接变形较小而焊接应力较大。常见的焊接变形有收缩变形、角变形、弯曲变形、波浪变形和扭曲变形等形式。

2）预防与减小焊接应力的措施

（1）焊前预热及焊后缓冷

焊前将焊件预热到 $350 \sim 400$ ℃再进行焊接，可使焊缝金属和周围金属的温差减小，从而显著减小焊接应力及焊接变形；同时，焊后要缓冷。

（2）合理的焊接顺序

如果构件对称两侧都有焊缝，应设法使两侧焊缝的收缩能相互抵消或减弱。图12.6所示为 X 形坡口多层焊工件，按图12.6（a）所示的次序依次焊接，可减小焊接变形。焊接焊缝较多的结构件时，应先焊错开的短焊缝，再焊直通长焊缝，尽量使焊缝自由收缩，以防止在焊缝交接处产生裂纹。

（3）锤击焊缝

焊后用小锤对红热状态下的焊缝进行锤击，可延展焊缝，从而使焊接应力得到一定的释放。

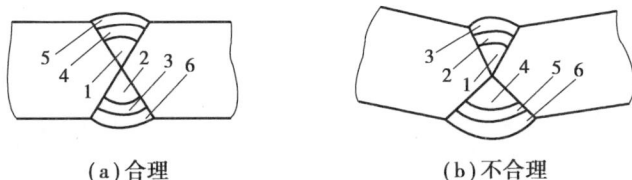

图 12.6　X 形坡口多层焊的焊接顺序

（4）焊后低温退火

将焊后的工件加热到 600～650 ℃，再保温一段时间，然后缓慢冷却。整体退火可消除 80%～90% 的残余应力，不能进行整体退火的工件可用局部退火法。

3）焊接变形的预防与矫正

（1）焊接变形的预防措施

①合理设计焊接结构。在保证结构有足够承载能力的情况下，尽量减少焊缝数量、焊缝长度及焊缝截面积；使结构中所有焊缝尽量处于对称位置；焊接厚大工件时，应开两面坡口；避免焊缝交叉或密集；尽量采用大尺寸板料及合适的型钢或冲压件代替板材拼焊，以减少焊缝数量、减小变形。

②反变形法。通过计算或凭实际经验预先判断焊后的变形大小和方向，焊前将焊件安置在与焊接变形方向相反的位置的工艺方法就是反变形法。

③刚性固定法。刚性固定法是利用工装夹具或定位焊等强制手段固定被焊工件来减小焊接变形（图 12.7）。该法能有效地减小焊后角变形和波浪变形，但会产生较大的焊接应力。因此，一般只用于塑性较好的低碳钢结构，对于淬硬性较大的金属不能使用，以免焊后断裂。

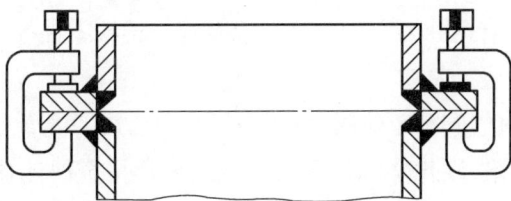

图 12.7　刚性固定法焊接法兰

（2）焊接变形的矫正措施

①机械矫正法。机械矫正法在机械力的作用下，如压力机、矫直机或手工等，使变形工件恢复到原来的形状和尺寸。机械矫正法适用于塑性较好、厚度不大的焊件。

②火焰矫正法。火焰矫正法利用金属局部受热后的冷却收缩来抵消已发生的焊接变形。火焰矫正法主要用于低碳钢和低淬硬倾向的低合金钢。

12.3 其他焊接方法

12.3.1 气焊与气割

在生产中,还可利用气体火焰所释放出来的热量作为热源进行焊接或切割金属,这就是气焊与气割。气焊是利用氧气和可燃气体(一般是乙炔)混合燃烧时产生的大量热量,将焊件和焊丝局部熔化,再经冷却结晶后使焊件连接在一起的方法。使用上述气体燃烧时所释放出的热量进行金属切割,则称为气割。

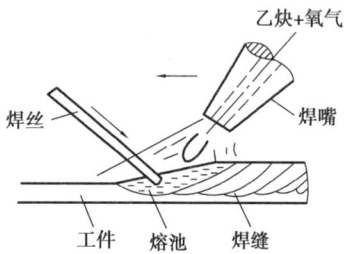

图 12.8 气焊过程示意图

1) 气焊

气焊时,乙炔(C_2H_2)为可燃气体,氧气为助燃气体。乙炔和氧气在焊炬中混合均匀后从焊嘴喷出燃烧,先将工件的焊接处金属加热到熔化状态,同时把金属焊丝熔入接头的空隙中,形成金属熔池,熔池金属冷却形成焊缝。气焊时气体燃烧,产生大量的 CO_2、CO、H_2 气体笼罩熔池,起保护作用。气焊使用不带药皮的光焊丝作填充金属。气焊过程示意图如图 12.8 所示。

(1)气焊的特点

气焊的加热过程比较稳定,且加热速度缓慢,易于实现均匀焊透和单面焊双面成型,此外,气焊不需要电源,给室外操作带来方便。气焊的应用不如电弧焊广泛,主要原因是气焊火焰温度低,热量不集中,故生产率不高。工业上气焊常用于焊接厚度小于 3 mm 的薄钢板,非铁(有色)金属及其合金,以及焊补铸铁零件等。

(2)气焊火焰的种类及应用

气焊时通过调节氧气阀和乙炔阀,可改变氧气和乙炔的混合比例,从而得到三种不同的气焊火焰,即中性焰、碳化焰和氧化焰。氧化焰焊接金属能使熔池氧化沸腾,钢性能变脆,故除焊接黄铜之外,一般很少使用。中性焰使用较多,如焊接低碳钢、中碳钢、低合金钢、紫铜、铝合金等。碳化焰通常用于焊接高碳钢、高速钢、铸铁及硬质合金等。

(3)气焊设备

气焊设备由氧气瓶、乙炔瓶、减压阀、回火防止器及焊炬等组成。

(4)接头形式和焊接准备

气焊可进行平、立、横、仰等各种空间位置的焊接。其接头形式也有对接、搭接、角接和 T 形接头等。在气焊前,必须彻底清除焊丝和焊件接头处表面的油污、油漆、铁锈以及水分等,否则不能进行焊接。

(5)焊丝与焊剂

在焊接时,气焊的焊丝作为填充金属,与熔化的母材一起形成焊缝,因此,焊丝质量对焊件性能有很大的影响。焊接时常根据焊件材料选择相应的焊丝。

焊剂的作用是保护熔池金属,除去焊接过程中形成的氧化物,增加液态金属的流动性。焊接低碳钢时,由于中性焰本身具有相当的保护作用,可不用焊剂。焊剂的主要成分有硼酸、硼砂、磷酸钠等。

(6)气焊的应用

目前,在工业生产中,气焊主要用于焊接薄板、小直径薄壁管、铸铁、有色金属、低熔点金属及硬质合金等。气焊火焰还可用于钎焊、火焰矫正等。

2)气割

(1)气割原理与应用

气割是利用火焰的热能将工件切割处预热到一定温度后,喷出高速切割氧流,使其燃烧并放出热量实现切割的方法。纯铁、低碳钢、中碳钢和低合金钢以及钛等符合气割要求可以进行气割,其他常用的金属如铸铁、不锈钢、铝和铜等,必须采用特殊的氧燃气切割方法(例如熔剂切割)或熔化方法,如电弧切割、等离子切割、激光切割等。

(2)气割设备

气割用的氧气瓶、氧气减压器、乙炔发生器(或乙炔气瓶)和回火保险器同气焊用的相同。此外,气割还用液化气瓶。用于气割的设备还有手工气割机,半自动气割机和自动气割机以及数控线切割机等。

12.3.2 气体保护焊

1)CO_2 气体保护焊

利用外加的 CO_2 气体作为电弧介质并保护电弧和焊接区的电弧焊方法称为 CO_2 气体保护焊。

(1)CO_2 气体保护焊的焊接过程

CO_2 气体保护焊的焊接过程如图 12.9 所示。CO_2 气体经供气系统从焊枪喷出,当焊丝与焊件接触引起燃电弧后,连续送给的焊丝末端和溶液被 CO_2 气流所保护,防止空气对熔化金属的有害作用,从而保证获得高质量的焊缝。

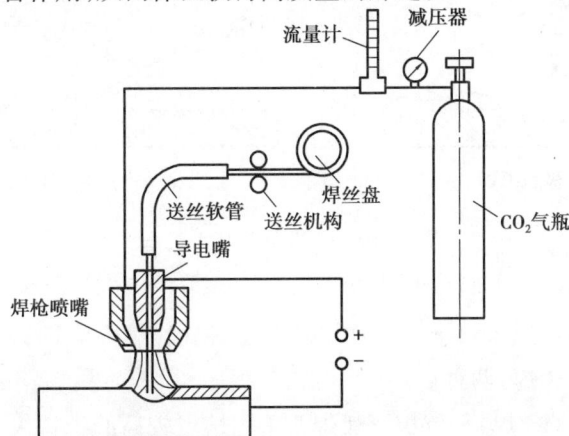

图 12.9 CO_2 气体保护焊

（2）CO_2 气体保护焊的特点及应用

①成本低。CO_2 气体来源广，价格便宜，而且电能消耗少，故使焊接成本降低。通常 CO_2 气体保护焊的成本只有埋弧焊或焊条电弧焊的 40% ~ 50%。

②生产效率高。由于焊接电流密度较大，电弧热量利用率较高，焊后不需清渣，从而提高了生产效率。CO_2 气体保护焊的生产率是焊条电弧焊的 2 ~ 4 倍。

③操作性能好。CO_2 气体保护焊电弧是明弧，可清楚看到焊接过程，无熔渣，适合全位置焊接。

④焊接质量较好。焊缝含氢量低，采用合金钢焊丝易于保证焊缝性能。电弧在气流压缩下燃烧，热量集中，因而焊接热影响区较小，变形和产生裂纹的倾向性小。

⑤缺点在于飞溅率较大，因此焊缝表面成型较差；很难用交流电源进行焊接，焊接设备比较复杂；不能焊接容易氧化的有色金属。

CO_2 气体保护焊通常用于焊接低碳钢、低合金结构钢。它除了适用于焊接结构的生产外，还适用于耐磨零件的堆焊、铸钢件的补焊等，已应用于汽车、机车、造船及航空等工业部门，用来焊接低碳钢、低合金结构钢和高合金钢。

2）氩弧焊

（1）氩弧焊的工作原理及方法

氩弧焊是使用氩气作为保护的一种气体保护焊方法。氩弧焊过程如图 12.10 所示。它是利用从焊枪喷嘴中喷出的氩气流在电弧区形成严密封闭的保护层，将金属熔池与空气隔绝以防止空气的侵入，同时用电弧产生的热量来熔化填充焊丝和工件局部金属，液态金属熔池冷却后形成焊缝。

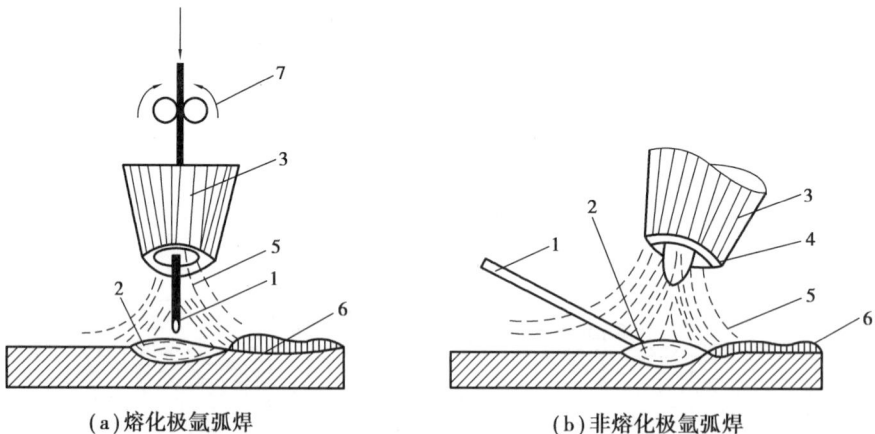

(a)熔化极氩弧焊　　　　　　　　(b)非熔化极氩弧焊

图 12.10　正火加热温度范围

1—焊丝；2—熔池；3—喷嘴；4—钨极；5—气流；6—焊缝；7—送丝滚轮

氩弧焊按所使用的电极不同，分为非熔化极（钨极）氩弧焊即钨极氩弧焊（TIG 焊）和熔化极氩弧焊（MIG 焊）两种。

①钨极氩弧焊（TIG 焊）。钨极氩弧焊常采用熔点较高的钍钨极棒或铈钨极棒作为电极，焊接过程中电极本身不熔化，故不属于熔化极电弧焊。钨极氩弧焊又分为手工焊

和自动焊两种。焊接时填充焊丝在钨极前方添加。当焊接薄板时,一般不需开坡口和加填充焊丝。

TIG 焊的电流种类与极性的选择是:焊接镁、铝及其合金时,采用交流电;焊接其他金属(低合金钢、不锈钢、耐热钢、钛及钛合金、铜及铜合金等)时,采用直流正接。由于钨极的承载电流能力有限,其功率受到限制,因此,钨极氩弧焊一般只适用于焊接厚度小于 6 mm 的工件。

②熔化极氩弧焊(MIG 焊)。熔化极氩弧焊是以连续送进的焊丝作为电极,电弧产生在焊丝与工件之间,焊丝不断送进,并熔化过渡到焊缝中去,因而焊接电流可大大提高。熔化极氩弧焊可分为半自动焊和自动焊两种,一般采用直流反接法。与 TIG 焊相比,MIG 焊可采用高密度电流,母材熔深大,填充金属熔敷速度快,生产率高。

MIG 焊和 TIG 焊一样,几乎可焊接所有的金属,尤其适用于焊接铝及铝合金、铜及铜合金以及不锈钢等材料,主要用于中、厚板的焊接。目前采用熔化极脉冲氩弧焊可以焊接薄板,进行全位置焊接,实现单面焊双面成型以及封底焊。

(2)氩弧焊的特点及应用

由于氩气是惰性气体,焊接时既不与金属起化学反应,也不溶于金属,因此不会发生元素的氧化与烧损。此外氩气的密度大,保护效果好,电弧热量集中、热影响区小,焊接变形小;氩弧焊是一种明弧焊,便于操作,电弧稳定、飞溅小、焊后无熔渣,易实现焊接机械化和自动化。但氩弧焊焊接设备比较复杂,维修困难,氩气价格较贵,焊接成本高。

氩弧焊的焊接质量高,适用面广,在机器制造、化工、石油、船舶、电子、航空、核动力及电力部门都得到了广泛应用,主要用来焊接铝、镁、钛及其合金、不锈钢、高温合金以及一些难熔金属。

12.3.3　埋弧自动焊

埋弧焊是电弧在焊剂层下燃烧以进行焊接的方法。利用机械装置自动控制送丝和移动电弧的一种埋弧焊方法称为埋弧自动焊。它的工作原理是电弧在颗粒状的焊剂下燃烧,焊丝由送丝机构自动送入焊接区,电弧沿焊接方向的移动靠手工操作或机械自动完成。埋弧自动焊的方法如图 12.11 所示,其焊缝的形成如图 12.12 所示。

埋弧自动焊的特点有:

①埋弧焊可以采用较大的焊接电流,生产效率高。

②焊剂保护性好,焊接过程稳定,焊缝质量高。

③节省材料与电能,无弧光,少烟尘,劳动条件好。

④焊前准备工作时间长,接头的加工与装配要求高。

⑤设备比较复杂,适应性差,只适宜厚、大件直线焊缝或大直径环缝的平位置焊接。

埋弧焊主要应用于中厚钢板焊件的大面积拼接、钢结构及容器的焊接,在船舶、锅炉、化工容器、桥梁等方面应用较为广泛。

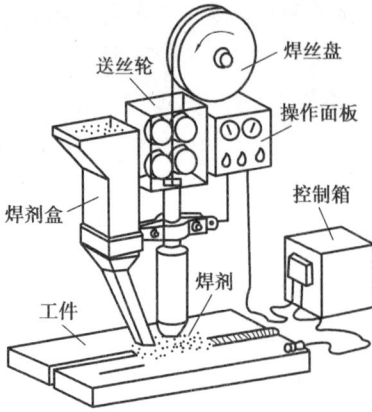

图 12.11　埋弧自动焊的方法

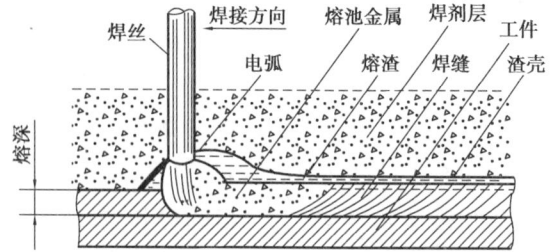

图 12.12　埋弧焊焊缝的形成过程

12.3.4　电渣焊

电渣焊是利用电流通过液体熔渣所产生的电阻热进行焊接的方法,如图 12.13 所示。焊接时焊缝处于垂直位置,并使接缝留出一定间隙。通常用焊丝引弧以加热焊剂,形成液态熔渣,形成渣池后熄灭电弧。熔池产生的电阻热能使焊缝处边缘和焊丝熔化,并沉积于渣池之下成为熔池。焊接过程中渣池与熔池不断上升,熔池底部不断凝固成焊缝。

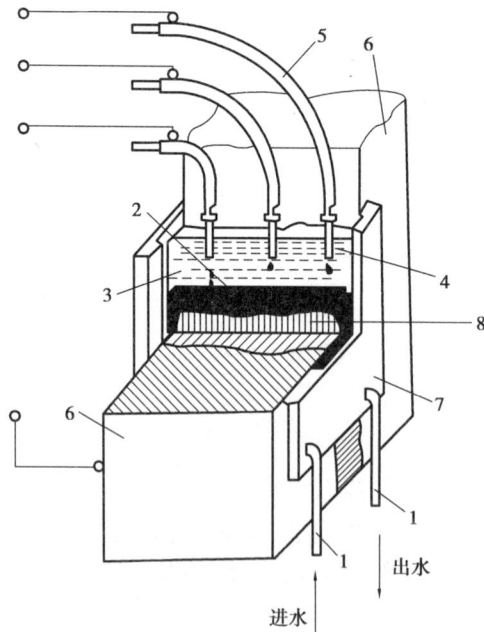

图 12.13　电渣焊示意图

1—冷却水管;2—金属熔池;3—渣池;4—焊丝;5—导丝管;6—工件;7—滑块;8—焊缝

电渣焊的特点是对大厚焊件可以不开坡口一次焊成,成本低,操作简单,生产率高;

焊缝金属在液态停留时间长,有利于熔池中气体和杂质排出,不易产生气孔、夹渣等缺陷。但焊缝和热影响区晶粒粗大,接头冲击韧性较低,故对较重要的结构,一般焊后都需要进行热处理,以改善接头的性能与组织。

电渣焊特别适合厚大件的焊接,主要用于重型机械制造、航空、宇宙火箭中复杂结构的焊接,高熔点低塑性材料的焊接,以及金属与非金属的焊接。

12.3.5 电阻焊

电阻焊是指工件组合后通过电极施加压力,利用电流通过接头的接触面及邻近区域产生的电阻热进行焊接的方法。这种焊接不要外加填充金属和焊剂。根据焊接头形式可分为点焊、缝焊、对焊三种,如图 12.14 所示。

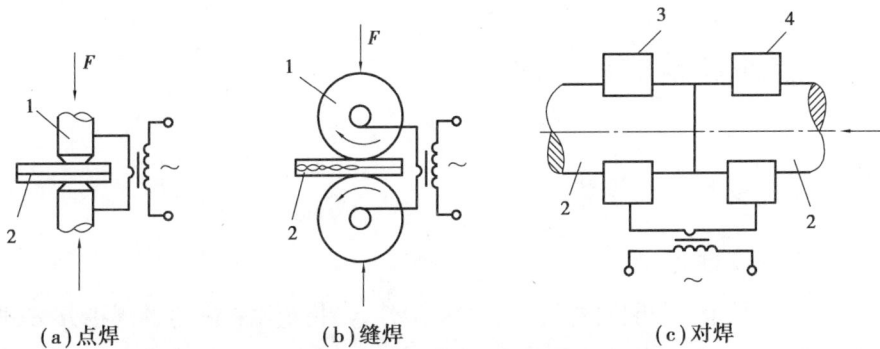

图 12.14 电阻焊示意图

1—电极;2—焊件;3—固定电极;4—移动电极

电阻焊生产率很高,易实现机械化和自动化,适宜成批、大量生产。但是它所允许采用的接头形式有限制,主要是棒、管的对接接头和薄板的搭接接头,一般应用于汽车、飞机制造、刀具制造、仪表、建筑等工业部门。

12.3.6 钎焊

钎焊是采用比母材熔点低的金属材料作钎料,将焊件和钎料加热到钎料熔点,低于母材熔化温度,利用液态钎料润湿母材,填充接头间隙并与母材互相扩散实现连接焊件的方法。

钎焊特点(同熔化焊比):焊件加热温度低,组织和力学性能变化小;变形较小,焊件尺寸精度高;可以焊接薄壁小件和其他难焊接的高级材料;可一次焊多工件多接头;生产率高;可以焊接异种材料。

钎焊是一种既古老又新颖的焊接技术,从日常生活物品(如眼镜、项链、假牙等)到现代尖端技术,都广泛采用。如在喷气式发动机、火箭发动机、飞机发动机、原子反应堆构件及电器仪表的装配中,钎焊是必不可少的一种焊接技术。

12.3.7　摩擦焊

摩擦焊接过程是把两工件同心地安装在焊机夹紧装置中,回转夹具件高速旋转,非回转类工件轴向移动,使两工件端面相互接触,并施加一定轴向压力,依靠接触面强烈摩擦产生的热量把该表面金属迅速加热到塑性状态。当达到要求的变形量后,利用刹车装置使焊件停止旋转,同时对接头施加较大的轴向压力进行顶锻,使两焊件产生塑性变形而焊接起来。

摩擦焊接头既可以是等截面的,也可以是不等截面的,但需要有一个焊件为圆形或筒形。摩擦焊广泛用于圆形工件、棒料及管子的对接,可焊实心焊件的直径从 2 mm 到 100 mm,管子外径可达数百毫米。

12.4　常用金属材料的焊接

12.4.1　金属材料的焊接性

1) 金属焊接性概念

金属焊接性是金属材料对焊接加工的适应性,是指金属在一定的焊接方法、焊接材料、工艺参数及结构型式条件下,获得优质焊接接头的难易程度。它包括两个方面的内容:一是工艺性能,即在一定条件下,焊接接头工艺缺陷的倾向,尤其是出现裂纹的可能性;二是使用性能,即焊接接头在使用中的可靠性,包括力学性能及耐热、耐蚀等特殊性能。

金属焊接是金属材料的一种加工性能。它取决于金属材料的本身性质和加工条件。就目前的焊接技术水平,工业上应用的绝大多数金属材料都是可以焊接的,只是焊接的难易程度不同而已。

2) 金属焊接性的评定

金属焊接性的主要影响因素是化学成分。钢的化学成分不同,其焊接性也不同。钢中的碳和合金元素对钢焊接性的影响程度是不同的。碳的影响最大,其他合金元素可以换算成碳的相当含量来估算它们对焊接性的影响,换算后的总和称为碳当量。碳当量作为评定钢材焊接性的参数指标,这种方法称为碳当量法。

碳当量有不同的计算公式。国际焊接学会(International Institute of Welding, IIW)推荐的碳素结构钢和低合金结构钢碳当量 CE 的计算公式为

$$CE = C + \frac{Mn}{6} + \frac{Cr+Mo+V}{4} + \frac{Ni+Cu}{15} \tag{12.1}$$

式中,化学元素符号都表示该元素在钢材中的质量分数、各元素含量取其成分范围的上限。

碳当量越大,焊接性越差。当 CE≤0.4% 时,钢材焊接性良好,焊接冷裂纹倾向小,焊接时一般不需要预热;CE=0.4% ~0.6% 时,焊接性较差,冷裂纹倾向明显,焊接时需要预热并采取其他工艺措施防止裂纹;CE>0.6% 时,焊接性差,冷裂倾向严重,焊接时需要较高的预热温度和严格的工艺措施。

用碳当量法评定金属焊接性,只考虑化学成分因素,而没有考虑板厚(刚性拘束)、焊缝含氢量及使用条件等其他因素的影响。钢材的实际焊接性,应该根据焊件的具体情况,再通过焊接性试验来测定。

12.4.2 常用金属材料的焊接

1)低碳非合金钢的焊接

低碳钢中 ω_C≤0.25% ,碳当量 CE≤0.4% ,没有淬硬倾向,冷裂倾向小,焊接性良好。除电渣焊外,焊前一般不需要预热,焊接时不需要采取特殊工艺措施,适合各种焊接方法。当板厚大于 50 mm,在 0 ℃以下焊接时,应预热 100 ~150 ℃。

低碳钢的焊接方法有焊条电弧焊、埋弧焊、CO_2 气体保护焊、电渣焊及电阻焊等。在焊条电弧焊中,一般结构选用酸性焊条,如 E4303(J422),重要的结构选用碱性焊条,如 E5015(J507)焊条;埋弧自动焊,常选用 H08A 或 H08MnA 焊丝和 HJ431 焊剂。

2)中碳非合金钢的焊接

中碳钢中 ω_C=0.25% ~6% ,碳当量 CE>0.4% ,其焊接特点是淬硬倾向和冷裂纹倾向较大;焊缝金属热裂倾向较大。因此,焊前必须预热至 150 ~250 ℃。焊接中碳钢常用焊条电弧焊,选用 E5015(J507)焊条。采用细焊条、小电流、开坡口、多层焊时,尽量防止含碳量高的母材过多地熔入焊缝。焊后应缓慢冷却,防止冷裂纹的产生。厚件可考虑用电渣焊,提高生产效率,焊后进行相应的热处理。

3)高碳钢焊接

ω_C>0.6% 的高碳钢焊接性更差。高碳钢的焊接只限于工件的焊补。

4)低合金高强度结构钢的焊接

低合金高强度结构钢一般采用焊条电弧焊和埋弧自动焊。强度级别较低的可采用 CO_2 气体保护焊;较厚件可采用电渣焊。Q345 的 CE≤0.4% ,焊接性良好,一般不需要预热,它是制造锅炉压力容器等重要结构的首选材料。当板厚大于 30 mm 时,或环境温度较低时,焊前应预热,焊后应进行消除应力处理。

5)铸铁的焊补

铸铁的焊接主要是焊补工作,碳的质量分数高、杂质多、塑性低、焊接性差,焊接时焊缝金属的碳和 Si 等元素烧损严重,易产生白口组织和裂纹。故只用焊接来修补铸铁件缺陷和修理局部损坏的零件。

铸铁的焊补,大多采用熔化焊,焊补时一般用手弧焊,以防止铁水流失。手弧焊焊补又分为冷焊法和热焊法。

①冷焊法。焊前对工件不预热或在400 ℃以下预热,冷焊较热焊生产率高,成本低,劳动条件好,但烤补质量不易保证。常用于焊补要求不高的铸铁和防止高温预热发生变形的铸件。

②热焊法。采用铸铁芯焊条,焊前预热至600 ℃左右,焊接过程中保持400 ℃以上,最好平焊、连续焊接,少停顿。焊后缓冷并进行650 ℃的消除应力退火处理。焊后可加工,硬度、强度、颜色与母材一致。热焊法的接头质量好,但劳动条件差,成本高,生产率高。

6)铜及铜合金的焊接

铜及铜合金的焊接性较差,有以下特点:

①铜在焊接高温时易氧化,焊缝容易热裂;铜传热快,必须采用较大的线能量才能焊透,然而铜及铜合金的线膨胀系数大,焊后的应力与变形大,容易导致焊缝产生裂纹。

②焊缝容易产生气孔,在焊接速冷和焊缝冷凝过程中,析出的氢来不及逸出焊缝而形成气孔,使焊缝组织疏松,性能下降,甚至产生裂纹。

③铜合金中的合金元素(Zn、Al、Sn等)比铜更容易氧化烧损,使合金成分变化,焊缝性能下降。

为解决上述问题,必须防止铜的氧化及氢在铜中的熔解,防止铜合金中合金元素的氧化或蒸发,并在焊接工艺上采取预热焊件、大线能量焊接、减少应力与变形的焊接顺序、焊后锤击焊缝及焊后热处理等措施,加强熔池的保护,选择合适的焊接材料等。

焊接紫铜时,由于焊缝含有杂质及合金元素、组织不致密等,接头导电性也有所降低。焊接黄铜时,锌易氧化和蒸发,使焊缝的力学性能和耐蚀性能降低,且对人体有害,焊接时应加强通风等措施。

焊接铜及铜合金常用的方法有氩弧焊、气焊、手弧焊、埋弧焊和钎焊等。

7)铝及铝合金的焊接

铝及铝合金的焊接性较差,主要缺点如下:

①易氧化。铝及铝合金极易氧化,生成的 Al_2O_3。熔点高、质量密度大、氧化铝膜致密难破坏,容易引起焊缝熔合不良及夹渣缺陷。

②易产生氢气孔。氢能大量溶于液态铝,但几乎不溶于固态铝。铝的密度小、传热快、在焊缝凝固时氢更难从焊缝中逸出,便形成气孔。

③易裂。由于铝的膨胀系数大,焊接应力变形大,而高温时铝的塑性和强度又很低,在足够大的应力作用下开裂;铝合金中的合金元素易形成低熔点共晶导致热裂。

④易烧穿或塌陷。铝在液固状态转变时无明显色泽变化及塑性流动迹象,因此不易控制熔化及凝固情况,导致烧穿或塌陷。

焊接铝及其合金常用的方法有氩弧焊、电阻焊、钎焊和气焊。氩弧焊时,因氩气保护性好,故焊接变形小,耐蚀性好,焊缝质量高。电阻焊焊接时,焊前必须清除工件表面的氧化膜,应采用大电流焊接。对焊接质量要求不高的铝及铝合金构件,可采用气焊。

12.5　焊接结构工艺性

焊接结构工艺性是指所设计的焊接结构在满足使用性能要求的前提下焊接成型的可行性和经济性,即焊接的难易程度。设计焊件结构时,除应考虑结构的使用性能要求外,还应考虑结构的焊接工艺性,以保证焊件结构的质量稳定,工艺简便,生产率高,成本低。

12.5.1　焊件材料的选择

在满足结构使用性能要求的前提下,应优先选择焊接性能良好的材料(如低碳钢、低合金钢)作焊接结构件。

焊接结构尽可能采用同种金属材料进行焊接。如采用不同金属材料进行焊接时,由于化学成分和性能不同在焊接接头中会产生很大应力,甚至造成开裂。如果两种牌号金属材料的性能悬殊,如熔点和导热性不一,在采用熔化焊焊接时,就比较困难,甚至无法进行。

12.5.2　焊缝布置

焊接的结构工艺是否简便、焊接接头是否可靠与焊缝布置密切相关,焊缝的位置直接影响到焊件的质量和焊接过程是否能顺利进行,因此,要进行合理的布置。布置焊缝的位置时要考虑以下几点:

①焊缝布置要便于施焊。焊接时焊缝布置要留有足够的操作空间,使焊接工具能自如地进行操作。焊接时尽量少翻转,以提高生产率。点焊与缝焊应考虑电极伸入是否方便。自动焊结构的设计应使接头处施焊时容易存放焊剂。

②焊缝位置应利于减少焊接应力与变形。表 12.3 中列出了设计焊接结构、焊缝布置的一般原则及示例。

表 12.3　设计焊接结构、焊缝布置的一般原则

选择原则		示例	
		不合理	较合理
焊缝位置应便于操作	焊条电弧焊要考虑焊条操作空间		
	自动焊应考虑接头处便于存放焊剂		
	点焊或缝焊应考虑电极引入方便		

续表

选择原则		示例	
		不合理	较合理
焊缝位置应利于减少焊接应力与变形	焊缝应避免过于集中或交叉		
	尽量减少焊缝数量（适当采用型钢和冲压件）		
	焊缝应尽量对称布置		
	焊缝端部产生锐角处应该去掉		
	焊缝应尽量避开最大应力或应力集中处		
	不同厚度的工件焊接时,接头处应平滑过渡		
	焊缝应避开加工表面		

12.5.3　焊接接头坡口形式的选择

开坡口的目的是保证电弧能深入到焊缝根部使其焊透,并获得良好的焊缝成型以及便于清理焊渣。对于合金钢来说,坡口还能起到调节母材金属和填充金属比例的作用。

以手弧焊为例,常用的对接接头的坡口有 I 形、V 形、X 形和 U 形四种(图 12.15)。I 形坡口的熔合比大,变形小,一般用于焊接性好、板厚小的焊件;V 形坡口便于加工,焊后焊件易变形,在相同厚度的情况下,双 V 形坡口比 V 形坡口能减少焊接金属 1/2 左右,焊件变形较小;X 形坡口的焊缝强度高,变形小,填充金属量少,但坡口加工费时,焊接须两面翻转;U 形坡口容易焊透,变形小,节省金属,但加工坡口较困难,常用于重要结构中;双 U 形坡口相较于 U 形坡口结构更均衡,根部更易焊透,焊接应力小,常用于中厚或厚板焊接。

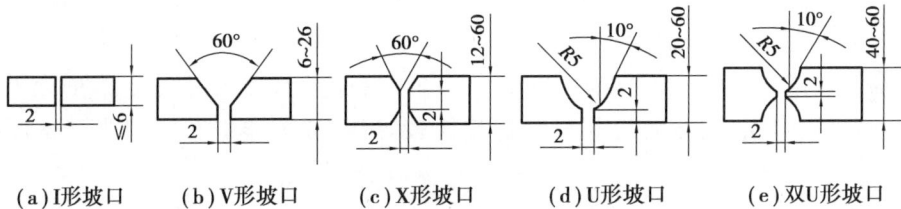

(a) I形坡口　　(b) V形坡口　　(c) X形坡口　　(d) U形坡口　　(e) 双U形坡口

图 12.15　对接接头坡口形式

12.6　焊接新技术简介

12.6.1　等离子弧焊接和切割

利用某种装置使自由电弧的弧柱受到压缩,弧柱中的气体就被完全电离(通称为压缩效应),便产生温度比自由电弧高得多的等离子弧。等离子弧发生装置是在钨极与工件之间加一高压,经高频振荡器使气体电离形成电弧。它能迅速熔化金属材料,用来焊接和切割。等离子弧焊接分为大电流等离子弧焊和微束等离子弧焊两类。

等离子弧焊除具有氩弧焊优点外,还有以下两方面特点:

①有小孔效应且等离子弧穿透能力强,所以 10～12 mm 厚度焊件可不开坡口,能实现单面焊双面自由成型。

②微束等离子弧焊可用于焊很薄的箔材。

因此,等离子弧焊日益广泛地应用于航空航天等尖端技术所用的铜合金、钛合金、合金钢、钼、钴等金属的焊接,如钛合金导弹壳体、波纹管及膜盒、微型继电器、飞机上的薄壁容器等。现在民用工业也开始采用等离子弧焊,如锅炉管子的焊接等。

等离子弧切割原理与氧气切割不同,它是利用能量密度高的高温高速等离子流,将切割金属局部熔化并随即吹去,形成整齐切口。它不仅比氧气切割效率高 1~3 倍,还能切割不锈钢、有色金属及其合金及难熔金属,也可用以切割花岗石、碳化硅、耐火砖、混凝土等非金属材料。

目前,我国工业中已经采用水压压缩等离子切割,即在等离子弧喷嘴周围设置环状压缩喷水通路,对称射向等离子流。这种水压缩等离子弧较一般等离子弧有较高的切口质量和切割速度,降低了成本,并能有效地防止切割时产生的金属蒸气和粉尘等有毒烟尘,改善劳动条件。

12.6.2 激光焊接与切割

激光焊接是利用原子受激辐射的原理,使工作物质(激光材料)受激而产生的一种单色性好、方向性强、强度很高的激光束。聚焦后的激光束最高能量密度可达 10^{13} W/cm^2,在几毫秒甚至更短时间内将光能转换成热能,温度可达 1 万℃以上,可以用来焊接和切割。

激光焊接的特点:能量密度大且放出极其迅速,适合高速加工,能避免热损伤和焊接变形,故可进行精密零件、热敏感性材料的加工。被焊材不易氧化,可以在大气中焊接,不需要气体保护或真空环境;激光焊接装置不需要与被焊接工件接触;激光可以对绝缘材料直接焊接,对异种金属材料焊接比较容易,甚至能把金属与非金属焊接在一起。

激光切割机理有激光蒸发切割、激光熔化吹气切割和激光反应气体切割三种。

激光切割具有切割质量好、效率高、速度快、成本低等优点。激光束能切割各种金属材料和非金属材料,如氧气切割难以切割的不锈钢、钛、铝及其合金等金属材料,木材、纸、布、橡胶、塑料、岩石、混凝土等非金属材料。

12.6.3 电子束焊接与切割

电子束焊是利用加速和聚焦的电子束轰击置于真空或非真空中的焊件所产生的热能进行焊接的方法。电子束轰击焊件时 99% 以上的电子动能会转变为热能,因此,焊件或割件被电子束轰击的部位可被加热至很高温度,实现焊接或切割。

由于焊件在真空中焊接,金属不会被氧化、氮化,故焊接质量高。焊接变形小,可进行装配焊接;焊接适应性强;生产率高、成本低,易实现自动化。真空电子束焊的主要不足是设备复杂、造价高,焊前对焊件的清理和装配质量要求很高,焊件尺寸受真空室限制,操作人员需要防护 X 射线的影响。

真空电子束焊适用于焊接各种难熔金属(如 Ti、Mo 等)、活性金属(除 Sn、Zn 等低沸点元素多的合金外)以及各种合金钢、不锈钢等,既可用于焊接薄壁、微型结构,又可焊接厚板结构,如微型电子线路组件、大型导弹外壳、原子能设备中厚壁结构件以及轴承齿轮组合件等。

12.6.4 扩散焊

扩散焊是焊件紧密贴合,在真空或保护气体中,在一定温度和压力下保持一段时间,使接触面之间的原子相互扩散而完成焊接的压焊方法。

扩散焊的特点是:接头强度高,焊接应力和变形小;可焊接材料种类多;可焊接复杂截面的焊件。扩散焊的主要不足是:单件生产率较低,焊前对焊件表面的加工清理和装配质量要求十分严格,需用真空辅助装置。

扩散焊主要用于焊接熔焊、钎焊难以满足质量要求的小型、精密、复杂的焊件。近年来,扩散焊在原子能、航天导弹等尖端技术领域中解决了各种特殊材料的焊接问题。

12.6.5　爆炸焊

爆炸焊利用炸药爆炸时产生的冲击力造成焊件迅速碰撞,从而实现焊接的一种压焊方法。

爆炸焊既适用于焊接双金属轧制焊件和表面包覆有特殊物理-化学性能的合金或合金钢及异种材料制成的焊件,也适用于制造冲-焊、锻-焊结构件。

12.6.6　　堆焊与喷涂

堆焊是为增大或恢复焊件尺寸,或使焊件表面获得具有特殊性能的熔敷金属而进行的焊接。其目的不是连接焊件,而是使焊件表面获得具有耐磨、耐热、耐蚀等特殊性能的熔敷金属,或是为了恢复或增加焊件尺寸。堆焊的焊接方法很多,几乎所有的熔焊方法都能用来堆焊。堆焊工艺与熔焊工艺区别不大,包括零件表面的清理、焊条和焊剂烘干、焊接缺陷的去除等。与熔焊的不同主要是焊接工艺参数有差异。

热喷涂是将喷涂材料加热到熔融状态,通过高速气流使其雾化,喷射到工件表面形成喷涂层,使工件具有耐磨、耐热、耐腐蚀、抗氧化等性能。喷涂的主要特点是喷涂材料来源广泛,工艺简便、灵活,工件变形小,生产效率高,便于获得很薄的涂层。

12.7　复习思考题

1.焊接的特点是什么?

2.焊接的常见缺陷有哪些?

3.焊接电弧的构造如何? 热量集中在什么部位? 什么是正接法? 什么是反接法?

4.焊芯的作用是什么? 化学成分有何特点? 焊条药皮有哪些作用?

5.什么是酸性焊条? 什么是碱性焊条?

6.下列焊条型号的含义是什么?

E4303、E5015、E307、J423、J506

7.结构钢焊条如何选用? 试给下列钢材用两种不同牌号的焊条,并说明理由。

Q235、20、45、Q345(16Mn)

8.焊接接头有哪些组成部分? 哪个部位的力学性能最差?

9.如何预防焊接应力与变形? 如何矫正?

10. 什么是金属焊接性？碳当量是指什么？

11. 低碳钢焊接有何特点？

12. 普通低合金钢焊接的主要问题是什么？焊接时应该采取哪些措施？

13. 简述焊缝布置时应注意的问题。分析以下焊缝的布置有什么不合理的地方，如何改进。

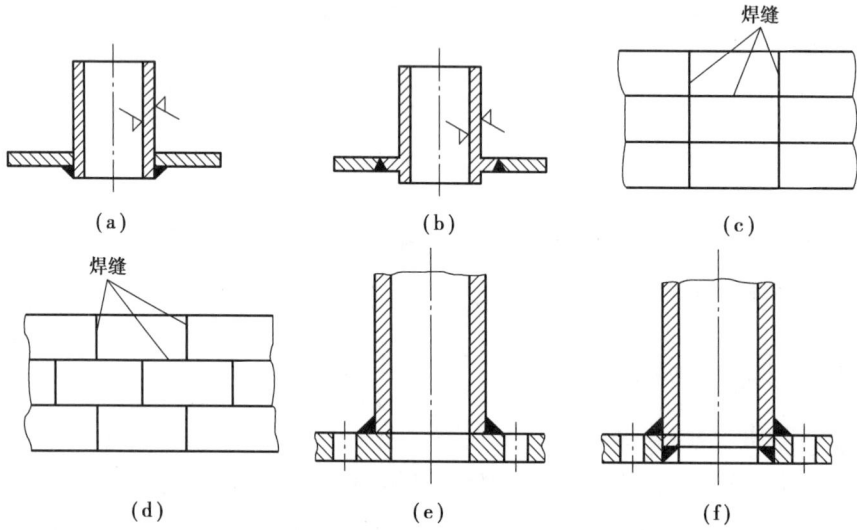

图 12.16　题 13 图

14. 铸铁焊接性差主要表现在哪些方面？试比较热焊法和冷焊法的特点及应用。

第13章
其他成型技术

13.1 快速成型技术

13.1.1 快速成型技术原理和特点

快速成型(rapid prototyping,RP)是根据计算机辅助设计(CAD)生成的零件几何信息,控制三维数控成型系统,通过一定的工艺将材料堆积而形成零件的成型工艺方法,这种成型方法又称为3D打印或增材制造。

1)快速成型的原理

快速成型是一种离散/堆积的成型加工技术,主要经过以下步骤生成三维实体原型:

①用CAD软件设计出所需零件的计算机三维模型,也可由逆向(反求)工程获得,即用三维扫描仪对已有的三维实体件进行扫描,根据扫描获得的点云数据进行拟合重构获得三维数字模型。

②将三维模型沿一定方向(通常为Z向)离散成一系列有序的二维层片(也称为切片处理,生成STL文件格式导出)。

③根据每层切片的轮廓信息,进行工艺规划,选择加工参数,自动生成数控代码。

④快速成型机制造一系列层片并自动将它们堆积起来,得到三维物理实体。

2)快速成型技术的特点

快速成型技术是将一个实体、复杂的三维加工离散成一系列层片的加工。采用这种技术大大降低了零件的加工难度,快速成型技术具有如下特点:

①材料成型全过程的快速性,适合现代竞争激烈的产品市场。

②可以制造任意复杂形状的三维实体。

③用CAD模型直接驱动,实现设计与制造高度一体化,其直观性和易改性为产品的完美设计提供了优良的设计环境。

④成型过程无需专用夹具、模具、刀具,既节省了费用,又缩短了制作周期。

⑤技术的高度集成性。这种方法既是现代科学技术发展的必然产物,也是对它们

的综合应用,带有鲜明的高新技术特征。

以上特点决定了快速成型技术主要适用于新产品开发、快速单件及小批量零件的制造、复杂形状零件的制造、模具与模型设计与制造,也适用于难加工材料的制造、外形设计检查、装配检验和快速反求工程(逆向工程)等。

13.1.2　快速成型的基本工艺方法

快速成型技术始于20世纪80年代初,至今已有十几种不同的快速成型方法和系统。目前,光固化立体成型(stereo lithography apparatus,SLA)法、熔融沉积成型(fused deposition modeling,FDM)法、选择性激光烧结(selected laser sintering,SLS)法、分层实体制造(laminated object manufacturing,LOM)法四种成型方法是快速成型技术的典型工艺方法。各种快速成型工艺的基本原理是一致的,差别仅在于堆积成三维工件的薄片所采用的原材料以及由原材料构成的截面轮廓的方法和截面层间的连接方式。

1)光固化立体成型法

SLA法是最早实用化的快速成型技术,采用液态光敏树脂为原料,其工艺原理如图13.1所示。其工艺过程是:通过CAD设计出三维实体模型,利用离散程序将模型进行切片处理,设计扫描路径,产生的数据将精确控制激光扫描器和升降台的运动;激光光束通过数控装置控制的扫描器,按设计的扫描路径照射到液态光敏树脂表面,使表面特定区域内的一层树脂固化,当一层加工完毕后,就生成零件的一个截面;然后升降台下降一定距离,固化层上覆盖另一层液态树脂,再进行第二层扫描,第二固化层牢固地黏结在前一固化层上,这样一层层叠加而成三维工件原型。将原型从树脂中取出后,去除支撑,进行最终固化,再经打光、电镀、喷漆或着色处理即得到所要求的产品。

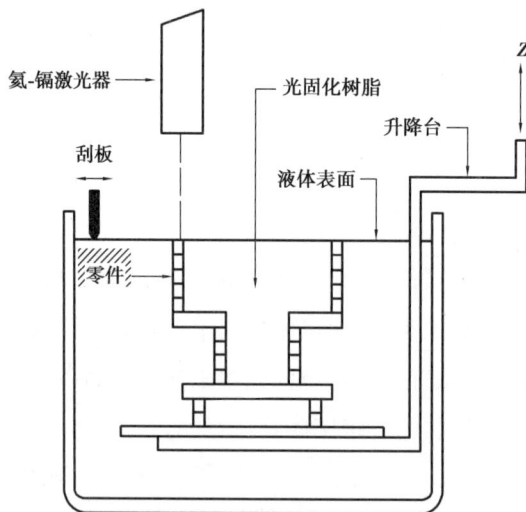

图 13.1　SLA 原理示意图

SLA法精度高、成型零件表面质量好、原材料利用率接近100%,而且不产生环境污染,特别适合制作含有复杂精细结构的零件;但这种方法也有自身的局限性,如需要支承、树脂收缩会导致精度下降、光固化树脂有一定的毒性等。因此,开发收缩小、固化快、强度高的光敏树脂材料是其发展趋势。

2)熔融沉积成型法

FDM 法的成型原理如图 13.2 所示。熔融沉积成型法是使用丝状材料如石蜡、塑料(如 ABS、PC)、金属(低熔点合金丝)等,利用电加热方式将丝材加热至略高于熔化温度(约比熔点高 1 ℃),在计算机的控制下,喷头作 X-Y 平面运动,将熔融材料涂覆在工作台上,冷却后形成工件的一层截面,一层成型后,喷头上移一层高度,进行下一层涂覆,这样逐层堆积形成三维工件。

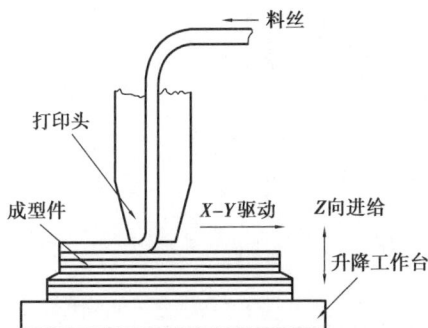

图 13.2　FDM 的成型原理示意图　　　　图 13.3　FDM 制作的工艺品

熔融沉积成型法的优点是材料利用率高、材料成本低、可选材料种类多、工艺简洁;缺点是成型的工件精度较低、复杂构件不易制造、悬臂件需加支承、表面质量有待改进等。这种成型方法适合产品的概念建模及形状和功能件测试、中等复杂程度的中小型尺寸的原型件制造等。图 13.3 为 FDM 法制作的工艺品。

3)选择性激光烧结法

SLS 法的原理如图 13.4 所示,它是采用各种固态粉末(塑料、蜡粉、陶瓷、金属等)作原料,先在工作台上铺上一层薄而均匀的粉末,利用加热装置将其加热至略低于熔点的温度,然后用激光束在计算机的控制下,按照零件截面轮廓信息进行有选择的扫描,对粉末进行加热,直至熔化,使粉末颗粒相互黏结而形成工件的实体部分。在非扫描区,粉末仍是松散的。这样,一层层烧结后,去除未烧结的粉末,即得到三维工件。这种成型方法可以加工出能直接使用的塑料、陶瓷、金属件,但制品的强度不高,需要经过后处理(如浸黏结剂)后使用。选择性激光烧结法主要用于生产一些塑料件、样件或模样、精密铸造用蜡模等。

选择性激光烧结方法,可选烧结材料较广泛,无须加支承。其缺点是:烧结制成的成型件结构疏松多孔、强度不高,表面较粗糙,成型效率低等。

4)分层实体制造法

LOM 法又称层叠法成型,它以片材(如纸片、塑料薄膜或复合材料)为原材料,其成型原理如图 13.5 所示。激光切割系统按照计算机提取的横截面轮廓线数据,将背面涂有热熔胶的纸用激光切割出工件的内外轮廓。切割完一层后,送料机构将新的一层纸叠加上去,利用热黏压装置将已切割层黏合在一起,然后再进行切割,这样一层层地切割、黏合,最终成为三维工件。

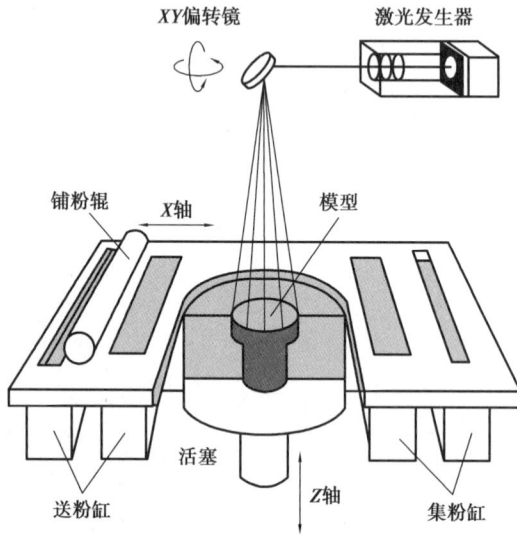

图 13.4　SLS 法的原理

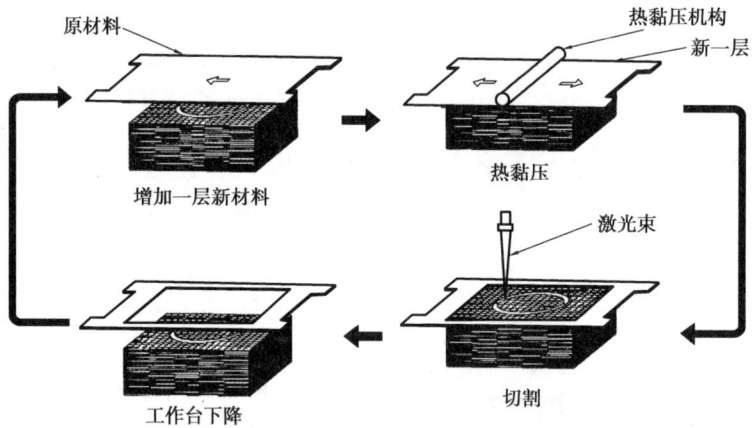

图 13.5　LOM 法的原理

　　LOM 法常用材料是纸、金属箔、塑料膜、陶瓷膜等,此方法除了可以制造模具、模型外,还可以直接制造结构件或功能件。该方法的特点是原材料价格便宜、成本低。

13.1.3　快速成型技术的发展趋势

　　除上述几种典型的快速成型技术外,新的快速成型技术也不断出现,如 3DP 技术。其工作原理是:先铺一层粉末,然后使用喷嘴将黏结剂喷在需要成型的区域,让材料粉末黏结,形成零件截面,然后不断重复铺粉、喷涂、黏结的过程,层层叠加,获得最终打印出来的零件。

随着快速成型技术的发展,其成本在不断降低,并且选材范围也越来越广,可制作的物品越来越多,从汽车、飞机零件到食物、人体器官等。

13.2　高分子材料的成型加工

高分子材料的成型加工是使其成为具有实用价值产品的途径。高分子材料可以用多种方法成型加工。由于高分子材料种类繁多,加工成型方法也各不相同。下面简要介绍塑料和橡胶两大类高分子材料的主要加工成型方法。

13.2.1　塑料的成型方法

塑料成型加工是指经过成型加工,得到具有一定形状,尺寸和使用性能的塑料制品的工艺过程。塑料成型的主要方法有注射成型、挤压成型、吹塑成型、压制成型和压延成型等。

1)注射成型

注射成型的示意图如图 13.6 所示。注射成型又称为注塑成型,它是热塑性塑料主要的加工成型方法之一,将颗粒状或粉状塑料依靠重力从漏斗送入柱塞前面的压力室,当柱塞推进时,塑料被推入加热室并在其中被预热。塑料由预热室压过鱼雷形截面,在那里熔化并调节流量,通过顶着模具座的喷嘴使熔化了的塑料离开鱼雷区,并由浇口和浇道进入模腔,冷却脱模后就获得所需形状的塑料制品。

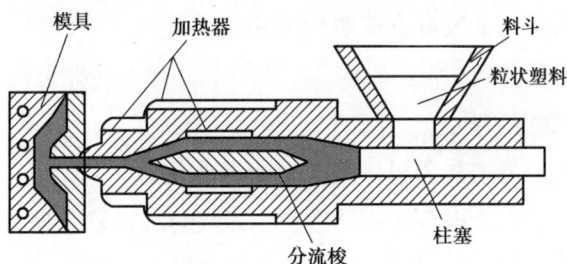

图 13.6　注射成型示意图

注射成型自动化程度高、生产速度快、制品尺寸精确,可压制形状复杂、壁厚和带金属嵌件的塑料制品,如电视机外壳、塑料泵等。

2)挤压成型

挤压成型又称挤出成型或挤塑法,也是热塑性塑料中最主要的成型方法之一,是所有加工方法中产量最大的一种。将塑料的原料从漏斗送入螺旋推进室,再由旋转的螺旋把它输送到预热区并受到压缩,然后迫使它通过已加热的模具,当塑料制品落到输送机的皮带上时,用喷射空气或水使它冷却变硬,以保持成型后的形状。

3) 吹塑成型

吹塑成型是利用压缩空气,使被预热的热塑性的片状或管状坯料,在模内吹制成颈口短小的中空制品的成型方法。将经加热的塑料管放在打开的模具中,并将两端塞紧,通入压缩空气,使坯料沿模腔变形,经冷却定形后,即可取出中空的塑料制品。吹塑成型常用于瓶、罐、管类零件的加工及挤压和吹塑薄膜的成型加工。

4) 压制成型

热固性塑料大多采用压制成型。压制成型有模压法和层压法等方法。模压法把粉状、粒状塑料放在金属模内加热软化,然后加压,使塑料在一定的温度、压力和时间内发生化学反应,并固化成型后脱模,即可取出制品。层压法是用片状骨架填料在树脂溶液中浸渍,然后在层压机上加热,加压固化成型。它是生产各种增强塑料板、棒、管的主要方法,生产出的板、棒、管再经机械加工就可以得到各种较为复杂的零件。

5) 压延成型

利用热的滚筒将热塑性塑料连续压延成薄片或薄膜的成型方法称为压延成型。这种方法生产能力强,产品质量好,易于实现自动化流水作业,是生产人造革、各种长宽尺寸大的塑料薄膜的主要方法。但该方法设备投资较大。

13.2.2　塑料的二次加工

塑料的二次加工是指制品成型后再加工。它包括塑料制品机械加工,连接和表面处理等工艺。

(1)机械加工

经成型的塑料制品大多数可直接装配使用。但某些需要满足装配要求的零件,如齿轮、轴承、小而深的孔、螺纹等还应进行机械加工。有些零件是板材、棒材、管材做毛坯,也必须进行机械加工。

塑料制品机械加工工艺与金属切削工艺大致相同,可以进行车、铣、刨、钻、扩、铰、镗、锯、锉和攻丝等。但应考虑塑料的导热性差、弹性大,容易引起加工时发热变形与加工面粗糙。为保证质量,在刀具角度、切削用量及操作方法上必须改进。

(2)连接

塑料与塑料、塑料与金属或其他非金属材料的连接,除用一般机械连接方法外,还有热熔黏结、溶剂黏结、黏结剂黏结等。

(3)表面处理

为了改善塑料的表面性能,达到防护、装饰的目的,在塑料制品表面涂一层金属。最常用的工艺主要是电镀;还可以使用衬塑料涂层,它是对化工设备金属材料表面被覆一层塑料,来提高耐腐蚀性能。

13.2.3　橡胶的成型加工

橡胶制品的制备工艺过程复杂,一般包括塑炼、混炼、压延、压出、成型和硫化等加工工艺,如图 13.7 所示。

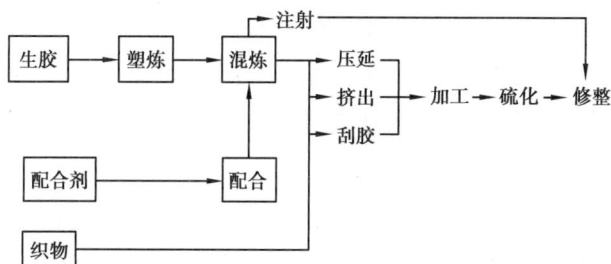

图 13.7　橡胶制品加工工艺示意图

13.3　陶瓷的制备工艺

陶瓷的制备工艺的最大特殊性在于其制备是采用粉末冶金工艺,即由粉末原料加压成型后直接在固相或大部分呈固相状态下烧结而成。陶瓷的制备过程虽然各不相同,但一般都要经过粉末原料制备、成型和烧结三个阶段。

13.3.1　粉末原料制备加工与处理

粉末的制备方法很多,大体可归结为机械研磨法和化学法两类。传统陶瓷的合成方法一般是固相反应加机械粉碎(球磨),易于工业化,但会引入杂质,得到的粉末粒度有限,难以获得亚微米级的粉末颗粒,微观均匀性差。制取微粉的化学方法有溶液沉淀法、气相沉积法和固相法。溶液沉淀法适用于氧化物陶瓷粉料的制备;气相法一般适用于非氧化物陶瓷粉末的制备;固相法适用于单组分氧化物陶瓷粉料的制备。

13.3.2　成型

成型是将陶瓷粉料加工制备成具有一定形状和尺寸的毛坯。陶瓷制品的成型方法很多,主要有以下三类。

(1)可塑成型

传统的黏土质陶瓷坯料中含有一定量的黏土,本身即具有一定的可塑性。在坯料中加入一定量的水或塑化剂,使其成为具有良好塑性的料团,然后手工或机械成型。常用的有挤压和车坯成型。

(2)注浆成型

在溶剂量比较大时,形成含陶瓷粉料的悬浮液,具有一定的流动性,将悬浮液注入模具中得到具有一定形状的毛坯,这种方法称为注浆成型。注浆成型可分为一般注浆成型和热压注浆成型。

(3)压制成型

陶瓷生产中经常采用压力成型,首先在陶瓷粉料中添加少量黏结剂;然后造粒,之后充填入模型,再加压成型。成型方法主要有模压成型和冷等静压成型。模压成型工艺简单、操作方便、生产效率高,有利于连续生产;但模具加工复杂,寿命短、成本高。冷等静压成型得到的坯体密度比常规模压高且均匀。

13.3.3 烧结

烧结是指生坯在高温加热时发生一系列物理变化、化学变化(水的蒸发、硅酸盐分解、有机物及碳化物的气化、晶体转型及熔化)并使生坯体积收缩,强度、密度增加,最终形成致密、坚硬的具有某种显微结构的烧结体的过程。烧结是陶瓷材料制备工艺中十分重要的最终环节。生坯经初步干燥后即可涂釉或送去烧结,一般烧结温度较高,时间也较长。常见的烧结方法有热压法、液相烧结法和反应烧结法等。

13.4 复习思考题

1.什么是快速成型技术? 主要有哪些基本方法? 应用范围如何?

2.塑料的成型方法有哪些? 塑料的连接方法有哪些?

3.简要叙述塑料的主要成型方法和橡胶的加工工艺。

4.简述陶瓷材料的制备工艺。

5.陶瓷模压成型工艺按成型方法可分为哪几种? 各有何特点?

第14章
成型工艺的选择

14.1 工程材料与成型工艺的选择

14.1.1 工程材料与成型工艺选择原则

在选择工程材料与成型工艺时,一般遵循以下四条基本原则:满足使用性能原则、工艺性能良好原则、经济性原则、环保性原则。

1) 满足使用性能原则

使用性能是保证零件完成所设计功能的必要条件,因此成为选择材料与成型工艺方法时考虑的最主要因素。不同零件所要求的使用性能不一样,因此在选择材料与成型方法时首要的任务就是准确判断零件所要求的主要使用性能有哪些。所选用材料的使用性能要求,是在分析零件工作条件和失效形式的基础上提出的。零件的工作条件包括:

①受力状况主要有受力大小、受力形式(拉伸、压缩、弯曲、扭转以及摩擦力等)、载荷类型(静载、动载、交变载荷等)及其分布特点等。

②环境状况包括工作温度和介质情况(如高温、常温、低温、有无腐蚀等)。

③特殊要求,例如要求导电性、导热性、磁性、密度和外观等。

零件的失效形式与其工作条件有关,当材料的使用性能不能满足零件工作条件的要求时,零件就以某种形式失去其应有的效能,即失效。例如,在强烈摩擦条件下工作的零件,如果耐磨性不足,则可能以工作表面过量磨损的形式而失效。通常,机械零件是在受力条件下工作的,所要求的使用性能主要是材料的力学性能。因而,只要针对零件的具体工作条件和主要失效形式,同时考虑对零件尺寸和质量的要求或限制以及零件的重要程度(重要件往往需要有较高的安全系数),就能确定零件材料应具有的主要力学性能,再通过有关的分析计算将其转化为相应的力学性能指标,必要时还应适当考虑其他有关的物理、化学性能判据,以此作为选材的基本依据。

常用的力学性能判据用于选材时可分为两类,一类是可直接用于设计计算的,如R_e、R_m、σ_{-1}、E、K_{Ic} 等;另一类不能直接用于计算,但可根据经验间接用于确定零件的性能,如 A、Z、KV_2 等。后一类性能判据往往作为保证安全的性能判据,其作用是提高零件的抗过载能力和使用安全性。而硬度判据(如 HBW、HRC、HV 等)虽然不能直接用于计算,但由于它在确定的条件下与其他性能判据(如强度、塑性、韧性、耐磨性等)密切相关且硬度试验方法简便、迅速而又不破坏零件,因此实际生产中习惯在零件的技术要求中以标注硬度值的方法来综合反映对其力学性能的要求,但在标注零件硬度要求的同时应注明材料的处理状态。

零件的使用要求也体现在产品的宜人化程度上,材料与成型方法选择时要考虑外形美观,符合人们的工作和使用习惯。

2)满足工艺性能良好原则

选用材料和确定成型工艺时,必须考虑所选材料具备对于所采用的加工工艺的适应性,这就是材料与成型方法选择中的工艺性原则。例如,某些材料仅从零件的使用要求来看是完全合适的,但加工制造困难甚至在现有的条件下无法加工制造,这就属于材料工艺性能不好的问题。材料工艺性能的好坏,在很大程度上影响着零件加工的难易程度、生产率、加工成本和加工质量等。因此,尽管与使用性能的要求相比,工艺性能处于次要地位,但选材时的重要性同样不可忽视。在某些特殊情况下,工艺性能还可能成为决定材料取舍的主要因素。

对于金属材料而言,与各种常用加工方法相应的工艺性能主要有铸造性能、锻压性能、焊接性能、切削加工性能和热处理工艺性能等。

(1)铸造性能

几种常用金属材料的铸造性能见表14.1。铸铁由于铸造性能优良、熔炼方便,成为铸件最常用的材料;铸钢的铸造性能较差,主要用于强度、塑性和韧性要求较高或者具有特殊性能要求的铸件;球墨铸铁在许多场合现已可以替代铸钢;铸造铝合金适用于要求质量轻、强度高或有一定耐磨性的铸件。

表14.1 几种常用金属材料的铸造性能

材料	铸造性能						
	流动性	收缩性		偏析倾向	浇注温度/℃	吸气性	氧化倾向
		液态收缩	固态收缩				
灰铸铁	很好	小	小	小	1 250～1 450	较小	较小
铸钢	差	大	大	较大	1 450～1 550	较大	较小
铸造铝合金	较好	较小	小	较大	650～750	大	大

(2)锻压性能

金属在压力加工时,塑性越好,变形抗力越小,则锻压性能越好。热锻时,还应考虑金属锻造温度范围的宽窄和抗氧化性的好坏等。低碳钢的锻压性能好,随着含碳量的增加,碳素钢的锻压性能越来越差。合金钢的锻压性能不如相同碳含量的碳素钢。变形铝合金、铜合金等也有较好的锻压性能。

（3）焊接性能

常用金属材料的焊接性能见表 14.2。钢材是焊接结构件最常用的金属材料。

表 14.2 常用金属材料的焊接性能

材料	焊接性能	焊接性能说明
低碳钢、低合金结构钢、奥氏体不锈钢	良好	在普通条件下都能焊接，没有工艺限制。但当焊件厚度太大或施焊温度过低时，焊前要预热。奥氏体不锈钢焊接时要注意防止产生晶间腐蚀
中碳钢、高碳钢、合金结构钢	一般或较差	随含碳量和合金含量增加，形成焊接裂纹的倾向增大。焊前应预热，焊后应进行热处理
铸铁	很差	焊接裂纹倾向大，且焊接接头易产生白口组织，主要用于铸铁件的补焊
铝及铝合金	较差	氧化倾向大，易形成夹杂物和未熔合等缺陷，焊接接头易产生热裂纹和氢气孔
铜及铜合金	较差	裂纹倾向较大，易产生气孔和未焊透等缺陷

（4）切削加工性能

切削加工性能一般用切削抗力大小、加工零件的表面粗糙度、加工时切屑排除难易程度和刀具磨损的快慢程度来衡量。铝合金、镁合金和易切削钢的切削加工性良好，碳素钢和铸铁的切削加工性能一般，奥氏体不锈钢、钛合金等材料较难切削。采用适当的热处理可调整某些材料的硬度，以改善其切削加工性能。

（5）热处理工艺性能

热处理工艺性能主要包括淬透性、淬硬性、变形开裂倾向、过热倾向、氧化脱碳倾向、回火脆性倾向和耐回火性等，它们将影响零件的热处理质量和使用性能。例如，形状复杂且要求整体硬度高的零件，就应该选用淬透性及淬硬性好、变形开裂倾向小的材料来制造。

工程非金属材料的成型工艺各有自身的特点，选用时应根据实际的生产条件等因素考虑其成型加工的可行性。陶瓷材料经烧结成型后具有极高的硬度，只能用碳化硅或金刚石砂轮磨削加工，一般不能进行其他加工。高分子材料可切削加工，但因其导热性较差，影响切削热的散出，工件在切削时易急剧升温，严重时可使材料软化或变焦。

选材时应根据具体零件的加工特点和生产批量来考虑其工艺性能要求。例如，对力学性能要求不高但结构较复杂的箱体零件，一般用铸造的方法生产毛坯，因此应主要考虑其铸造性能和切削加工性能；又如，大批量生产的冷镦螺钉、螺母，只要求其具有良好的锻压性能；再如，对于要求高强度、高精度的模具，选材时要着重考虑的工艺性能是材料的切削加工性能和热处理工艺性能。

3) 经济性原则

在大多数产品或零件设计中，总是把经济成本放在极其重要的地位。所以，采用便宜的材料,把总成本降至最低,获取最好的经济效益,使产品在市场上最具竞争力,始终是设计者要想方设法做到的,即要遵循经济性原则。一个产品或零件的总成本一般是由材料成本、加工制造成本以及维修保养成本(或售后服务成本)等构成的,其中前两部分是主要的,因此选材的经济性也可以从以下两方面加以考虑。

①在满足零件使用性能和使用寿命期限的前提下合理降低材料的成本,优先选择价格尽量低廉且供应充足的材料。在常用的金属材料中,碳素结构钢价格最低,低合金结构钢、优质碳素结构钢、碳素工具钢价格也比较便宜;铸铁件及铸钢件(含毛坯加工成本)、合金结构钢、低合金工具钢的价格较高些,为碳素结构钢价格的2~4倍;高合金钢和工程非铁合金的价格最为昂贵,可为碳素结构钢的5倍乃至数十倍。

②节约成型与制造的成本。选择工艺性能良好的材料,可方便加工过程的操作,通常能降低制造成本。这对于那些形状复杂、加工费用高的零件来说意义更大。例如,用铸钢制造的零件现在改由球墨铸铁件代替。再如,对于要调质处理的零件,若选用合金调质钢(如40Cr钢),因其淬透性好,热处理变形小,废品率低,因而工艺成本比选用碳素钢(如45钢)低。

选择与加工成本低的工艺方法相适应的材料,往往也可使零件的总成本降低。例如,汽车发动机的曲轴、凸轮轴等可以铸造,也可以用模锻生产,但采用球墨铸铁进行铸造更能降低成本;又如,制造某些变速器箱体,虽然灰铸铁材料比钢板低廉,但在单件或小批量生产时,选用钢板焊接可能反而更经济,因为生产设备简单,省去了制作模样、造型和造芯等工序的费用并且缩短了制造周期。

此外,选材时应注意立足于本国资源,多采用国产材料,这样有利于保持材料货源的稳定;尽量减少材料的品种及规格,以求简化采购和管理等工作。

4)环保性原则

材料与成型方法选择时要以无毒无害的材料代替有毒有害的材料,尽可能对材料采取循环利用和重复利用,对废弃物进行综合利用,使生产过程中资源得到最大限度的利用,减少材料成型过程及废物对环境的污染。

14.1.2　常用毛坯类型

常用的毛坯类型有铸件、锻件、冲压件、焊接件、轧材等。常用毛坯类型及其制品的比较见表14.3。

表14.3　常用毛坯类型及其制品的比较

比较内容	毛坯类型				
	铸件	锻件	冲压件	焊接件	轧材
成型特点	液态下成型	固态下塑性变形	同锻件	永久性连接	同锻件

比较内容	毛坯类型				
	铸件	锻件	冲压件	焊接件	轧材
对原材料工艺性能的要求	流动性好,收缩率低	塑性好,变形抗力小	同锻件	强度高,塑性好,液态下化学稳定性好	同锻件
常用材料	灰铸铁、球墨铸铁、中碳钢及铝合金、铜合金等	中碳钢及合金结构钢	低碳钢及非铁金属薄板	低碳钢、低合金钢、不锈钢及铝合金等	低、中碳钢,合金结构钢及铝合金、铜合金等
金属组织特征	晶粒粗大、疏松、杂质排列无方向性	晶粒细小、致密,晶粒呈方向性排列	拉深加工后沿拉深方向形成新的流线组织,其他工序加工后原始组织基本不变	焊缝区为铸造组织,熔合区和过热区有粗大晶粒	同锻件
力学性能	灰铸铁力学性能差,球墨铸铁、可锻铸铁及铸钢较好	比相同成分的铸钢好	变形部分强度、硬度提高,结构刚度好	接头的力学性能可达到或接近母材	同锻件
结构特征	形状一般不受限制,可以相当复杂	形状一般较铸件简单	结构轻巧,形状可以较复杂	尺寸、形状一般不受限制,结构较轻	形状简单,横向尺寸变化小
零件材料利用率	高	低	较高	较高	较低
生产周期	长	自由锻短,模锻长	长	较短	短
生产成本	较低	较高	批量越大,成本越低	较高	—
主要适用范围	灰铸铁件用于受力不大或承压为主的零件,或要求有减振、耐磨性能的零件;其他铁碳合金铸件承受重载或复杂载荷的零件;机架、箱体等形状复杂的零件	用于力学性能,尤其是强度和韧性要求较高的传动零件和工具、模具	用于以薄板成型的各种零件	主要用于制造各种金属结构,部分用于制造零件毛坯	形状简单的零件

14.2 典型零件的材料与成型工艺选择

常用机械零件按形状和用途不同,可分为轴杆类、盘套类、箱体支架类等三类。

14.2.1 轴类零件

1)轴类零件的工作条件及对性能的一般要求

轴是机械工业中重要的基础零件之一。一般作回转运动的零件装在轴上,大多数轴的工作条件为:传递转矩,同时承受一定的交变、弯曲应力;轴颈承受较大的摩擦;大多承受一定的过载或冲击载荷。

根据工作特点,轴失效的主要形式有疲劳、断裂、磨损、变形等。根据工作条件和失效形式,对轴用材料提出如下性能要求:

①应具有优良的综合力学性能,即要求有高的强度和韧性,以防变形和断裂。

②应具有高的疲劳强度,防止疲劳断裂。

③应具有良好的耐磨性。

在特殊条件下工作的轴,还应满足特殊的性能要求。例如,在高温下工作的轴,则要求有高的蠕变变形抗力;在腐蚀性介质环境中工作的轴,则要求由耐该介质腐蚀的材料制成。

2)选材

重要的轴几乎都选用金属材料。如选用高分子材料作为轴的材料,则因其弹性模量小,刚度不足,极易变形,所以不合适。例如,用陶瓷材料,则太脆,韧性差,也不合适。机床主轴选材可参考表9.2。曲轴选材可参考表14.4。

表14.4 各种曲轴所用材料及热处理

用途	材料	预备热处理		最终热处理		
		工艺	硬度 HBW	工艺	层深/mm	硬度 HRC
轿车、轻型车、拖拉机	45	正火	170~228	感应淬火	2~4.5	55~63
	50Mn	调质	217~277	碳氮共渗:570 ℃,180 min 油冷	>0.5	500 HV
	QT600-3	正火	229~302	碳氮共渗:560 ℃,180 min 油冷	≥0.1	650 HV
载货汽车及拖拉机	QT600-3	正火	220~260	感应淬火,自回火	2.9~3.5	46~58
	45	正火	163~196	感应淬火,自回火	3~4.5	55~63
	45	调质	207~241	感应淬火,自回火	≥3	≥55

对轴进行选材时,必须对轴的受力情况作进一步分析。与锻造成型的钢轴相比,球墨铸铁有良好的减振性、切削加工性及低的缺口敏感性;此外,它还有较高的力学性能,

疲劳强度与中碳钢相近;耐磨性优于表面淬火钢,热处理后,其强度、硬度或韧性有所提高。因此,对于主要考虑刚度的轴以及主要承受静载荷的轴,采用铸造成型的球墨铸铁是安全可靠的。目前,部分负载较重但冲击不大的锻造成型轴已被铸造成型轴代替,既满足了使用性能的要求,又降低了零件的生产成本,取得了良好的经济效益。

3) 成型工艺的选择

(1) 铸造成型

用球墨铸铁制成的轴,采用铸造成型工艺,如曲轴、凸轮轴等。

铸造成型的轴的热处理主要采用正火处理。为提高轴的力学性能也可在调质或正火后进行表面淬火、贝氏体等温淬火等工艺。球墨铸铁轴和锻钢轴一样均可经氮碳共渗处理,使疲劳强度和耐磨性得到大幅度提高。和锻钢轴不同的是所得氮碳共渗层较浅,硬度较高。球墨铸铁制造的曲轴,一般制造工艺路线为:

铸造→正火(或正火+高温回火)→矫直→清理→粗加工→去应力退火→表面热处理→矫直→精加工

(2) 锻造成型

铸造成型的轴最大的不足之处就在于它的韧性低,在承受过载或大的冲击载荷时易产生脆断。因此,对于以强度设计为主的轴,大多采用锻造成型。锻造成型的轴常用材料为中碳钢或中碳合金调质钢。这类材料的可锻性较好,锻造后配合适当的热处理,可获得良好的综合性能、高的疲劳强度及耐磨性,从而可有效地提高轴抵抗变形、断裂及磨损的能力。根据所设计的轴的形状,结合生产设备、生产批量,对于形状较为简单的轴,可采用自由锻成型工艺;对于批量生产、形状复杂的轴,则以模锻为主,其制造工艺路线一般为:

下料→锻造→正火→粗加工→调质→精车→表面淬火、低温回火→磨削

14.2.2　齿轮类零件

齿轮主要用来传递转矩,有时也用来换挡或改变传动方向,有的齿轮仅起分度定位作用。齿轮的转速可以相差很大,齿轮的直径可以从几毫米到几米,工作环境也有很大的差别,因此齿轮的工作条件是复杂的。

大多数重要齿轮受力的共同特点是:

①由于传递转矩,齿轮根部承受较大的交变弯曲应力;

②齿的表面承受较大的接触应力,在工作过程中相互滚动和滑动,表面受到强烈的摩擦和磨损;

③由于换挡、起动或啮合不良,轮齿会受到冲击。

齿轮在一般情况下的失效形式是断齿、磨损及齿面剥落等。因此,齿轮材料应具有高的弯曲疲劳强度和高的接触疲劳强度、齿面有高的硬度和耐磨性、轮齿心部要有足够的强度和韧性。

显然,作为齿轮用材料,陶瓷是不合适的,因为其脆性大,不能承受冲击。在一些受力不大或无润滑条件下工作的齿轮,可选用塑料(如尼龙、聚碳酸酯等)来制造。一些低

应力、低冲击载荷条件下工作的齿轮,可用 HT250、HT300、HT350、QT600-3、QT700-2 等材料来制造。较为重要的齿轮,一般用钢制造。对于传递功率大、接触应力大、运转速度高而又受较大冲击载荷的齿轮,通常选择低碳钢或低碳合金钢,如 20Cr、20CrMnTi 等来制造,并经渗碳及渗碳后热处理,最终表面硬度要求为 56~62 HRC。属于这类齿轮的一般有精密机床的主轴传动齿轮、进给齿轮和变速箱的高速齿轮。对于小功率齿轮,通常选择中碳钢,并经表面淬火和低温回火,最终表面硬度要求为 45~50 HRC 或 59~58 HRC。属于这类齿轮的,通常是机床的变速齿轮。其中硬度较低的,用于运转速度较低的齿轮;硬度较高的,用于运转速度较高的齿轮;对于高速齿轮,一般选择中碳钢或中碳合金钢,在调质后进行渗氮处理。

应当指出,在满足齿轮工作要求的前提下,齿轮材料的选择和随后表面强化的热处理工艺是可以改变的。机床齿轮表面强化热处理,除高频感应淬火、渗碳、渗氮以外,还可进行碳氮共渗、硫氮共渗以及其他复合渗入元素等工艺。由于低淬透性钢的发展,也可选用 55TiD、60Ti 等低淬透性钢并进行高频感应淬火,以代替部分低碳钢或低碳合金钢的渗碳处理。

表 14.5 列出了汽车、拖拉机齿轮常用钢种及热处理技术要求;表 14.6 为机床齿轮常用钢种及热处理工艺。

表 14.5　汽车、拖拉机齿轮常用钢种及热处理技术要求

序号	齿轮类型	常用钢种	热处理	
			工艺	技术要求
1	汽车变速器和差速器齿轮	20CrMnTi、20CrMo 等	渗碳	层深:m_n[①]<3 mm 时,0.6~1.0 mm;3 mm<m_n<5 mm 时,0.9~1.3 mm;m_n>5 mm 时,1.1~1.5 mm 齿面硬度:58~64 HRC 心部硬度:m_n<5 mm 时,32~45 HRC;m_n>5 mm 时,29~45 HRC
		40Cr	渗碳共渗	层深:>0.2 mm 齿面硬度:51~61 HRC
2	汽车驱动桥主动及从动圆柱齿轮	20CrMnTi、20CrMo	渗碳	渗碳深度按图样要求,硬度要求同序号 1 中的渗碳工艺
	汽车驱动桥主动及从动锥齿轮	20CrMnTi、20CrMnMo	渗碳	层深:m_s[②]<5 mm 时,0.9~1.3 mm;5 mm<m_s<8 mm 时,1.0~1.4 mm;m_s>8 mm 时,1.2~1.6 mm 齿面硬度:58~64 HRC 心部硬度:m_s<8 mm 时,32~45 HRC;m_s>8 mm 时,29~45 HRC
3	汽车驱动桥差速器行星及半轴齿轮	20CrMnTi、20CrMo、20CrMnMo	渗碳	同序号 1 中的渗碳工艺
4	汽车发动机凸轮轴齿轮	HT150、HT200		170~229 HBW

续表

序号	齿轮类型	常用钢种	热处理	
			工艺	技术要求
5	汽车曲轴正时齿轮	35、40 45、40Cr	正火调质	149～179 HBW 207～241 HBW
6	汽车起动电动机齿轮	15Cr、20Cr、20CrMo、15CrMnMo、20CrMnTi	渗碳	层深:0.7～1.1 mm 齿面硬度:58～63 HRC 心部硬度:33～43 HRC
7	汽车里程表齿轮	20	碳氮共渗	层深:0.2～0.35 mm
8	拖拉机传动齿轮、动力传动装置中的圆柱齿轮及轴齿轮	20Cr、20CrMo、20CrMnMo、20CrMnTi、30CrMnTi	渗碳	层深不小于模数的0.18倍,但不大于2.1 mm,各种齿轮渗层深度的上、下限差不大于0.5 mm,硬度要求同序号1、2
9	拖拉机曲轴正时齿轮、凸轮轴齿轮、喷油泵驱动齿轮	45	正火	156～217 HBW
			调质	217～255 HBW
		HT200		170～229 HBW
10	汽车、拖拉机油泵齿轮	40、45	调质	28～35 HRC

注:①m_n——法向模数;
　　②m_s——端面模数。

表 14.6　机床齿轮常用钢种及热处理工艺

序号	齿轮工作条件	钢号	热处理工艺	硬度要求
1	在低载荷下工作,要求耐磨性高的齿轮	15(20)	渗碳	58～63 HRC
2	低速低载荷下工作的不重要变速箱齿轮和交换齿轮架齿轮	45	正火	156～217 HBW
3	低速低载荷下工作的齿轮(如车床溜板上的齿轮)	45	调质	200～250 HBW
4	中速中载荷或大载荷下工作的齿轮	45	高频感应淬火、中温回火	40～45 HRC
5	速度较大或中等载荷下工作的齿轮,齿部硬度要求较高	45	高频感应淬火、低温回火	52～58 HRC

续表

序号	齿轮工作条件	钢号	热处理工艺	硬度要求
6	高速中等载荷,要求齿面硬度高的齿轮	45	高频感应淬火、低温回火	52～58 HRC
7	速度不大的中等载荷,断面较大的齿轮	40Cr、42SiMn	调质	200～230 HBW
8	高速高载荷,齿面硬度要求高的齿轮	40Cr、42SiMn	调质后表面淬火、低温回火	45～50 HRC
9	高速中载荷受冲击,模数小于5 mm的齿轮	20Cr、20CrMo	渗碳	58～63 HRC
10	高速重载荷受冲击,模数大于6 mm的齿轮	20CrMnTi、12CrNi3	渗碳	58～63 HRC
11	在不高载荷下工作的大型齿轮	50Mn265Mn	正火	<241 HBW
12	传动精度高,要求具有一定耐磨性的大型齿轮	35CrMo	正火加高温回火	255～302 HBW

例 有一载货汽车的变速器齿轮,使用中受到一定的冲击,负载较重,齿表面要求耐磨,硬度为58～62 HRC,齿心部硬度为30～45 HRC,其余力学性能要求为 R_m>1 000 MPa, $\sigma_{Flim} \geqslant 600$ MPa, K>48 J。试从所给材料中选择制造该齿轮的合适钢种。

35、45、20CrMnTi、38CrMoAl、T12

分析:从所列材料中可以看出35、45、T12钢种不能满足要求。剩余两种钢的性能比较可见表14.7。

表14.7 两种钢的性能比较

材料	热处理	R_e/MPa	R_m/MPa	A/%	Z/%	K/J	σ_{Hlim}/MPa	σ_{Flim}/MPa
20CrMnTi	渗碳淬火	853	1 080	10	45	55	1 380	750
38CrMoAl	调质	835	980	14	50	71	1 050	1 020

从表中看出,20CrMnTi能全面满足齿轮的性能要求。其工艺流程如下:

下料→锻造→正火→机加工→渗碳→淬火、低温回火→喷丸→磨齿

14.2.3 箱体、支架类零件

各种机械的机身、底座、支架、主轴箱、进给箱、溜板箱以及内燃机的缸体等,都可视为箱体、支架类零件。显然,箱体、支架类零件是机器中很重要的一类零件。

由于箱体、支架类零件大都结构复杂,故多用铸造的方法生产出来。一些受力较大,要求高强度、高韧性,甚至在高温下工作的零件,如汽轮机机壳,应选用铸钢。一些

受力不大,而且主要承受静力、不受冲击的箱体类零件,可选用灰铸铁。如该零件在服役时与其他件发生相对运动,其间有摩擦、磨损发生,则应选用珠光体基体的灰铸铁。受力不大、要求自重轻,或要求导热性好的零件,可选用铸造铝合金。受力很小、要求自重轻等的零件,可考虑选用工程塑料。受力较大,但形状简单且批量小的零件,可选用型钢焊接而成。如选用铸钢,为了消除粗晶组织、偏析及铸造应力,则应对铸钢进行完全退火或正火处理;对铸铁件要进行去应力退火;对铝合金应根据成分不同,进行退火或淬火时效等处理。

14.2.4　刀具类零件

刀具在切削过程中受到切削力的作用,刀具的细薄切削刃上承受的压力最大,使刀具工作时产生磨损和崩刃。此外,切削速度较大时,由于摩擦产生热,从而使刀具温度升高,有时,刀具的主切削刃部分温度可高达 600 ~ 1 000 ℃,会降低刀具的硬度。故要求刀具具有高的硬度、耐磨性,足够的韧性和塑性,高速切削时还应具有高的热硬性。

用于刀具的材料有碳素工具钢、低合金工具钢、高速工具钢、硬质合金等。刀具的毛坯成型方法为锻造成型。

例　麻花钻头

高速钻削过程中,麻花钻头的周边和刃口受到较大的摩擦力,温度升高,故要求具有较高的硬度、耐磨性及高的热硬性。另外,钻头在钻孔时还将受到一定的转矩和进给力,故应具有一定的韧性。麻花钻头常用的材料及工艺规范如下:

①材料选用 W6Mo5Cr4V2(高速工具钢)。W6Mo5Cr4V2 钢不仅具有较高的硬度、耐磨性及高的热硬性,且韧性比 W18Cr4V 高,工作时不易脆断。

②工艺路线:

锻造→退火→加工成型→淬火→三次高温回火→磨削→刃磨→检验

③热处理工艺说明:淬火工艺要经过两次盐炉中预热,加热到 1 200 ℃后进行分级淬火,获得马氏体+少量碳化物+大量残留奥氏体,硬度为 40 ~ 46 HRC。然后进行560 ℃三次回火,获得回火马氏体+碳化物+少量的残留奥氏体,硬度为 62 ~ 64 HRC。

例　手用铰刀

手用铰刀主要用于降低钻削后孔的表面粗糙度值,以保证孔的形状和尺寸达到所需的加工精度。在加工过程中手用铰刀刃口会受到较大的摩擦。它的主要失效形式是磨损和扭断。故手用铰刀对力学性能的主要要求是:刃口具有高的硬度、耐磨性以防止磨损,心部具有足够的强度与韧性以抵抗扭断,并应具有良好的尺寸稳定性。手用铰刀常用的材料及工艺规范如下:

①材料为 CrWMn(合金工具钢,微变形钢)。手用铰刀应具有较高的碳含量,以保证淬火后获得高的硬度。少量的合金元素可提高钢的淬透性,并形成碳化物,提高钢的耐磨性。选用 CrWMn 淬火时变形量小,可保证手用铰刀的尺寸精度。

②工艺路线:锻造→球化退火→切削加工→去应力退火→铣齿、铣方柄→淬火→低

温回火→磨削→检验。

③热处理工艺说明淬火工艺为在 600～650 ℃盐炉中预热,加热到 800～820 ℃后进行分级淬火或等温淬火。回火后刃部硬度为 62～65 HRC,柄部硬度为 35～45 HRC。

14.3　复习思考题

1. 常用的零件毛坯有哪些? 各自的应用范围如何?

2. 有一根轴用 45 钢制作,使用过程中发现摩擦部分严重磨损,经金相分析,表面组织为 $M_回$+T,硬度为 44～45 HRC;心部组织为 F+S,硬度为 20～22 HRC,其制造工艺为:

锻造→正火→机械加工→高频感应淬火(油冷)→低温回火

试分析其磨损原因,并提出改进办法。

3. 一根轴尺寸为 30 mm×250 mm,要求摩擦部分表面硬度为 50～55 HRC,现用 30 钢制作,经高频感应淬火(水冷)和低温回火处理,使用过程中发现摩擦部分严重磨损。试分析其原因,并提出解决办法。

4. 有一个从动齿轮用 20CrMnTi 钢制造,使用一段时间后发生严重磨损,齿已被磨秃,经分析得知:齿轮表面 ω_C 为 1%,组织为 S+碳化物,硬度为 30 HRC;心部 ω_C 为 0.2%,组织为 F+S,硬度为 86 HRB。试分析该齿轮失效原因,提出改进的方法,制订正确的加工工艺路线。

［1］邓文英,郭晓鹏,邢忠文.金属工艺学:上册［M］.6 版.北京:高等教育出版社,2017.

［2］王英杰,张芙丽.金属工艺学［M］.3 版.北京:机械工业出版社,2023.

［3］陈玲,李云霞.机械制造基础:双色版［M］.西安:西北工业大学出版社,2021.

［4］孙学强.机械制造基础［M］.3 版.北京:机械工业出版社,2016.

［5］朱张校,姚可夫.工程材料［M］.5 版.北京:清华大学出版社,2011.

［6］王少刚.工程材料与成形技术基础［M］.2 版.北京:国防工业出版社,2016.

［7］李成栋,赵梅,刘光启,等.金属材料速查手册［M］.北京:化学工业出版社,2018.

［8］李玉平.机械制造基础［M］.重庆:重庆大学出版社,2016.

［9］鞠鲁粤.机械制造基础［M］.7 版.上海:上海交通大学出版社,2018.

［10］成大先.机械设计手册:单行本［M］.6 版.北京:化学工业出版社,2016.

［11］王春娟,袁淑敏.机械制造基础［M］.东营:中国石油大学出版社,2008.

［12］庞国星.工程材料与成形技术基础［M］.3 版.北京:机械工业出版社,2018.

［13］李爱菊,孙康宁.工程材料成形与机械制造基础［M］.北京:机械工业出版社,2012.

［14］赵成志,张贺新.铸造工艺设计与实践［M］.北京:机械工业出版社,2017.

［15］雷家峰,马英杰,杨锐,等.全海深载人潜水器载人球壳的选材及制造技术［J］.工程研究:跨学科视野中的工程,2016,8(2):179-184.

［16］中国机械工程学会焊接学会.焊接数字化手册:材料的焊接［M］.北京:机械工业出版社,2016.

［17］张树军.机械制造基础与实践［M］.沈阳:东北大学出版社,2006.